Student Study Guide for Cell Biology

细胞生物学学习指南

Xibao Shengwuxue Xuexi Zhinan

邹方东　王卫东　刘江东　曹祥荣　编著

王喜忠　丁明孝　主审

U0363358

高等教育出版社·北京

HIGHER EDUCATION PRESS　BEIJING

图书在版编目（CIP）数据

细胞生物学学习指南 / 邹方东等编著. -- 北京：
高等教育出版社，2013.7（2023.12重印）
ISBN 978 - 7 - 04 - 037372 - 1

I. ①细… II. ①邹… III. ①细胞生物学 – 高等学校
– 教材参考资料 IV. ①Q2

中国版本图书馆 CIP 数据核字（2013）第 092250 号

策划编辑 王　莉　　　责任编辑 孟　丽　　　封面设计 李小璐
责任校对 胡晓琪　　　责任印制 田　甜

出版发行	高等教育出版社	咨询电话	400-810-0598
社　　址	北京市西城区德外大街 4 号	网　　址	http://www.hep.edu.cn
邮政编码	100120		http://www.hep.com.cn
印　　刷	涿州市京南印刷厂	网上订购	http://www.landraco.com
开　　本	787 mm×1092 mm 1/16		http://www.landraco.com.cn
印　　张	14	版　　次	2013 年 7 月第 1 版
字　　数	350 千字	印　　次	2023 年 12 月第 13 次印刷
购书热线	010-58581118	定　　价	29.00 元

序

在普通高等教育"十一五"国家级规划教材建设期间,翟中和、王喜忠、丁明孝主编的《细胞生物学》第3版教材于2007年由高等教育出版社出版发行后,该书编著者曾计划编写一本与之配套的《细胞生物学学习指南》,但由于事情太多,始终未能如愿。2011年6月,《细胞生物学》第4版(彩色版)教材出版发行。2011年8月在银川,由教育部生物科学与生物工程教学指导委员会主办、四川大学和宁夏大学联合承办了"全国高校细胞生物学骨干教师培训与研讨班"。与会期间,不少一线教师建议:应该将原计划编写的《细胞生物学学习指南》尽快完成。在此鞭策下,由王喜忠、丁明孝教授组织,四川大学邹方东、湖北师范学院王卫东、武汉大学刘江东和南京师范大学曹祥荣4位教授具体承担并完成了本书的编写。

本书是与第4版(彩色版)教材相配套的辅助性教学参考书,4位编者长期工作在该领域科研和本科教学第一线,主讲"细胞生物学"课程,他们具有多年的教学积累和丰富的教学经验。本书的编写宗旨是:①根据课程教学基本要求,提炼"教学重点";②根据"基本知识单元",分别凝练与"基本概念、基础知识、基本理论"相关的"知识点",为学生学习"细胞生物学"课程提供简洁的思路导航。为此,在内容编写上列出了4个基本模块:"重点提要"、"基本概念"、"知识点解析"和"知识点自测"。为便于学生自学,还提供了"学习导航"与"参考答案"。

本书在内容方面特别值得推荐的地方在于,它不是单纯的学生复习备考资料,而是特别注重学生"知识"和"能力"的训练与提高。与同类教学参考书相比,这是难能可贵的创新点。为此,在"知识点自测"模块,编写了部分"分析与思考"问题,主要是帮助学生训练与提高"知识迁移"与"综合分析"能力,不仅使学生懂得"我学了什么、我知道什么",更重要的是"我知道如何分析、解决问题"。

虽经反复研讨,本书还有不够完备之处,我们以诚挚期望之情,切盼同行与读者不吝赐教!

王喜忠　丁明孝

2013年1月

学习
指南

学习
导航

{ 图示各章知识体系，凸显知识点，便于读者系统掌握知识脉络 }

重点
提要

{ 围绕教学基本要求，概括各章要点，提示读者关注重点 }

基本
概念

{ 明晰相关专业名词,释义简明扼要，指导读者掌握各章基本概念 }

知识点
解析

{ 配合导航图，解析知识点，夯实基础知识，便于读者掌握教学要点 }

知识点
自测

{ 设计探究性题目，训练和提高综合利用知识的能力，利于知识点间融会贯通 }

参考
答案

{ 满足读者自主学习 }

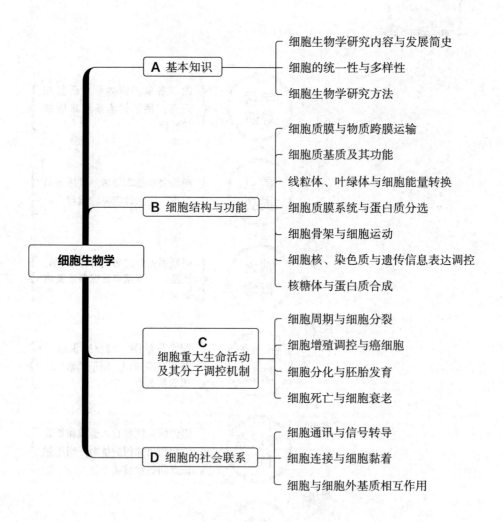

细胞生物学

A 基本知识
- 细胞生物学研究内容与发展简史
- 细胞的统一性与多样性
- 细胞生物学研究方法

B 细胞结构与功能
- 细胞质膜与物质跨膜运输
- 细胞质基质及其功能
- 线粒体、叶绿体与细胞能量转换
- 细胞质膜系统与蛋白质分选
- 细胞骨架与细胞运动
- 细胞核、染色质与遗传信息表达调控
- 核糖体与蛋白质合成

C 细胞重大生命活动及其分子调控机制
- 细胞周期与细胞分裂
- 细胞增殖调控与癌细胞
- 细胞分化与胚胎发育
- 细胞死亡与细胞衰老

D 细胞的社会联系
- 细胞通讯与信号转导
- 细胞连接与细胞黏着
- 细胞与细胞外基质相互作用

目　录

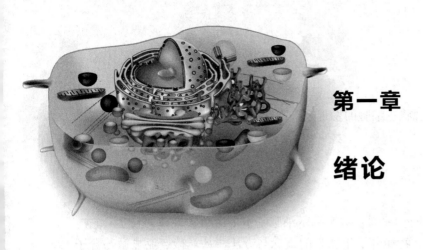

第一章

绪论

【学习导航】

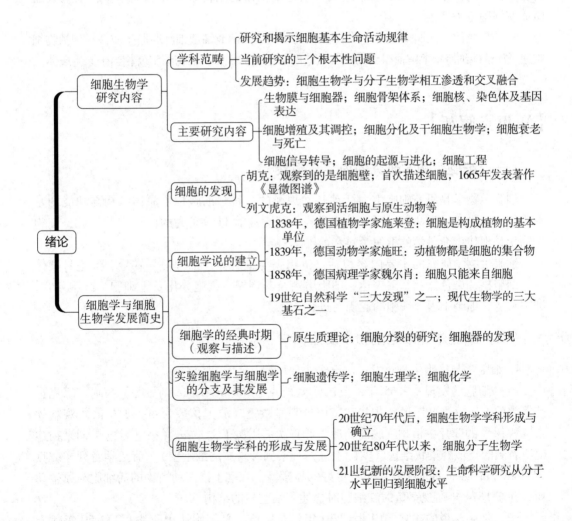

绪论

- 细胞生物学研究内容
  - 学科范畴
    - 研究和揭示细胞基本生命活动规律
    - 当前研究的三个根本性问题
    - 发展趋势：细胞生物学与分子生物学相互渗透和交叉融合
  - 主要研究内容
    - 生物膜与细胞器；细胞骨架体系；细胞核、染色体及基因表达
    - 细胞增殖及其调控；细胞分化及干细胞生物学；细胞衰老与死亡
    - 细胞信号转导；细胞的起源与进化；细胞工程
- 细胞学与细胞生物学发展简史
  - 细胞的发现
    - 胡克：观察到的是细胞壁；首次描述细胞，1665年发表著作《显微图谱》
    - 列文虎克：观察到活细胞与原生动物等
  - 细胞学说的建立
    - 1838年，德国植物学家施莱登：细胞是构成植物的基本单位
    - 1839年，德国动物学家施旺：动植物都是细胞的集合物
    - 1858年，德国病理学家魏尔肖：细胞只能来自细胞
    - 19世纪自然科学"三大发现"之一；现代生物学的三大基石之一
  - 细胞学的经典时期（观察与描述）
    - 原生质理论；细胞分裂的研究；细胞器的发现
  - 实验细胞学与细胞学的分支及其发展
    - 细胞遗传学；细胞生理学；细胞化学
  - 细胞生物学学科的形成与发展
    - 20世纪70年代后，细胞生物学学科形成与确立
    - 20世纪80年代以来，细胞分子生物学
    - 21世纪新的发展阶段：生命科学研究从分子水平回归到细胞水平

【重点提要】

细胞生物学研究内容与现状；细胞的发现及细胞学说的建立。

【基本概念】

1. 细胞生物学（cell biology）：是研究和揭示细胞基本生命活动规律的科学。它应用现代物理学与化学的技术成就和分子生物学的概念与方法，从显微、亚显微与分子水平上研究细胞结构与功能，细胞增殖、分化、代谢、运动、衰老、死亡，以及细胞信号转导，基因表达与调控，细胞起源与进化等重大生命过程。

2. 细胞学说（cell theory）：是关于生物有机体组成的学说，包括三个基本内容：所有生命体均由单个或多个细胞组成；细胞是生命的结构基础和功能单位；细胞只能由原有细胞分裂产生。

3. 原生质体（protoplast）：去除细胞壁的植物、真菌或细菌细胞叫原生质体。如植物细胞通过酶解使细胞壁溶解而得到的具有质膜的原生质球状体。动物细胞就相当于原生质体。

【知识点解析】

（一）细胞生物学研究的内容与现状

细胞生物学是研究细胞生命活动基本规律的学科。细胞是生命体结构与功能的基本单位，细胞既是生命科学研究的出发点，又是生命科学研究的汇聚点。因此，细胞生物学是现代生命科学的枢纽学科和前沿学科。

细胞生物学研究的主要内容包括：生物膜与细胞器、细胞信号转导、细胞骨架体系、细胞核、染色体及基因表达、细胞增殖及其调控、细胞分化及干细胞、细胞死亡、细胞衰老、细胞工程、细胞的起源与进化。

（二）细胞学与细胞生物学发展简史

1. 细胞学与细胞生物学发展的五个主要阶段

（1）细胞的发现　1665年，英国学者胡克（Robert Hooke）发现了细胞。胡克在其发表的著作《显微图谱》中描述了用自制显微镜（放大倍数为40~140倍）观察软木（栎树）的薄片中植物细胞的构造，并首次借用拉丁文 *cellar*（小室）这个词来描述他所看到的类似蜂巢状结构（实际上只是观察到纤维质的细胞壁）。荷兰学者列文虎克（Antony van Leeuwenhoek）用设计更好的显微镜，观察了许多动植物的活细胞与原生动物，并于1674年在观察鱼的红细胞时描述了细胞核的结构。

（2）细胞学说的建立　19世纪30年代及之前，是细胞认识阶段；30—50年代末是细胞学说提出并初步完善的阶段。

（3）细胞学的经典时期　从 19 世纪 30 年代到 20 世纪中期，主要进行细胞形态、显微结构的研究。原生质理论的提出、细胞分裂的研究以及各种重要细胞器相继发现，逐渐丰富了人们对细胞的认识。

（4）实验细胞学与细胞学的分支及其发展　O. Hertwig 采用实验方法研究海胆和蛔虫卵发育中的核质关系，创立了实验细胞学。此后，实验的手段与分析的方法被广泛用于研究细胞学中的一些重要问题，为细胞学的研究开辟了新的领域，并与生物学其他领域相结合，形成了一些重要的分支学科，如细胞遗传学、细胞生理学以及细胞化学等。

（5）细胞生物学学科的形成与发展　20 世纪 50 年代以来，电子显微镜超薄切片技术的发展和细胞超微结构的发现，为细胞生物学学科早期的形成奠定了基础。随着分子生物学的问世及其技术的引入，以及分子生物学、生物化学、遗传学等学科与细胞学之间相互渗透与结合，人们对细胞结构与功能的研究水平达到了新的高度。20 世纪 70 年代以后，细胞生物学这一学科最后得以形成并确立。20 世纪 80 年代出现的分子细胞生物学代表了细胞生物学的主要发展方向。

2. 细胞生物学的发展趋势

推动细胞生物学学科形成与快速发展的主要原因有：①主要仪器设备的改进和技术方法的进步；②学科间的相互渗透与交叉融合。

"多莉"羊的诞生、人胚胎干细胞的建系和诱导性多潜能干细胞技术的建立等，是生命科学研究从分子水平回归到细胞水平、深入探索生命奥秘的重要标志，显示出细胞生物学的发展进入了一个新的阶段。其基本特点可大致归纳如下：①以细胞（及其社会）特别是活体细胞为研究对象；②以细胞重大生命活动为主要研究内容；③在揭示细胞生命活动分子机制方面，以细胞信号调控网络为研究重点；④在多层次上特别是纳米尺度上揭示细胞生命活动本质；⑤多领域、多学科的交叉研究成为细胞生物学研究的重要特征。总的特点是，从细胞静态的分析到细胞生命活动的动态综合，这在很大程度上也反映了生命科学研究的趋势。

3. 当前细胞生物学研究的三个根本性问题

（1）基因组是如何在时间与空间上有序表达的？

（2）基因表达的产物是如何逐级组装成能行使生命活动的基本结构体系及各种细胞器的？这种自组装过程的调控程序与调控机制是什么？

（3）基因及其表达的产物，特别是各种信号分子与活性因子是如何调节诸如细胞的增殖、分化、衰老与凋亡等细胞重要的生命活动过程的？

【知识点自测】

（一）选择题

1. 1674 年，荷兰学者列文虎克用自制显微镜观察到了（　　　）。
A. 植物细胞的细胞壁　　　　　　　　　　B. 精子、细菌等活细胞

C. 中心体 　　　　　　　　　　　　D. 高尔基体

2. 最早发现细胞并对其命名的学者是（　　　）。

A. 胡克 　　　　　　　　　　　　B. 列文虎克

C. 施旺 　　　　　　　　　　　　D. 施莱登

3. 没有对细胞学说的提出和完善做出直接贡献的学者是（　　　）。

A. 施莱登 　　　　B. 施旺 　　　　C. 魏尔肖 　　　　D. 胡克

4. 细胞学说中不包括的内容是（　　　）。

A. 一切动植物都是由细胞构成

B. 细胞是构成一切动植物的基本单位

C. 细胞只能来自细胞

D. 个体发育的过程就是细胞不断增殖和连续分化的过程

5. 根据原生质理论，以下4种提法中正确的是（　　　）。

A. 原生质特指细胞质 　　　　　　B. 细胞膜和细胞核不属于原生质

C. 一个动物细胞就是一团原生质 　　D. 细胞器不属于原生质

（二）判断题

1. 胡克发现的是木栓层中的完整植物细胞。（　　　）

2. 细胞生物学与分子生物学等其他学科相互渗透与交叉融合是学科总的发展趋势。（　　　）

3. 19世纪末，显微镜分辨能力的提高、石蜡切片方法的发明以及染色技术的改进，使得各种重要细胞器相继被发现。（　　　）

4. 原生质是细胞内除了细胞核以外的全部生命物质。（　　　）

5. 细胞通讯与细胞信号转导、细胞增殖与细胞周期调控、细胞的衰老与死亡、干细胞及其应用等是当今细胞生物学研究的主要热点领域。（　　　）

6. 从细胞静态的分析到细胞生命活动的动态综合是现阶段细胞生物学研究的重要特点。（　　　）

（三）名词比对

细胞学（cytology）与细胞生物学（cell biology）

（四）分析与思考

1. 试述细胞生物学研究的主要内容和近年来的研究热点，并且谈谈你对细胞生物学学科的现状和未来发展趋势的认识。

2. 如何理解目前生命科学研究从分子水平向细胞水平回归的现象？

3. 如何理解"一切生命的关键问题都要到细胞中去寻找"（Wilson，1925）？

4. 21世纪以来，很多诺贝尔奖的获奖内容都与细胞生物学相关。请列举其中三项诺贝尔奖获奖者姓名及其主要贡献。

【参考答案】

（一）选择题

1. B 2. A 3. D 4. D 5. C

（二）判断题

1. × 胡克观察到的是死的植物细胞的细胞壁。

2. ✓

3. ✓

4. × 原生质包括细胞内所有的生命物质。

5. ✓

6. ✓

（三）名词比对

细胞学是细胞生物学发展的前身，主要研究细胞的结构、功能等。而细胞生物学是从显微、亚显微及分子水平研究细胞结构、功能及细胞生命活动规律的学科。

（四）分析与思考

1. 当前细胞生物学研究的热点集中在：①细胞核、染色体以及基因表达；②生物膜与细胞器；③细胞骨架体系；④细胞增殖及其调控；⑤细胞分化及其调控；⑥细胞的衰老与凋亡；⑦细胞的起源与进化；⑧细胞工程。

细胞生物学与分子生物学相互渗透与交融是总的发展趋势。当前细胞生物学研究的重要领域为：染色体 DNA 与蛋白质相互作用的关系；细胞增殖、分化、凋亡的相互关系及其调控；细胞信号转导的研究；细胞结构体系的组装等。

未来发展趋势可结合自己的认识自由发挥。

2. 人们对生命的认识过程是从个体→细胞→分子水平逐渐深入，这也是学科发展的基本趋势。但如果从生命的层次或从生物进化的角度来看，细胞则是生命起源和决定生命活动的枢纽层次。从 20 世纪 50 年代初 DNA 双螺旋模型的建立至 2003 年人类基因组计划的完成，分子生物学从建立到发展为深入了解细胞的生命活动打下了基础。而"多莉"羊的诞生、人胚胎干细胞的建系和诱导性多潜能干细胞技术的建立等，则可以看成是生命科学研究从分子水平回归到细胞水平、深入探索生命奥秘的几个最新的重要标志，显示出细胞生物学的发展进入了一个新的阶段。

3. 生命是多层次、复杂而有序的结构体系，细胞是生物体结构与功能的基本单位，是物质、能量与信息相互"辉映"的综合体，也是生命活动的缩影。它不仅体现生命的多样性和统一性，更体现生命的复杂性。所以，一切有关生物体的问题，也就是生命的关键问题，都是由一个个的细胞来完成的。因此，解决一切生命的关键问题还是要立足于细胞，从宏观到微观，从组织水平到细胞水平，最终在分子及纳米水平上揭示生命活动的奥秘。细胞的研究既是生命科学的出发点，又是生命科学的汇聚点。

4. 参考网站 http://www.nobelprize.org/nobel_prizes/medicine/laureates/，或《细胞生物学》（第 4 版）配套数字课程 http://res.hep.com.cn/32175，http://res.hep.edu.cn/32175。

第二章

细胞的统一性与多样性

【学习导航】

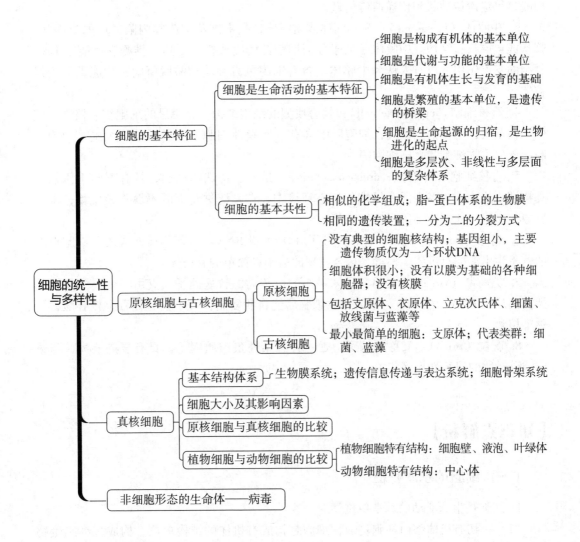

细胞的统一性与多样性
- 细胞的基本特征
  - 细胞是生命活动的基本特征
    - 细胞是构成有机体的基本单位
    - 细胞是代谢与功能的基本单位
    - 细胞是有机体生长与发育的基础
    - 细胞是繁殖的基本单位，是遗传的桥梁
    - 细胞是生命起源的归宿，是生物进化的起点
    - 细胞是多层次、非线性与多层面的复杂体系
  - 细胞的基本共性
    - 相似的化学组成；脂-蛋白体系的生物膜
    - 相同的遗传装置；一分为二的分裂方式
- 原核细胞与古核细胞
  - 原核细胞
    - 没有典型的细胞核结构；基因组小，主要遗传物质仅为一个环状DNA
    - 细胞体积很小；没有以膜为基础的各种细胞器；没有核膜
    - 包括支原体、衣原体、立克次氏体、细菌、放线菌与蓝藻等
  - 古核细胞
    - 最小最简单的细胞：支原体；代表类群：细菌、蓝藻
- 真核细胞
  - 基本结构体系——生物膜系统；遗传信息传递与表达系统；细胞骨架系统
  - 细胞大小及其影响因素
  - 原核细胞与真核细胞的比较
  - 植物细胞与动物细胞的比较
    - 植物细胞特有结构：细胞壁、液泡、叶绿体
    - 动物细胞特有结构：中心体
- 非细胞形态的生命体——病毒

【重点提要】

细胞是生命活动的基本单位；细胞的基本共性；原核细胞、古核细胞与真核细胞三大结构体系；病毒与细胞之间的关系。

【基本概念】

1. 原核细胞（prokaryotic cell）：因没有典型的核结构而得名。主要特征是没有明显可见的细胞核，也没有核膜和核仁，只有类核或拟核，进化地位较低。

2. 类核（nucleoid）：原核细胞具有明显的核区，但没有核膜、核仁，结构简单，为了与真核细胞典型的细胞核区别，称为类核或拟核。类核携带着全部遗传信息，其功能是决定遗传性状和传递遗传信息。

3. 中膜体（mesosome）：又称间体或质膜体，是由细菌细胞膜内陷形成的囊泡状、管状或包层状膜结构。中膜体常见于分裂期细菌的隔或横壁旁边，推测它可能起 DNA 复制的支点作用。也有人认为中膜体上含有细胞色素和琥珀酸脱氢酶，功能类似于线粒体。

4. 真核细胞（eukaryotic cell）：具有典型的细胞结构，有明显的细胞核、核膜、核仁和核基质；遗传信息量大；细胞质中含有一些膜性细胞器。包括植物细胞、动物细胞、原生生物细胞和真菌细胞等。

5. 古核细胞（古细菌，archaeobacteria）：是一类特殊的细菌，具有不同于原核和真核细胞的特征，多生活在极端的生态环境中，在系统进化上既不属真核生物，也不属原核生物，如嗜热细菌、嗜盐细菌。

6. 病毒（virus）：是由一种核酸分子（DNA 或 RNA）与蛋白质构成的非细胞形态的营寄生生活的有机体。病毒是迄今发现的最小最简单的有机体。

7. 类病毒（viroid）：是目前已知最小的可传染的致病因子，仅由一个有感染性的裸露的环状 RNA 分子构成，侵入宿主细胞后能自我复制，大小仅有几百个核苷酸，只感染植物。

8. 朊粒（prion）：又称朊病毒，是一种感染性蛋白质因子，具有复制能力，与某些哺乳动物的退行性疾病相关。

【知识点解析】

（一）细胞的基本特征

1. 细胞是生命活动的基本单位

（1）一切有机体都由细胞构成，细胞是构成有机体的结构单位。构成多细胞生物体的细胞虽然是"社会化"的细胞，但它们又保持着形态结构的独立性，每一个细胞具有完整的结构体系。

（2）细胞是有机体代谢与执行功能的基本单位，与试管内的生化过程的根本不同点是，细胞有严格自动控制的代谢体系，并且具有保证完成有序生命过程的独立的结构。

（3）有机体的生长与发育依靠细胞增殖、分化与凋亡来实现。细胞也是研究有机体生长与发育的基础。

（4）细胞是遗传的基本单位，每一个细胞（核）都具有遗传的全能性（除少数特化细胞）。

2. 细胞的基本共性

（1）相似的化学组成。

（2）脂-蛋白体系的生物膜。

（3）相同的遗传装置。

（4）一分为二的分裂方式。

（二）真核细胞

1. 真核细胞的基本结构体系

在亚显微结构水平上，真核细胞可以划分为三大基本结构系统：①以脂质及蛋白质成分为基础的生物膜结构系统；②以核酸与蛋白质为主要成分的遗传信息传递与表达系统；③由特异蛋白质装配构成的细胞骨架系统。

2. 细胞的大小及其影响因素

细胞的大小是细胞的重要特征。对于高等动、植物，不论物种的差异多大，同一器官与组织的细胞，其大小总是在一个恒定的范围之内，这是由细胞作为生命基本单位的功能所决定的。细胞的大小，主要是通过调控每个细胞内所含的蛋白质与核糖体RNA的量来决定的，其中对蛋白质合成的调控是更为主要的因素。

目前已知，哺乳动物细胞中，调控细胞大小的信号网络的中心是一个叫做 mTOR（mammalian target of rapamycin）的蛋白激酶。mTOR（或 TOR）接收上游信号，对细胞外部的氨基酸、葡萄糖等营养物质以及胰岛素等生长因子做出反应。活化的 mTOR 有两个功能：一方面活化核糖体蛋白 S6（rpS6）的激酶（S6K），导致 rpS6 磷酸化，从而可能加强核糖体的翻译效率，使细胞增大。另一方面，活化的 mTOR 将翻译抑制因子 4E-BP（eukaryotic initiation factor 4E-binding protein）磷酸化，解除其对翻译起始因子 4E（eukaryotic initiation factor 4E，eIF4E）的抑制，增强蛋白质的翻译，促使蛋白质积累，细胞体积增加。此外，PI3K 和 mTOR 还会激活固醇调控元件结合蛋白（sterolregu-latory- element-binding proteins，SREBPs），加强脂质的合成。

总之，细胞大小的决定是复杂的，还受到其他多种因素的影响。

3. 原核细胞与真核细胞的比较

原核细胞与真核细胞最根本的区别可以归纳为两条：

（1）细胞膜系统的分化与演变　建立在细胞内膜系统分化基础上的内部结构与功能的区域化与专一化，是细胞进化过程中的一次重大飞跃。

（2）遗传信息量与遗传装置的扩增与复杂化　真核细胞的基因组一般远远大于原核细胞的，作为遗传信息载体的 DNA 也由原核细胞的环状单倍性变为线状多倍性；基因数量大大增加，由几千个发展到数万个；细胞核的存在，使真核细胞基因表达实现了多层次调控，远比原核生物精细与复杂，为完成复杂的生命活动提供了基础。

（三）非细胞形态的生命体——病毒

1. 病毒的基本知识

（1）病毒作为非细胞形态的生命体，与细胞的区别主要表现在：①病毒很小，结构极其简单。绝大部分病毒的大小只有 20～200 nm，可以通过细菌滤器。②遗传载体的多样性。不仅有 DNA 病毒，还有 RNA 病毒，这两种病毒均有双链和单链之分。但每一种病毒粒子中只含有 DNA 或 RNA，而非二者兼有。③彻底的寄生性。病毒自身没有独立的代谢与能量转化系统，必须利用宿主细胞的结构、"原料"、能量与酶系统进行繁殖。④病毒是以复制和装配的方式进行增殖，而细胞只能以分裂的方式增殖。

（2）病毒的分类　①依遗传物质分类：DNA 病毒、RNA 病毒；②依病毒结构分类：真病毒（euvirus，简称病毒）和亚病毒（subvirus，包括类病毒、拟病毒）；③依病毒感染的宿主范围分类：动物病毒、植物病毒与细菌病毒（噬菌体）等。

（3）病毒的基本结构　由核酸和蛋白质组成。蛋白质构成了包裹病毒核酸的衣壳（capsid），有保护核酸的作用。衣壳与核酸构成病毒的核壳体（nucleocapsid）。有些病毒在核壳体之外，还围有脂双层的囊膜（envelope），其主要成分为脂质与蛋白质。脂双层来自于细胞膜，而蛋白质由病毒基因编码。

（4）在电子显微镜下才能清楚地看到病毒。根据核壳体的形态，病毒可分为立体对称、螺旋对称和复杂病毒三种基本类型。

2. 病毒在细胞内增殖

病毒的增殖必须在细胞内进行。病毒在宿主细胞内的增殖是病毒生命活动与遗传性的具体表现。其增殖过程是：

（1）病毒识别并侵入宿主细胞，释放出病毒的核酸。

（2）病毒核酸的复制、转录与蛋白质的合成　病毒"篡夺"了细胞 DNA 对代谢过程的"指导"作用，利用宿主细胞的全套代谢机构，以病毒核酸为模板，进行病毒核酸的复制与转录，并翻译病毒蛋白质。不同核酸类型的病毒，其复制与转录的方式也各不相同。

（3）病毒的装配、成熟与释放　无囊膜的病毒，当其核酸与蛋白质装配成核壳体后，就成为具有感染性的完整病毒粒子。有囊膜的病毒，当其核酸与衣壳蛋白装配成核壳体后，还需要以出芽的方式包上囊膜而发育成成熟的子代病毒。囊膜实际上是嵌有病毒囊膜蛋白的特化的细胞膜。最后，子代病毒以不同的方式从细胞中释放出来，再感染其他的细胞，开始下一轮的增殖周期。

3. 病毒与细胞在起源与进化中的关系

病毒与细胞在起源上的关系，目前存在三种主要观点，其中病毒是由细胞或细胞组分演化来的假说得到了更多的实验结果的支持。

【知识点自测】

（一）选择题

1. 下列对细胞基本特征描述错误的是（　　）。

A. 细胞具有细胞核与线粒体　　　　　　B. 细胞遗传物质的载体为双链 DNA

C. 细胞具有增殖的能力　　　　　　　　D. 细胞都具有细胞质膜

2. 以下不属于细胞基本共性的描述是（　　）。

A. 具有脂 - 蛋白体系的内膜系统　　　　B. 有相同的遗传装置

C. 一分为二的细胞分裂方式　　　　　　D. 都有线粒体

3. 原核细胞与真核细胞都具有的细胞器是（　　）。

A. 核糖体　　　　B. 线粒体　　　　C. 中心体　　　　D. 溶酶体

4. 下列不属于原核细胞的是（　　）。

A. 大肠杆菌　　　　B. 肺炎球菌　　　　C. 支原体　　　　D. 真菌

5. 下列属于原核生物的是（　　）。

A. 病毒　　　　B. 支原体　　　　C. 噬菌体　　　　D. 线虫

6. 支原体不具有的结构或成分是（　　）。

A. 细胞壁　　　　B. 细胞膜　　　　C. 核糖体　　　　D. 糖酵解酶系

7. 细菌具有的结构是（　　）。

A. 核小体　　　　B. 微绒毛　　　　C. 细胞质膜　　　　D. 中心体

8. 下列关于真核细胞与原核细胞的比较中，错误的说法是（　　）。

A. 根据"细胞体积的守恒定律"，真核细胞与原核细胞的细胞大小是相似的

B. 真核细胞有复杂的细胞骨架结构体系，原核细胞没有这些骨架结构体系

C. 真核细胞基因表达有严格的时空关系，并具有多层次的调控

D. 真核细胞有内膜系统分化、内部结构与功能的区域化与专一化

9. 只存在于细菌而不存在于酵母菌中的结构是（　　）。

A. 中心体　　　　B. 核膜　　　　C. 荚膜　　　　D. 细胞骨架

10. 以下有关蓝藻的叙述，正确的是（　　）。

A. 蓝藻细胞的遗传信息载体为线性 DNA 分子

B. 蓝藻细胞含有叶绿素 a 和叶绿素 b

C. 蓝藻没有进行光合作用专门的细胞器，仅有光合作用结构装置——类囊体

D. 蓝藻的藻体都是单细胞游离状态存在

11. 细菌细胞除了核区的 DNA 外，还存在可以进行自我复制的遗传因子是（　　）。

A. 叶绿体 DNA　　　　　　　　　　B. 线粒体 DNA

C. 核糖体 DNA（rDNA）　　　　　　D. 质粒

12. 下列不能进行光合作用的原核细胞是（　　）。

A. 支原体　　　　B. 蓝藻　　　　C. 紫细菌　　　　D. 绿细菌

13. 原核细胞的遗传物质集中在细胞的一个或几个区域中，密度低，与周围的细胞质无明显的界限，称作（　　　）。

A. 核质　　　　B. 类核　　　　C. 核液　　　　D. 核基质

14. 关于古细菌的描述，不正确的观点是（　　　）。

A. 古细菌常常发现于极端特殊环境中

B. 古细菌的细胞质膜是由脂质和蛋白质构成，类似于真核细胞

C. 古细菌的遗传装置结构介于原核细胞和真核细胞之间

D. 古细菌细胞壁没有胞壁酸

15. 与植物细胞相比，动物细胞特有的结构是（　　　）。

A. 内质网　　　　B. 核仁　　　　C. 中心体　　　　D. 微丝

16. 植物细胞特有的细胞器是（　　　）。

A. 线粒体　　　　B. 叶绿体　　　　C. 高尔基体　　　　D. 核糖体

17. 关于病毒与细胞在起源上的关系，越来越具有说服力的观点是（　　　）。

A. 生物大分子—病毒—细胞　　　　B. 生物大分子—细胞和病毒

C. 生物大分子—细胞—病毒　　　　D. 来自地球之外的星系

18. 原核细胞和真核细胞相比，描述不正确的是（　　　）。

A. 都有细胞质膜　　　　　　　　B. 都有核糖体

C. 都有内质网　　　　　　　　　D. 都有两种核酸：DNA 和 RNA

（二）判断题

1. 细胞是生命活动的基本单位。（　　　）

2. 核糖体几乎存在于所有细胞内。（　　　）

3. 支原体是最小最简单的真核细胞。（　　　）

4. 不管原核细胞还是真核细胞，都有两种核酸（DNA 和 RNA）。（　　　）

5. 原核细胞都是由单细胞构成，而真核细胞均是由多细胞构成。（　　　）

6. 细菌 DNA 复制受细胞分裂周期的限制，只能在 S 期进行复制。（　　　）

7. 细菌细胞的遗传物质主要是由一个环状 DNA 分子组成。（　　　）

8. 原核细胞中只含有一个环状 DNA 分子。（　　　）

9. 所有能进行光合作用的原核生物都能放出氧气。（　　　）

10. 原核细胞和真核细胞都有内膜系统。（　　　）

11. 真核细胞和原核细胞分别起源于各自的祖先。（　　　）

12. 真核细胞除了编码基因外，还有不编码任何蛋白质或 RNA 的基因间隔序列和内含子。（　　　）

13. 真核细胞不仅在细胞核内存在遗传物质，也可能有质粒等核外遗传物质。（　　　）

14. 植物细胞具有类似于动物细胞溶酶体功能的细胞器。（　　　）

15. 病毒中仅有一种核酸，或 DNA，或 RNA，两者不可兼得。（　　　）

16. 所有的病毒仅由核酸和蛋白质两种物质组成。（　　　）

17. 细胞遵循体积守恒定律，不论物种间的差异有多大，同一器官与组织的细胞，其大小总在一个恒定的范围内。（　　）

18. 细胞的大小主要是由每个细胞内所含的蛋白质和核糖体 RNA 的量所决定。（　　）

19. 目前的研究发现，mTOR（mammalian target of rapamycin）是一种 Ser/Thr 蛋白激酶，它可以汇聚和整合来自于营养、生长因子、能量和环境胁迫对细胞的刺激信号，进而调节细胞生长，影响细胞大小。（　　）

（三）名词比对

1. 原核细胞（prokaryotic cell）与真核细胞（eukaryotic cell）
2. 植物细胞（plant cell）与动物细胞（animal cell）
3. 支原体（mycoplasma）与病毒（virus）
4. 类病毒（viroid）与朊病毒（prion）

（四）分析与思考

1. 从原核细胞进化到真核细胞发生了哪些重大事件？试述原核细胞与真核细胞结构与功能上的差异。

2. 如何理解"细胞是生命活动的基本单位"被称作细胞学说的现代表述？病毒是非细胞形态的生命体，这与"细胞是生命活动的基本单位"是否相矛盾？

3. 细胞结构与功能的统一性是学习理解细胞生物学的重要方法之一，试举例说明这一问题。

4. 在亚细胞结构水平上，真核细胞的结构大致可以归纳为哪三大结构体系？试述三大结构体系各自的主要功能。

5. 成年人体大约含有 10^{14} 个细胞，这些细胞都来自于 1 个受精卵。假设从受精卵开始，细胞连续进行分裂，多少代后可以产生 10^{14} 个细胞？人体细胞大约每天分裂 1 次，假设成人体重大约 70 kg，每个细胞重约 1 ng，如果从受精卵开始按此速度连续分裂，需多长时间可以达到成人 70 kg 的体重？你认为为何成人发育成熟的时间要比计算出来的这一时间长很多？

6. 假设你在分析来自木卫二（木星的第六颗已知卫星）深海的样品时，惊奇地发现样品中可能存在一种地外生命形式，它在肉汤培养基上生长良好。初步分析它可能是一种细胞，并且含有 DNA、RNA 和蛋白质。但是，有同事认为这可能是样品遭地球生物污染所致。采用何种手段可以鉴别到底是样品污染还是一种地外生命的细胞呢？

7. 1859 年，在荷兰工作的德国人麦尔把烟草花叶病病株的汁液注射到健康烟草的叶脉中，引起了烟草的花叶病，证明这种病是可以传染的。1892 年，从事烟草病研究的俄国科学家伊万诺夫斯基不但重复了麦尔的试验，而且发现烟草花叶病病株的汁液即使经除菌过滤器过滤之后也仍然具有传染性，即其病原能通过细菌所不能通过的过滤器。遗憾的是，他本人并没有意识到这一现象的重要意义，当时他只是认为这种病是由产生毒素的某种细菌引起的。利用现有技术手段，你能设计哪些实验来检验当初伊万诺夫斯基的观点是否正确？

8. 人们推测在生物大分子演化过程中，最先出现的遗传物质载体可能是 RNA。由于在化学结构上 DNA 比 RNA 稳定，双链比单链稳定，所以双链 DNA 分子最终成为所有细胞生物的遗传物质载体。根据这一推论，是否可以认为单链 RNA 病毒的出现早于双链 DNA 病毒？为什么？

【参考答案】

（一）选择题

1. A 2. D 3. A 4. D 5. B 6. A 7. C 8. A 9. C 10. C 11. D 12. A
13. B 14. B 15. C 16. B 17. C 18. C

（二）判断题

1. ✓

2. ✓

3. ×　支原体是原核生物。

4. ✓

5. ×　真核生物包括多细胞真核生物与单细胞真核生物。

6. ×　细菌 DNA 的复制不受细胞分裂周期的限制，可以连续进行。

7. ✓

8. ×　细菌细胞有核外 DNA（质粒）。

9. ×　蓝藻含有叶绿素 a 的膜层结构，进行光合作用时可以放出氧气，而光合细菌的光合作用是由菌色素进行的，不能放出氧气。

10. ×　原核细胞没有内膜系统。

11. ×　所有细胞起源于共同祖先。

12. ✓

13. ×　还有线粒体 DNA 等核外遗传物质。

14. ✓

15. ✓

16. ×　不少病毒含有脂质包膜。

17. ✓

18. ✓

19. ✓

（三）名词比对

1. 原核细胞没有真正的细胞核，也没有内膜系统，细胞结构简单、进化等级低。而真核细胞有核被膜形成的细胞核，有内膜系统，遗传信息大，进化等级高。

2. 植物细胞与动物细胞均有基本相同的结构体系与功能体系。大部分重要的细胞器与细胞结构在动植物细胞中不仅形态结构与成分相同，功能也一样。但是植物细胞有一些特有的细胞结构与细胞器是动物细胞没有的，如细胞壁、液泡和叶绿体及其他质体。也有一些动物细胞的结构是高等植物细胞内没有的，如中心粒。

3. 支原体是原核生物，也是目前发现的最小、最简单的细胞，具备细胞的基本形态结构与功能，含有 DNA 与 RNA，以一分为二的方式分裂繁殖。病毒是非细胞形态的生命体，是迄今发现的最小、最简单的有机体，每一种病毒粒子中只含有 DNA 或 RNA，必须要在细胞内才能进行繁殖并表现出它们的基本生命活动。

4. 类病毒是具有感染性的 RNA 分子而朊病毒是具有感染性的蛋白质。

（四）分析与思考

1. （1）原核细胞进化到真核细胞发生的重大事件可以归纳为两个：①细胞膜系统的分化与演变。建立在细胞内膜系统分化基础上的内部结构与功能的区域化与专一化，是细胞进化过程中的一次重大飞跃。②遗传信息量与遗传装置的扩增与复杂化。真核细胞基因组一般远远大于原核细胞，作为遗传信息载体的 DNA 也由原核细胞的环状单倍性变为线状多倍性；基因数量大大增加，由几千个发展到数万个；细胞核的存在，使真核细胞基因表达实现了多层次调控，远比原核生物精细与复杂，为完成复杂的生命活动提供了基础。

（2）参考《细胞生物学》（第 4 版）教材第 21 页。

2. （1）细胞是一切生命活动的基本单位，包括以下几方面的含义：①一切有机体都是由细胞构成，细胞是构成有机体的形态结构单位。构成多细胞生物体的细胞虽然是"社会化"的细胞，但它们又保持着形态结构的独立性，每一个细胞都具有自己完整的结构体系。②细胞是有机体结构与执行功能的基本单位，是细胞内一切生化过程有序性的独立结构装置。③有机体的生长与发育是靠细胞增殖、分化与凋亡来实现的，细胞是研究有机体生长与发育的基础。④细胞是遗传的基本单位，每一个细胞都具有遗传的全能性（除少数特化细胞）。总之，没有细胞就没有完整的生命。已有许多实验证明，细胞结构的完整性破坏，就不能实现细胞完整的生命活动。

（2）病毒是非细胞形态的生命体，但所有的病毒必须要在细胞内才能繁殖并表现出它们的基本生命活动。所以这与"细胞是生命活动的基本单位"并不矛盾。

3. 细胞的结构与功能的相关性与一致性是细胞的共同特点，分化程度较高的细胞表现得更加明显。特化的细胞为形态结构与功能相适应提供了重要证据。

例一：哺乳动物的红细胞呈扁圆形，体积很小，是一种非常特化的细胞。红细胞内无核，亦无其他重要细胞器，主要是由细胞质膜包着血红蛋白，这些特点都与红细胞交换 O_2 与 CO_2 的功能相适应。因此，红细胞的形态和结构与其交换气体的功能是非常适应的。

例二：动物的各类分泌细胞，虽然其分泌物的性质不同，但形态结构却有共同性。分泌蛋白质的各种腺细胞，其形态与结构具有以下特点：细胞呈极性，一端是近侧端，为吸收表面，与基膜连接；另一端是游离端，是分泌表面。吸收表面的细胞质膜常常形成大量的皱褶，并在皱褶膜内排列有大量的线粒体，这均有助于增加物质透膜运输的效率及能量供应。游离端往往形成很多微绒毛，增加表面积，以提高分泌效率。

例三：高等动物的卵细胞和精子不仅形态而且大小都截然不同，这种不同与它们各自的功能相适应。卵细胞要为受精卵提供早期发育所需的信息和相应的物质，它除了带有一套完整的基因组外，还有很多预先合成的 mRNA 和蛋白质，所以体积就大。精子的外形既细又长，这也是与它的功能相适应的。精子对后代的责任仅是提供一套基因组，所以它显得很"轻装"。至于精子的细尾巴，则是为了运动、寻靶，尖尖的头部及其顶体，更容易将携带的遗传物质注入卵细胞。

4.（1）在亚显微结构水平上，真核细胞可以划分为三大基本结构系统：①以脂质及蛋白质成分为基础的生物膜结构系统；②以核酸与蛋白质为主要成分的遗传信息传递与表达系统；③由特异蛋白质装配构成的细胞骨架系统。

（2）三大结构体系的主要功能，参考《细胞生物学》（第 4 版）教材第 19 页。

5.（1）设细胞分裂代数为 N，则 $2^N = 10^{14}$，$N = \ln 10^{14} / \ln 2 = 46$ 代。

（2）设天数为 N，则 $70 \times 10^3 \, g = 2^N \times 10^{-9} \, g$，即 $2^N = 7 \times 10^{13}$，$N = \ln(7 \times 10^{13}) / \ln 2 = 46$ 天。

（3）因为人体细胞分裂受到严密调控，在个体发育过程中除了细胞分裂外还有细胞的生长和分化，许多细胞经过分化成为停止分裂的终末分化细胞。此外，还有大量的细胞发生凋亡。指数形式的快速细胞分裂仅仅发生在胚胎发育早期很短的一段时间内，或在某些组织的部分细胞中。

6.（1）16 S 核糖体 RNA 基因高度保守，该基因的序列在数十亿年的进化历程中变化极小。因此，可以比对木卫二样品生物与地球生物的 16 S 核糖体 RNA 基因序列，如果高度相似，有可能是地球生物污染所致，而不是一种新的地外生命。

（2）木卫二深海生物样品的生存条件应该是厌氧、嗜冷环境，如果该样品生物不能在厌氧条件下生长，也可能是地球生物污染所致。

7.（1）用培养基培养病原体，细菌能在培养基上生长，而病毒不能在没有宿主细胞的培养基上生长。

（2）电镜观察经除菌过滤器过滤之后的烟草花叶病病株汁液病原体，确定是细胞形态的细菌还是非细胞形态的病毒。

8. 否。因为题中推论是在生物大分子的演化过程中，早于以 DNA 为遗传载体的细胞起源之前。由于病毒只能在细胞中繁殖，所以从病毒起源的几种可能性来分析，都看不出单链 RNA 病毒与双链 DNA 病毒在进化中的关系。

第三章

细胞生物学研究方法

【学习导航】

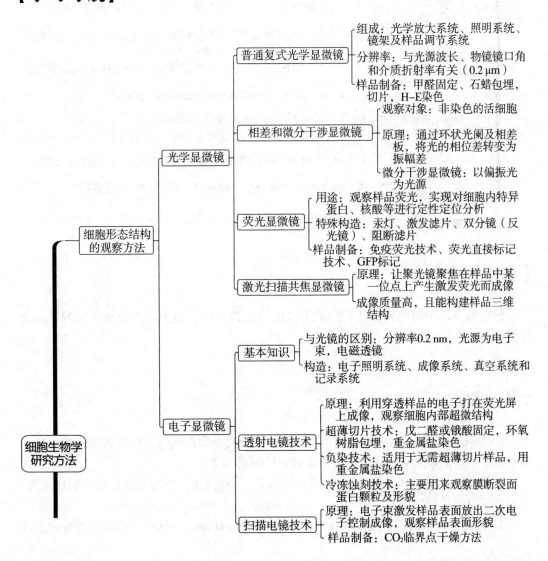

细胞生物学研究方法
├─ 细胞形态结构的观察方法
│   ├─ 光学显微镜
│   │   ├─ 普通复式光学显微镜
│   │   │   ├─ 组成：光学放大系统、照明系统、镜架及样品调节系统
│   │   │   ├─ 分辨率：与光源波长、物镜镜口角和介质折射率有关（0.2 μm）
│   │   │   └─ 样品制备：甲醛固定、石蜡包埋，切片，H-E染色
│   │   ├─ 相差和微分干涉显微镜
│   │   │   ├─ 观察对象：非染色的活细胞
│   │   │   ├─ 原理：通过环状光阑及相差板，将光的相位差转变为振幅差
│   │   │   └─ 微分干涉显微镜：以偏振光为光源
│   │   ├─ 荧光显微镜
│   │   │   ├─ 用途：观察样品荧光，实现对细胞内特异蛋白、核酸等进行定性定位分析
│   │   │   ├─ 特殊构造：汞灯、激发滤片、双分镜（反光镜）、阻断滤片
│   │   │   └─ 样品制备：免疫荧光技术、荧光直接标记技术、GFP标记
│   │   └─ 激光扫描共焦显微镜
│   │   ├─ 原理：让聚光镜聚焦在样品中某一位点上产生激发荧光而成像
│   │   └─ 成像质量高，且能构建样品三维结构
│   └─ 电子显微镜
│   ├─ 基本知识
│   │   ├─ 与光镜的区别：分辨率0.2 nm，光源为电子束，电磁透镜
│   │   └─ 构造：电子照明系统、成像系统、真空系统和记录系统
│   ├─ 透射电镜技术
│   │   ├─ 原理：利用穿透样品的电子打在荧光屏上成像，观察细胞内部超微结构
│   │   ├─ 超薄切片技术：戊二醛或锇酸固定，环氧树脂包埋，重金属盐染色
│   │   ├─ 负染技术：适用于无需超薄切片样品，用重金属盐染色
│   │   └─ 冷冻蚀刻技术：主要用来观察膜断裂面蛋白颗粒及形貌
│   └─ 扫描电镜技术
│   ├─ 原理：电子束激发样品表面放出二次电子控制成像，观察样品表面形貌
│   └─ 样品制备：CO_2临界点干燥方法

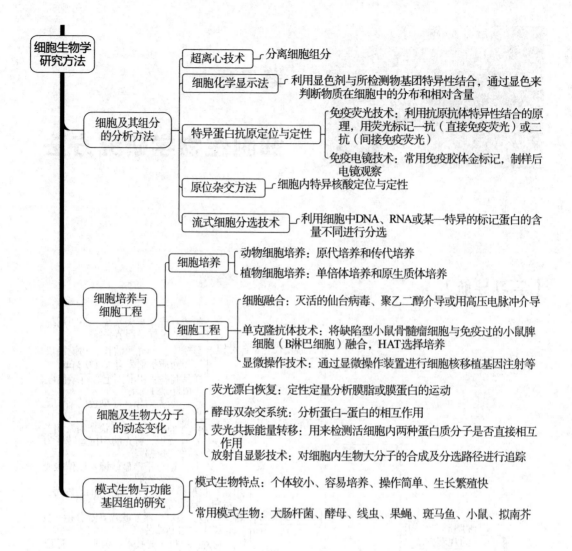

【重点提要】

细胞形态结构的观察方法；细胞及其组分分析方法；细胞培养与细胞工程；细胞及生物大分子的动态变化。

【基本概念】

1. 显微镜分辨率（resolution）：是指能区分开两个质点间的最小距离。分辨率的高低取决于光源的波长 λ、物镜镜口角 α 和介质折射率 N。

2. 相差显微镜（phase-contrast microscope）：一种将相位差转变成振幅差的显微镜，可观察不染色的活细胞。

3. 激光共聚焦扫描显微镜（laser scanning confocal microscope）：用聚焦极好的激光

束对样品单一景深的层面进行快速扫描，从而获得"光学切片"效果的显微镜。

4. 透射电子显微镜（transmission electron microscope）：通过穿透样品后的电子在显示屏上成像的显微镜。

5. 扫描电子显微镜（scanning electron microscope）：利用电子在样品表面扫描产生二次电子成像的显微镜。

6. 免疫荧光技术（immunofluorescence）：利用偶联荧光分子的抗体与细胞或细胞切片进行孵育，使抗体和相应抗原结合，在荧光显微镜下对抗原进行定位的技术。如果用偶联荧光分子的一抗显示抗原，就是直接免疫荧光技术；如果是偶联荧光分子的二抗，则是间接免疫荧光技术。

7. 细胞系（cell line）：原代细胞培养物经首次传代成功后所繁殖的细胞群体。根据传代次数限制又可分为有限细胞系和连续细胞系。

8. 细胞融合（cell fusion）：两个细胞相互融合形成一个细胞的过程。融合后的细胞只有一个连续的细胞质膜。

9. 荧光漂白恢复技术（fluorescence photobleaching recovery，FPR）：通过膜组分与荧光染料连接，用激光不可逆地漂白膜上的某一荧光区域，然后根据漂白区荧光恢复的速度，研究膜的流动性的技术。

10. 荧光共振能量转移技术（fluorescence resonance energy transfer，FRET）：用来检测活细胞内两种蛋白质分子是否直接相互作用的技术。当两个蛋白质相互作用时，供体被激发后所发出的荧光作为激发光激发受体产生荧光，即是荧光共振能量转移。

11. 放射自显影技术（autoradiography）：通过检测放射性标记物质在细胞内的定位来对细胞内生物大分子进行定性、定位与半定量研究的一种细胞化学技术。结合脉冲标记，可以实现对细胞内生物大分子进行动态研究和追踪。

【知识点解析】

（一）细胞形态结构的观察方法

1. 细胞形态结构观察手段

多数动植物细胞直径都在 $20 \sim 30 \mu m$，而人裸眼的分辨率一般只有 0.2 mm，很难识别单个细胞，更难识别细胞内的各种细胞器，因此必须借助显微镜才能够观察细胞的形态和结构。显微镜主要有两类，即光学显微镜和电子显微镜。

2. 光学显微镜

（1）普通复式光学显微镜 显微镜最重要的性能参数是分辨率，而不是放大倍数。分辨率（D）与波长 λ、物镜镜口角 α（标本在光轴上的一点对物镜镜口的张角）和介质折射率 N 之间的关系是：

$$D = 0.61\lambda / N \cdot \sin\left(\frac{\alpha}{2}\right)$$

通常 α 最大值可达 $140°$，空气中 $N = 1$，最短的可见光波长 $\lambda = 450$ nm，此时分辨

率 $D = 292$ nm，约 0.3 μm。若在油镜下，N 可提高到 1.5，分辨率 D 值则可达 0.2 μm，所以普通光学显微镜的最大分辨率是 0.2 μm。

普通光学显微镜虽然可以直接观察单细胞，但要获得好的效果，往往需要对细胞进行染色。如果是观察生物组织样品，则需要对样品进行固定和包埋（常用的固定剂如甲醛，包埋剂如石蜡等），再将包埋好的样品切成厚度约 5 μm 的切片，最后进行染色（如苏木精和伊红染色，又称 H－E 染色）。固定的目的主要是为了保持样品固有成分及结构，而包埋的目的是为了便于显微切片。但这种固定和包埋往往让蛋白质的活性丧失，因此，为了观察细胞内酶的分布，往往以冷冻的方式对样品进行包埋，然后冰冻切片。

（2）相差显微镜　由于生物样品一经固定就失去了生物活性，因此，对活细胞显微结构的观察可以借助相差显微镜来观察。其原理是利用光波的基本属性包括波长、频率、振幅和相位等。可见光的波长和频率的变化表现为颜色的不同，振幅的变化表现为亮暗的区别，而相位的变化却是人眼不能觉察的。因此，当两束光通过光学系统时，会发生相互干涉。如果它们的相位相同，干涉的结果是使光的振幅加大，亮度增强。反之，就会相互抵消而亮度变暗。光线通过不同密度的物质时滞留程度不同，密度大则滞留时间长，密度小则滞留时间短，因而，其光程或相位发生了不同程度的改变。相差显微镜（包括干涉差显微镜）就是将光线的相位差转变为振幅差，增强样品的反差，从而实现对非染色活细胞的观察。实现这一改变需要相差显微镜在普通光学显微镜的基础上添加两个元件，即"环状光阑"和在物镜后焦面上的"相差板"。

（3）荧光显微镜　与普通复式光学显微镜相比，荧光显微镜是通过激发光照射样品中能够产生荧光的分子，如荧光染料，而产生荧光成像。由于荧光显微镜的暗视野为荧光信号提供了很好的背景反差，因此，即便很弱的荧光信号也易于分辨。

荧光染料 DAPI 能特异性地直接与细胞中的 DNA 相结合，从而显示出细胞核或染色体在细胞中的定位。用显微注射器将标记荧光素的肌动蛋白注射到培养细胞中，可以看到肌动蛋白分子组装成肌动蛋白纤维的过程。用可产生荧光的绿色荧光蛋白（green fluorescent protein，GFP）基因与编码某种蛋白质的基因相融合，利用荧光显微镜，就可以在表达这种融合蛋白的活细胞中观察到该蛋白的动态变化。为了观察某种特异蛋白，可以利用抗原抗体特异结合的原理，用荧光染料标记该种蛋白的抗体，然后用抗体与其孵育后在荧光显微镜下观察。如果待观察的蛋白含量在细胞中很少，还可通过用荧光染料标记二抗的间接免疫荧光技术来达到信号放大，以便观察。此外，还可以用 GFP 基因与待观察蛋白质的基因相融合并表达后进行荧光观察。

在显微镜构造方面，与普通光学显微镜相比，荧光显微镜的光源不同，并多了只允许某种波长的激发光波通过的激发滤光片以及可阻止短波长激发光而通过长波长荧光的双分镜。

（4）激光共聚焦扫描显微镜　普通显微镜，包括荧光显微镜，都存在许多来自样品中焦平面以外光的干扰，会使所观察图像的反差减小、分辨能力降低。而激光扫描共焦显微镜只让聚光镜聚焦在样品中某一位点上所产生的激发荧光成像，来自焦平面以外的散射光则被小孔或狭缝挡住，因此，激光扫描共焦显微镜的分辨率比普通荧光显微镜的分辨率提高了 1.4 ~ 1.7 倍。激光扫描共焦显微镜还可自动调节并改变观察的焦平面，通过"光学切片"即改变焦点获得一系列不同切面上的细胞图像，经叠加后重构出样品的三维结构。

3. 电子显微镜

光学显微镜技术尽管样品制备相对简单、费用相对便宜，但其最大分辨率只有 $0.2~\mu m$。这种分辨率对于观察细胞内的精细结构而言远远不够，只能借助电子显微镜。电子显微镜的高分辨率主要是因为使用了波长比可见光短得多的电子束作为光源，波长一般小于 $0.1~nm$，分辨率可达 $0.2~nm$。根据电子显微镜成像原理的不同，有两种常用的电子显微镜。

(1) 透射电子显微镜　透射电镜是利用穿透样品的电子打在荧光屏上进行成像。根据这一成像原理可知，透射电镜成像需要电子穿透样品。但一方面电子的穿透能力很弱，另一方面生物样品的组成特性决定了其对电子穿透能力差异不明显，因此，对于一般样品，即便是细胞，不仅需要切片，还需要染色。

透射电镜样品制备技术很多种，包括超薄切片、负染色、冷冻蚀刻、低温电镜等技术。超薄切片的目的是为了电子能够穿透样品，而染色的目的是为了让样品形成电子密度反差。因此，一般光学显微镜染料不行，必须用重金属盐，如柠檬酸铅（易染蛋白质）、乙酸双氧铀（染核酸）等作为染料。通过重金属盐染色，可以让样品形成电子密度反差，电子密度大的地方通过的电子就少，打在荧光屏上就暗，反之，在荧光屏上就亮，从而形成明暗反差的放大了的图像。当然，如果样品足够小，比如病毒、核酸、蛋白质等，则可以通过负染色技术制样。负染所用的染料仍然是重金属盐。冷冻蚀刻技术比较复杂，简单地说，就是在低温下断裂细胞，然后通过让样品中的冰升华（蚀刻），再用重金属喷镀和形成碳膜来形成样品的复型膜，最后在透射电镜下观察。

(2) 扫描电子显微镜　如果说透射电镜是观察样品的内部结构，那么扫描电镜则是观察样品的表面形貌。扫描电镜的成像原理是利用电子枪发射出的电子束经电磁透镜汇聚成极细的电子"探针"，在样品表面进行"扫描"，激发样品表面放出二次电子。二次电子由探测器收集并被闪烁器转变成光信号，其产生的多少与样品表面的形貌相关。这样，通过扫描电镜可以得到样品表面的立体图像信息。

由于扫描电镜观察的是样品表面形貌，同时由于电子的穿透能力和生物样品的组成特性，待观察的样品往往需要干燥、喷镀重金属等处理过程。而这些处理中，关键步骤就是干燥时保持样品的固有形貌，因为传统的干燥技术往往会由于水的表面张力导致样品形貌发生改变。为了避免水的表面张力存在，常用临界点干燥方法。

(二) 细胞及其组分的分析方法

为了揭示生物大分子在细胞内的空间定位、相互关系及其功能，在形态学观察的基础上往往还需要分析细胞组分。细胞组分的分析方法可以通过离心方法获得细胞组分，也可以在细胞原位进行分析。因为离心技术在生物化学等课程中已有详细阐述，以下重点介绍细胞及细胞组分的原位分析方法。

1. 细胞组分的细胞化学显示方法

如果是在细胞内原位分析细胞组分，可以利用一些显色剂与所检测物质中一些特殊基团特异性结合的特征，通过显色剂在细胞中的定位及颜色的深浅来判断某种物质在细胞中的分布和相对含量。如福尔根反应可以特异显示呈紫红色的 DNA 的分布；苏丹Ⅲ（深红色）染色则通过扩散进入脂滴中，使脂滴着色等。若在细胞中对某种酶进行定性研究，样品制备常需采用冰冻切片，或以冷丙酮、甲醛进行短时间固定，以尽量保持酶的活性，然后将样品（细胞或组织切片）与适宜底物共同温育。

2. 特异蛋白的定位与定性

为了对细胞内某一种蛋白抗原进行特异性显示、定位或定性研究，可以利用抗原抗体特异性结合的原理，通过标记抗体，然后用标记的抗体与抗原结合进行观察分析。根据原位分析精度实验目的的不同，有光学显微镜水平和电子显微镜水平两种不同的方法。

如前所述，利用光学显微镜进行特异蛋白的定位、定性研究需要对抗体进行荧光标记。如果用标记了荧光分子的一抗直接与抗原孵育，则是直接免疫荧光技术；若标记二抗后再与结合了抗原的一抗进行孵育，则是间接免疫荧光技术。

尽管免疫荧光技术快速、灵敏、特异性强，但其分辨率有限。因此，可利用免疫电镜技术来有效地提高样品的分辨率，在超微结构水平上研究特异蛋白抗原的定位。比如要确定某种蛋白定位在细胞何种细胞器上等，用免疫电镜技术的精度明显比免疫光镜技术高。但免疫电镜技术制样复杂，现在也常用免疫光镜技术来粗略定位某种蛋白在细胞内的分布等。根据电子显微镜的成像原理可知，用于标记抗体的物质不是荧光分子，而是重金属，如胶体金。

如果要定位或定性染色体上或细胞内特异核酸，仍然可以通过荧光原位杂交或者电镜原位杂交的方法达到目的。如果用荧光原位杂交方法进行研究，现在常用生物素标记的 DNA 探针与细胞内或染色体上核酸进行杂交，然后用荧光偶联的抗生物素抗体孵育；而用电镜原位杂交方法进行研究，则用胶体金偶联的抗生物素抗体进行显示。

3. 流式细胞分选技术

这一技术目前在科学研究中应用十分广泛。流式细胞术（flow cytometry）可定量地测定某一细胞中的 DNA、RNA 或某一特异的标记蛋白的含量，以及细胞群体中上述成分含量不同的细胞的数量。比如要研究细胞群体中有多少细胞处于 G_1 期、S 期、G_2/M 期，则可将荧光标记后的细胞用流式细胞仪进行大量而又快速地分析。同样，可通过流式细胞仪分析带有表面特定标志的细胞，如分选干细胞等。

（三）细胞培养与细胞工程

1. 细胞培养

细胞培养是细胞生物学乃至整个生命科学研究与生物工程中最基本的实验技术，最近几年新兴的干细胞生物学发展及其应用在很大程度上仍然是得益于细胞培养技术的发展。

动物细胞若是从原代细胞培养做起，需要取出健康动物的组织块，用胰酶或胶原酶与 EDTA（螯合剂）等将细胞连接处消化分散，在含有小牛（或胎牛）血清的培养基中培养。原代培养的细胞一般传至 10 代左右生长出现停滞，大部分细胞衰老死亡，但有极少数细胞可能渡过"危机"而传下去。这些存活的细胞一般又可顺利地传40～50 代次，并且仍保持原来染色体的二倍体数量及接触抑制的行为。一般情况下（胚胎干细胞等除外），当细胞传至 50 代以后又要出现第二次"危机"，难以再传下去。但在传代过程中如有部分细胞发生了遗传突变，并使其带有癌细胞的特点，有可能在培养条件下无限制地传代培养下去，成为永生细胞系（infinite cell line），或连续细胞系（continuous cell line）。其特点是染色体一般呈亚二倍体或非整倍体，失去接触抑制，容易传代培养，如 HeLa 细胞系、CHO 细胞系。

2. 单克隆抗体技术

所谓单克隆抗体，是指由单个细胞增殖形成的细胞克隆所分泌的抗体。该技术获得 1984 年的诺贝尔生理学或医学奖。当动物受到外界抗原刺激后可激发 B 淋巴细胞活化，产生相应的抗体。但在体内，这种来源的抗体不仅有限，而且往往是异质性抗体，限制了其实际应用。为了获得大量来源单一的抗体，1975 年，英国科学家 C. Milstein 和 G. J. F. Köhler 将产生抗体的淋巴细胞同肿瘤细胞融合，成功地建立了 B 淋巴细胞杂交瘤技术用于制备单克隆抗体（monoclonal antibody）。

B 淋巴细胞能够分泌抗体，但在体外培养时难以增殖。为了获得既能够分泌抗体又能够无限增殖的细胞克隆，将小鼠骨髓瘤细胞与经绵羊红细胞免疫过的小鼠脾细胞（B 淋巴细胞）在聚乙二醇或灭活的病毒的介导下发生融合。融合后的杂交瘤细胞具有两种亲本细胞的特性，一方面可分泌抗绵羊红细胞的抗体，另一方面像肿瘤细胞一样，可在体外培养条件下或移植到体内无限增殖。尽管没有杂交的 B 淋巴细胞随着培养时间的延长将死亡，但要将没有融合的骨髓瘤细胞也淘汰掉而在培养体系中只剩下杂交瘤细胞则需要用缺陷型骨髓瘤和选择性培养基。正常细胞在氨基蝶呤的作用下可阻止细胞 DNA 合成主要通路，但可以利用次黄嘌呤和胸腺嘧啶核苷通过 TK 和 HGPRT 酶合成 DNA。由于骨髓瘤细胞缺乏 TK 或 HGPRT，因此在含氨基蝶呤的培养液内不能通过旁路合成 DNA 而成活下来。只有融合细胞才能在含 HAT（次黄嘌呤、氨基蝶呤和胸腺嘧啶核苷）的培养液内通过旁路合成核酸而得以生存。通过 HAT 选择培养和细胞克隆，可以获得能大量分泌单克隆抗体的杂交瘤细胞株。

（四）细胞及生物大分子的动态变化

生物大分子动态变化是生命活动的表现，蛋白质与 DNA 相互作用可能与 DNA 复制和 RNA 转录活动相关，蛋白质与蛋白质相互作用可能与信号转导等生命活动相关，而微小 RNA 与 mRNA 相互作用与蛋白质翻译调控相关。因此，可通过一些常用的研究生物大分子动态变化的方法揭示细胞生命活动。

1. 荧光漂白恢复技术（FPR）

当高能激光束照射细胞表面某一特定区域后，该区域内被标记的荧光分子发生不可逆的淬灭，即光漂白（photobleaching）。随后，由于膜脂或膜蛋白的运动性，周围非漂白区的荧光分子不断向光漂白区迁移，使光漂白区的荧光强度逐渐地恢复到原有水平，这一过程称荧光恢复（fluorescence recovery）。荧光恢复的速率主要取决于膜脂或膜蛋白的运动速率。因此，该技术能定性定量分析膜脂或膜蛋白的运动。为了使膜脂或膜蛋白产生荧光，需要用荧光分子或绿色荧光蛋白标记待分析的膜成分。

2. 酵母双杂交系统（yeast two-hybrid system）

该技术主要分析蛋白–蛋白质的相互作用。细胞基因转录起始需要转录激活因子，而转录激活因子一般由两个或两个以上在结构上可以分开、功能上相互独立的结构域组成，即 DNA 结合域和转录激活域。一旦这两个结构域分开转录激活因子就不能激活基因转录。因此，为了研究两种蛋白质是否相互作用，或者为了寻找与某种蛋白质相互作用的其他蛋白，可将待分析蛋白的基因与转录激活因子 DNA 结合域和转录激活域的基因分别融合，并导入酵母细胞表达。一旦待分析的蛋白相互作用，就会使 DNA 结合域和转录激活域相互靠近而启动报告基因的表达。该实验系统有可能存在假阳性的问题。因此，在大量筛选出与某种蛋白可能相互作用的蛋白基础上，通过其他研究方法进一步确认，比如利用免疫共沉淀的方法进行分析。

3. 荧光共振能量转移技术（FRET）

该技术是用来检测活细胞内两种蛋白质分子是否直接相互作用的重要手段。如果一个荧光基团（供体）的发射光谱与另一个基团（受体）的吸收光谱有一定的重叠，当这两个荧光基团间的距离合适时（一般小于 10 nm）就可观察到荧光能量由供体向受体转移的现象。此时，用前一种基团的激发波长光激发后可观察到后一个基团产生的荧光。这就是荧光共振能量转移现象。根据这一原理，将待研究的两种蛋白基因分别与 CFP 和 YFP 荧光蛋白基因融合并在细胞内共表达后，如果待研究的两种蛋白相互作用，其融合的 CFP 和 YFP 荧光蛋白也会近距离靠近。此时，用 430 nm 的紫外激发光激发 CFP 后产生的 490 nm 的蓝色荧光被 YFP 吸收，并产生 530 nm 的黄色荧光。因此，根据有无黄色荧光的产生可以判断待研究的两种蛋白是否相互作用。

4. 放射自显影技术

除了生物大分子相互作用的分析方法外，还可以通过放射自显影技术实现对细胞内生物大分子的合成及分选路径进行追踪等。比如，用氚（^3H）标记的胸腺嘧啶脱氧核苷（^3H-TdR）作为 DNA 合成的前体物掺入细胞以研究 DNA 合成，用氚标记的尿嘧啶核苷研究 RNA 合成，用 ^{35}S 标记的甲硫氨酸和半胱氨酸、^3H 或 ^{14}C 标记的甲硫氨酸、亮氨酸等研究蛋白合成分选以及代谢等。

（五）模式生物

通常模式生物具有个体较小，容易培养，操作简单，生长繁殖快等特点。利用不同模式生物进行实验，可能结果会有所不同。但总的来讲，因不同生物往往享有或多或少的共同代谢分子机制，因此利用模式生物不仅可以很方便、很深入地开展研究，其研究结果往往还有助于解读生命活动现象。

【知识点自测】

（一）选择题

1. 显微镜的分辨率与下列哪项无关（　　　）。

A. 物镜的放大倍数　　　　　　　　B. 入射波的波长

C. 镜口角　　　　　　　　　　　　D. 样品与物镜之间的介质的折射率

2. 为了提高相差显微镜对样本观察的可视性，关键要改变（　　　）。

A. 波长　　　　　B. 相位　　　　　C. 折射率　　　　　D. 放大倍数

3. 透射电镜显微照片之所以从来都没有彩色的，是因为（　　）。

A. 细胞结构不是彩色的

B. 透射电镜用的彩色底片还没有发明

C. 样品被超薄切片并被重金属盐染色

D. 是透过样品的透射电子打在荧光屏上获得的图像

4. 为了观察有丝分裂中期染色体的三维结构，可用下面哪种技术（　　）。

A. 普通光学显微技术　　　　　　　　B. 荧光显微镜技术

C. 透射电镜技术　　　　　　　　　　D. 扫描电镜技术

5. 如果氚的半衰期是 12 年，那么经过 24 年后，其放射性强度是原来的（　　）。

A. 12%　　　　　　B. 25%　　　　　　C. 50%　　　　　　D. 75%

6. 为了观察病毒，可通过何种方法进行观察（　　）。

A. 相差显微镜观察　　　　　　　　B. 负染后用电镜观察

C. 激光扫描共焦显微镜观察　　　　D. 以上都错

7. 有关扫描电镜成像的描述，正确的是（　　）。

A. 电子探针在样品表面"扫面"激发二次电子成像

B. 电子穿透样品后打在荧光屏上成像

C. 生物样品表面不需要镀重金属

D. 扫描电镜不能观察样品的立体形貌

8. 为了研究某种蛋白在细胞内的分布情况，可用（　　）。

A. 经组织切片后经 H－E 染色观察

B. 与荧光偶联的抗体进行孵育后观察

C. 直接将细胞超薄切片并用重金属盐染色后用透射电镜观察

D. 超速离心收集该蛋白

9. 流式细胞仪常用于测定细胞中 DNA、RNA 或某一特异标记的蛋白质含量以及含有这些不同成分的细胞数量，根据下图分析，描述错误的是（　　）。

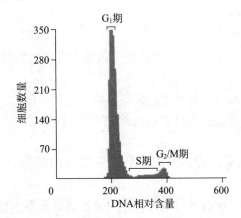

A. G_1 期细胞数量最多，S 期细胞数量最少

B. G_2/M 期细胞 DNA 含量是 G_1 期细胞 DNA 含量的 2 倍

C. S 期细胞 DNA 含量介于 G_1 和 G_2/M 期细胞之间

D. 分选的细胞群体中有不少细胞处于凋亡状态，即 DNA 含量比 G_1 期细胞少

10. 用于制备单克隆抗体的骨髓瘤细胞与经绵羊红细胞免疫过的小鼠 B 淋巴细胞分别具有什么特点（　　）。

A. 骨髓瘤细胞能无限增殖，B 淋巴细胞能分泌抗体

B. 骨髓瘤细胞能分泌抗体，B 淋巴细胞能无限增殖

C. 骨髓瘤细胞在 HAT 培养基中能无限增殖，B 淋巴细胞则不能分泌抗体

D. 骨髓瘤细胞在 HAT 培养基中不能增殖，B 淋巴细胞则能无限增殖

11. 研究膜蛋白或膜脂的流动性，以下哪种技术可行（　　）。

A. 荧光漂白恢复技术　　　　　　　B. 酵母双杂交技术

C. 荧光共振能量转移技术　　　　　D. 放射自显影技术

12. 为了实现细胞内某种蛋白质的亚细胞精细定位，可对该蛋白进行标记，下面哪种标记可行（　　）。

A. GFP 标记　　　　　　　　　　　B. 免疫荧光标记

C. 免疫电镜标记　　　　　　　　　D. 荧光染料直接染色

13. 在细胞培养基中加入牛血清的主要目的是（　　）。

A. 为培养细胞提供维生素　　　　　B. 为培养细胞提供生长因子

C. 避免细菌污染　　　　　　　　　D. 让细胞分化

14. 秀丽隐杆线虫是一种重要的模式生物，以下哪种原始重大发现与其相关（　　）。

A. 细胞周期调控机理　　　　　　　B. 细胞凋亡的分子机理

C. 细胞蛋白质分选机制　　　　　　D. 细胞分化机理

15. 为了提高雌性乳牛出生的比例，可在体外将携带 X 染色体和 Y 染色体的精子分离开，进行人工授精。最好的分离方法是（　　）。

A. 流式细胞分选术　　　　　　　　B. 离心技术

C. 细胞电泳　　　　　　　　　　　D. 层析

（二）判断题

1. 为了确认培养的 HeLa 细胞是否被病毒污染，可通过相差显微镜直接观察培养液中是否有病毒颗粒存在。（　　）

2. 显微镜成像质量好坏的最重要指标是其放大倍数。（　　）

3. 激光扫描共焦显微镜因为可以过滤掉焦平面以外的散射光，因此其成像质量比普通显微镜好。（　　）

4. 无论光镜还是电镜制样，固定样品的主要目的是保证样品固有形态和结构。（　　）

5. 超薄切片后需要对样品进行染色，常用染色试剂是苏木精和伊红。（　　）

6. 荧光染料 DAPI 是一种常用的 DNA 结合染料，为了特异性地显示细胞核或染色体所在部位，可用 DAPI 直接标记细胞，并在透射电镜下观察。（　　）

7. 为了保持样品的固有形貌，扫描电镜制样过程中常用二氧化碳临界点干燥的办法对样品进行干燥处理。（　　）

8. 原代培养的细胞经过多次传代后可以成为无限增殖的永生细胞。但与原代细胞相比，除了增殖能力增强外，永生细胞仍然保持了二倍体细胞特性。（　　）

9. 贴壁生长细胞在进入分裂期时，其贴壁能力降低，因此可以轻轻晃动培养基让处于分裂期的细胞悬浮。（　　）

10. 在人–鼠杂交细胞中，人的染色体比鼠的染色体更加稳定而不易丢失。（　　）

11. 通过酵母双杂交系统显示两种蛋白可能相互作用后，还可以通过荧光共振能量转移技术进一步确认这两种蛋白是否相互作用。（　　）

12. 细胞内蛋白质的起始合成部位与其功能发挥部位往往并非一致。为了显示某种新生蛋白在细胞内的合成与分泌动态性，可以用同位素标记进行跟踪。（　　）

13. 光学显微镜和电子显微镜下都可以观察到彩色图像。（　　）

（三）名词比对

1. 分辨率（resolution）与放大倍数（magnification）
2. 直接免疫荧光技术（direct immunofluorescency）与间接免疫荧光技术（indirect immunofluorescency）
3. 荧光漂白恢复技术（FPR）与荧光共振能量转移技术（FRET）
4. 原代细胞（primary culture cell）与传代细胞（subculture cell）
5. 细胞融合（cell fusion）与细胞拆合（cell disassemble）

（四）分析与思考

1. 免疫电镜技术能有效提高样品的分辨率，实现在超微结构上对特异蛋白抗原进行定位等研究。下图是利用免疫胶体金技术显示膀胱上皮细胞膜蛋白的分布情况（箭头所指）。

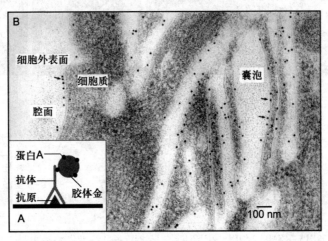

注：图片引自翟中和等（2011）。

（1）免疫电镜技术制样过程比免疫荧光技术复杂得多，请问能否用免疫荧光技术显示膀胱上皮细胞膜蛋白的分布情况？

（2）上图是扫描电镜照片还是透射电镜照片？

（3）如图 A 所示，因为胶体金偶联了识别膜蛋白的抗体，那么，为了显示膀胱细胞膜蛋白的分布，在免疫电镜技术制样过程中，还需要对样本染色吗？如果需要，用什么染料染色？

2. 有人在光学显微镜下拍摄了经 H－E 染色的石蜡切片中的肝细胞，其放大倍数为 400 倍。随后利用放大机获得了放大倍数为 4 000 倍的肝细胞核图片。在常染色质区，观察到核小体样的串珠状结构。实验者声称这一结构就是染色质的基本结构单位——核小体。你觉得这一结果可信吗？为什么？

3. 如果已经有了抗角蛋白的抗体，准备应用间接免疫荧光技术检测 HeLa 细胞中是否存在角蛋白及其在细胞中的分布，为了避免假阳性或假阴性的结果，应设计几组对照实验？

4. 为什么用于光学显微镜观察的石蜡切片厚度可达 20 μm，而用于电子显微镜观察的超薄切片的厚度必须小于 0.1 μm？如果把超薄切片置于载玻片上并在电子显微镜下观察，会有什么样的结果？

5. 细胞凋亡是细胞程序性死亡的一种形式。在凋亡过程中，细胞核逐渐解体呈现出片段化的形态特征，且 DNA 被切割。为了研究 PUMA 蛋白与细胞凋亡的相关性，研究人员通过基因克隆技术将 PUMA 和绿色荧光蛋白（GFP）基因同时重组到表达载体 pCEP4 上，然后在 DLD1 细胞中表达，12 h 后光学显微镜观察细胞核的形态变化，结果如下图 A 所示。为了观察遗传物质 DNA 的切割情况，用流式细胞仪分析，结果如下图 B 所示。

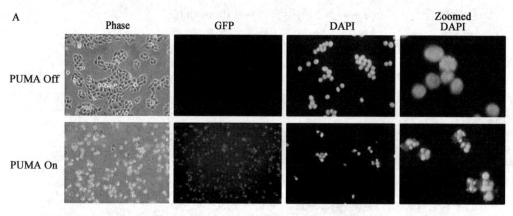

注：光学显微镜观察细胞核形态[①]。

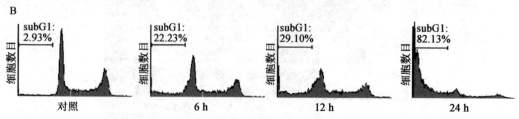

注：流式细胞仪分析 PUMA 在 SAOS-2 细胞中表达 6 h、12 h、24 h 后 DNA 变化[②]。

---

① 图 A 参见 Jian Yu, Lin Zhang, Paul M. Hwang, Kenneth W. Kinzler, Bert Vogelstein, PUMA Induces the Rapid Apoptosis of Colorectal Cancer Cells, Molecular Cell, 2001, 7: 673 - 682。

② 图 B 参见 Katsunori Nakano and Karen H. Vousden, *PUMA*, a novel proapoptotic gene, is induced by p53 Molecular Cell, 2001, 7: 683 - 694。

（1）对于图 A，在荧光显微镜下观察 *GFP* 是否表达，需要其他荧光染料染色吗？

（2）对于图 A，DAPI 染色后在荧光显微镜下观察，细胞核有荧光，而细胞质没有荧光，为什么？

（3）对于图 B，随着 PUMA 表达后的时间延长，DNA 发生了什么变化？

（4）综合图 A 和图 B 结果，你能判断 PUMA 蛋白对细胞凋亡有什么作用？

6. 现已知道 SARS 病毒的基因组 DNA 序列，拟进一步研究该病毒感染人体哪些组织以及在细胞中的复制部位，应采用什么技术？简述其基本操作步骤。

【参考答案】

（一）选择题

1. A 2. B 3. D 4. D 5. B 6. B 7. A 8. B 9. D 10. A 11. A 12. C 13. B 14. B 15. A

（二）判断题

1. × 相差显微镜因分辨率有限而不能直接观察到病毒。

2. × 是分辨率。

3. √

4. √

5. × 染色试剂为重金属盐。

6. × 利用荧光显微镜观察。

7. √

8. × 永生细胞非二倍体细胞。

9. √

10. × 人染色体更易丢失。

11. √

12. √

13. × 电子显微镜照片为黑白照片。

（三）名词比对

1. 分辨率是显微镜最重要的参数，是指能区分开两个质点间的最小距离。分辨率大小取决于入射光波长、物镜镜口角以及介质折射率；放大倍数通常指目镜的放大倍数乘以物镜的放大倍数。物镜放大倍数与分辨率相关，分辨率越小，物镜放大倍数越大。而目镜放大是虚放大。

2. 直接免疫荧光技术是将荧光分子与抗体偶联后直接用于免疫标记的技术；间接免疫荧光技术是先将抗体（称第一抗体）与抗原反应，然后加入与荧光分子相偶联的抗第一抗体的抗体（称第二抗体）。间接免疫荧光技术信号放大作用更为明显。

3. 荧光漂白恢复技术是研究膜流动性的技术。而荧光共振能量转移技术是用来检测活细胞内两种蛋白质分子是否直接相互作用的技术。

4. 原代细胞是指从机体取出后立即培养的细胞，进行传代培养后的细胞即称为传代细胞。也有人把传至 10 代以内的细胞统称为原代细胞培养，适应在体外培养条件下持续传代培养的细胞称为传代细胞。原代细胞仍保持原来染色体的二倍体数量及接触抑制的行为；在传代过程中如有部分细胞发生了遗传突变，并使其带有癌细胞的特点，有可能在培养条件下无限制地传代培养下去成为永生细胞系。

5. 细胞融合是指利用灭活的病毒，或者化学试剂、电脉冲等让两个或多个细胞融合成一个双核或多核细胞的方法；细胞拆合是指利用用显微操作仪或细胞松弛素 B 处理等物理或化学方法，把细胞核与细胞质分离开来形成胞质体和核体，然后把不同来源的胞质体和核体相互组合，形成核质杂交细胞的方法。

（四）分析与思考

1.（1）免疫荧光技术与免疫电镜技术相比，尽管其制样过程简单，但由于光学显微镜分辨率的局限，要显示膀胱上皮细胞膜蛋白的分布情况，最为理想的技术还是免疫电镜技术。

（2）透射电镜照片。

（3）除了免疫胶体金标记外，还需要利用重金属盐对样本进行染色。

2. 普通光学显微镜物镜最大分辨率约 $0.2~\mu m$，而核小体直径大约 11 nm，因此，光镜下不能观察到核小体结构。实验者所观察到的应该是假象。放大机是无效放大。

3. 可以考虑在不同实验阶段设置对照组，以排除实验误差和假阳性、假阴性结果。

4. 事实上，光镜和电镜制样的厚度都必须保证光线或者电子能够很好地穿透样品。电子穿透能力弱，为了保证成像效果，超薄切片的厚度必须小于 $0.1~\mu m$。如果把超薄切片置于载玻片上并在电子显微镜下观察，由于电子不能穿透载玻片，因此，不能成像（即荧光屏呈黑色）。

5.（1）在荧光显微镜下观察 GFP 是否表达，不需要其他荧光染料染色，因为 GFP 本身可以产生绿色荧光。

（2）因为 DAPI 染 DNA。

（3）流式细胞仪分析结果显示细胞呈亚二倍体，表明出现了 DNA 被切割的现象。

（4）细胞核解体，DNA 被切割，说明 PUMA 促进细胞凋亡。

6. 可以利用原位杂交技术。利用 SARS 病毒的基因组序列合成探针，然后原位杂交，检测杂交信号。（注意设计对照组，比如探针与 SARS 病毒基因组的结合应该是特异性的，以避免假阳性等。）

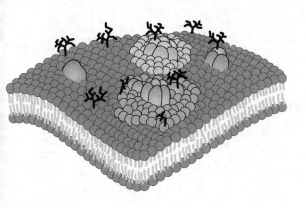

第四章

细胞质膜

【学习导航】

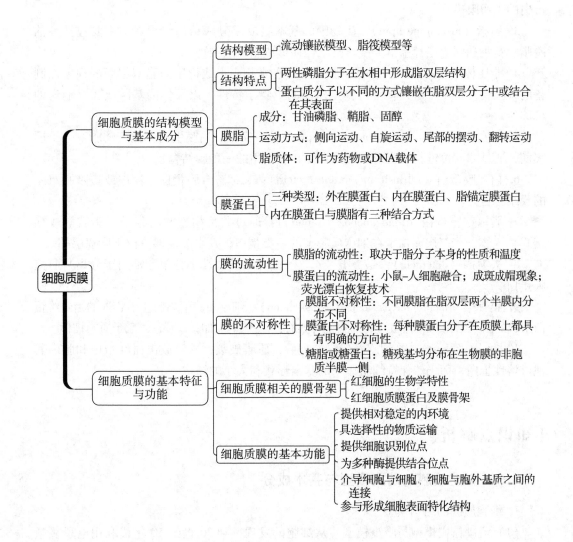

```
细胞质膜 ┬ 细胞质膜的结构模型 ┬ 结构模型 ── 流动镶嵌模型、脂筏模型等
         │ 与基本成分        │
         │                  ├ 结构特点 ┬ 两性磷脂分子在水相中形成脂双层结构
         │                  │          └ 蛋白质分子以不同的方式镶嵌在脂双层分子中或结合
         │                  │            在其表面
         │                  ├ 膜脂 ┬ 成分：甘油磷脂、鞘脂、固醇
         │                  │      ├ 运动方式：侧向运动、自旋运动、尾部的摆动、翻转运动
         │                  │      └ 脂质体：可作为药物或DNA载体
         │                  └ 膜蛋白 ┬ 三种类型：外在膜蛋白、内在膜蛋白、脂锚定膜蛋白
         │                          └ 内在膜蛋白与膜脂有三种结合方式
         │
         └ 细胞质膜的基本特征 ┬ 膜的流动性 ┬ 膜脂的流动性：取决于脂分子本身的性质和温度
           与功能            │            └ 膜蛋白的流动性：小鼠–人细胞融合；成斑成帽现象；
                            │              荧光漂白恢复技术
                            ├ 膜的不对称性 ┬ 膜脂不对称性：不同膜脂在脂双层两个半膜内分
                            │              │  布不同
                            │              ├ 膜蛋白不对称性：每种膜蛋白分子在质膜上都具
                            │              │  有明确的方向性
                            │              └ 糖脂或糖蛋白：糖残基均分布在生物膜的非胞
                            │                质半膜一侧
                            ├ 细胞质膜相关的膜骨架 ┬ 红细胞的生物学特性
                            │                      └ 红细胞质膜蛋白及膜骨架
                            └ 细胞质膜的基本功能 ┬ 提供相对稳定的内环境
                                                ├ 具选择性的物质运输
                                                ├ 提供细胞识别位点
                                                ├ 为多种酶提供结合位点
                                                ├ 介导细胞与细胞、细胞与胞外基质之间的
                                                │  连接
                                                └ 参与形成细胞表面特化结构
```

【重点提要】

细胞质膜的结构模型与基本组成成分；细胞质膜的基本特征与功能；细胞质膜相关的膜骨架组成及功能。

【基本概念】

1. 流动镶嵌模型（fluid mosaic model）：一种描述生物膜的动态结构模型。生物膜由膜脂和膜蛋白组成，具有流动性，膜蛋白镶嵌在脂双层或结合于脂双层表面。

2. 脂筏模型（lipid raft model）：在脂双层上，由胆固醇、鞘磷脂等形成相对有序的脂相，如同漂浮在脂双层上的"脂筏"一样载着执行某些特定生物学功能的各种膜蛋白的生物膜模型。

3. 膜脂（membrane lipid）：生物膜的基本组成成分和结构组织者，主要包括甘油磷脂、鞘脂和固醇三种基本类型。膜脂往往形成脂双层结构。

4. 脂质体（liposome）：根据磷脂分子可在水相中形成稳定的脂双层膜的现象而制备的人工膜，常用于研究膜脂与膜蛋白及其生物学特性，以及作为基因或药物输送的载体。

5. 外在膜蛋白（extrinsic membrane protein）：又称外周膜蛋白，位于磷脂双分子层表面，通过非共价键与膜脂或膜蛋白发生相互作用的一种膜结合蛋白。

6. 内在膜蛋白（intrinsic membrane protein）：又称整合膜蛋白，镶嵌或横跨脂双层的膜结合蛋白。

7. 脂锚定膜蛋白（lipid anchored protein）：通过共价相连的脂分子（脂肪酸或糖脂）插入膜的脂双层而锚定在细胞质膜上的一类蛋白，其水溶性部分位于脂双层外。

8. 去垢剂（detergent）：是一端亲水、一端疏水的两性小分子，常用于分离与研究膜蛋白。

9. 膜骨架（membrane associated cytoskeleton）：细胞质膜下与膜蛋白相连的由纤维蛋白组成的网架结构。哺乳动物红细胞膜骨架有助于维持红细胞的形态，赋予质膜韧性。

10. 血影（ghost）：红细胞经低渗处理后，质膜破裂，并释放出血红蛋白和胞内其他可溶性蛋白，而仍然保持细胞原来的基本形状和大小的结构。

【知识点解析】

（一）细胞质膜的结构模型与基本成分

1. 细胞质膜的结构模型

（1）流动镶嵌模型与脂筏模型　从细胞的发现，到 20 世纪 50 年代利用电子显微镜观察到质膜，跨时几百年。1925 年，E. Gorter 和 F. Grendel 用有机溶剂抽提人红细胞质膜的膜脂成分，发现它是红细胞表面积的 2 倍，提示了质膜由双层脂分子构成。随后，人们发现质膜的表面张力比油-水界面的表面张力低得多，因此 Davson 和 Danielli 推测，质膜中含有蛋白质成分并提出"蛋白质-脂质-蛋白质"的三明治式质膜结构模型。1959 年，J. D. Robertson 根据电子显微镜观察结果提出了单位膜模型（unit membrane model），并大胆地推断所有生物膜都由蛋白质-脂质-蛋白质的单位膜构成。这一模型得到 X 线衍射结果和电镜超薄切片结果支持。1972 年，Singer 和 Nicolson 提出了生物膜的流动镶嵌模型。

脂筏模型（Simons，1988）是对膜流动性的新的理解。在脂筏区域，载着执行某些特定生物学功能的各种膜蛋白。

（2）生物膜的结构特点

① 具有极性头部和非极性尾部的磷脂分子在水相中具有自发形成封膜系统的性质。脂分子是组成生物膜的基本结构成分。

② 蛋白质分子以不同方式镶嵌在脂双层分子中或结合在其表面。蛋白质的类型、蛋白质分布的不对称性及其与脂分子的协同作用赋予生物膜各自的特性与功能。

③ 生物膜可看成是蛋白质在双层脂分子中的二维溶液。

④ 在细胞生长和分裂等生命活动中，生物膜在三维空间上可出现弯曲、折叠、延伸等改变，处于不断的动态变化中。

2. 膜脂

（1）成分　膜脂主要包括甘油磷脂（glycerophosphatide）、鞘脂（sphingolipid）和固醇（sterol）三种基本类型。膜脂分子都是双亲性分子或两性分子，即有亲水性的头部和疏水性的尾部。双亲性的特点赋予膜脂分子在水相中能自发形成脂双层的能力。

甘油磷脂构成了膜脂的基本成分，占整个膜脂的 50% 以上，主要在内质网合成。组成生物膜的甘油磷脂分子的主要特征是具有一个与磷酸基团相结合的极性头和两个非极性的尾（脂肪酸链）。

鞘脂为鞘氨醇的衍生物，主要在高尔基体合成。

固醇包括胆固醇及其类似物，是一种分子刚性很强的两性化合物。与磷脂不同的是其分子的特殊结构和疏水性太强，自身不能形成脂双层，只能插入磷脂分子之间，参与生物膜的形成。胆固醇的合成是在动物细胞的胞质和内质网完成的，但动物体内胆固醇多数来自于食物。它在调节膜的流动性，增加膜的稳定性以及降低水溶性物质的通透性等方面都起着重要作用。同时，它也是脂筏的基本结构成分。

（2）膜脂的运动方式　① 沿膜平面的侧向运动，侧向运动是膜脂分子的基本运动方式；② 脂分子围绕轴心的自旋运动；③ 脂分子尾部的摆动：脂肪酸链靠近极性头部的摆动较小，其尾部摆动较大；④ 双层脂分子之间的翻转运动：一般情况下翻转运动极少发生，但在内质网膜上，新合成的磷脂分子几分钟后将有半数从脂双层的一侧通过翻转运动转位到另一侧。

前 3 种运动属于热自由运动，与温度有关，而后一种运动往往需要依靠特殊的膜蛋白协助才能完成。

（3）脂质体　有脂分子团、球形脂质体和平面脂质体等类型。脂质体可嵌入不同的膜蛋白，因此脂质体是研究膜脂与膜蛋白及其生物学性质的极好实验材料。脂质体中裹入 DNA 可有效地将其导入细胞中，因此常用于转基因实验。在临床治疗中，脂质体中裹入不同的药物或酶等具有特殊功能的生物大分子，可望用于治疗多种疾病。特别是脂质体技术与单克隆抗体及其他技术结合，可使药物更有效地作用于靶细胞以减少对机体的损伤。

3. 膜蛋白

（1）膜蛋白的类型　根据膜蛋白分离的难易程度及其与脂分子的结合方式，膜蛋白可分为 3 种基本类型：外在膜蛋白或称外周膜蛋白、内在膜蛋白或称整合膜蛋白和脂锚定膜蛋白。外在膜蛋白为水溶性蛋白质，靠离子键或其他较弱的键与膜表面的膜蛋白分子或膜脂分子结合，因此只要改变溶液的离子强度甚至提高温度就可以从膜上分离下来，但膜结构并不被破坏。脂锚定膜蛋白是通过与之共价相连的脂分子（脂肪酸或糖脂）插入膜的脂双分子中，而锚定在细胞质膜上，其水溶性的蛋白质部分位于脂双层外。内在膜蛋白与膜结合比较紧密，只有用去垢剂处理使膜崩解后才可分离出来。据估计人类基因中，1/4～1/3 基因编码的蛋白质为内在膜蛋白。

（2）内在膜蛋白与膜脂结合的方式　内在膜蛋白为跨膜蛋白（transmembrane protein），在结构上分为胞外结构域、跨膜结构域和胞内结构域共 3 个组成部分。

跨膜结构域与膜脂结合的方式如下：①跨膜结构域含有 20 个左右的 α 螺旋疏水氨基酸残基，其外部疏水侧链通过范德华力与脂双层分子脂肪酸链相互作用。如果 α 螺旋既具有极性侧链又具有非极性侧链，则非极性链位于 α 螺旋的外侧与膜脂相互作用。内侧是极性链，形成特异极性分子的跨膜通道。②若跨膜结构域主要由 β 折叠片组成，则几个 β 折叠片相互作用形成跨膜通道，通道疏水性的外侧与膜脂产生相互作用。

（3）去垢剂　去垢剂有离子型去垢剂和非离子型去垢剂两种类型。常用的离子型去垢剂是十二烷基磺酸钠（SDS），非离子去垢剂是 Triton X-100。SDS 对蛋白质的作用较为剧烈，破坏蛋白质中的离子键和氢键等，可改变蛋白质亲水部分的构象，引起蛋白质变性。而 Triton X-100 也可使细胞膜崩解，但对蛋白质的作用比较温和，它不仅用于膜蛋白的分离与纯化，还用于除去细胞的膜系统，以便对细胞骨架蛋白和其他蛋白质进行研究。

（二）细胞质膜的基本特征与功能

1. 膜的流动性

膜的流动性是所有生物膜的基本特征，是细胞生长增殖等生命活动的必要条件。

（1）膜脂的流动性　主要指脂分子的侧向运动，在很大程度上取决于脂分子本身的性质和温度。温度越高，脂肪酸链越短，不饱和程度越高，膜脂的流动性越大。在动物细胞中，胆固醇对膜的流动性起着双重调节作用。胆固醇分子既有与磷脂疏水的尾部相结合使其更为有序、相互作用增强及限制其运动的作用，也有将磷脂分子隔开使其更易流动的功能。通常，胆固醇防止膜脂由液相变为固相以保证膜脂处于流动状态的作用。

（2）膜蛋白的流动性　膜蛋白具有流动性，荧光抗体免疫标记实验可以证明。用抗鼠细胞质膜蛋白的荧光抗体（显绿色荧光）和抗人细胞质膜蛋白的荧光抗体（显红色荧光）分别标记小鼠和人的细胞表面，然后用灭活的仙台病毒介导两种细胞融合。

10 min 后不同颜色的荧光在融合细胞表面开始扩散，40 min 后已分辨不出融合细胞表面绿色荧光或红色荧光区域。这一实验清楚地显示了与抗体结合的膜蛋白在质膜上的运动。如果降低温度，则膜蛋白的扩散速率可降低至原来的 1/20 ~ 1/10。在某些细胞中，当荧光抗体标记时间继续延长，已均匀分布在细胞表面的标记荧光会重新排布，聚集在细胞表面的某些部位，即所谓成斑现象（patching），或聚集在细胞的一端，即成帽现象（capping）。成斑现象和成帽现象也证实了膜蛋白的流动性，且流动性并不是完全自由和随机的，可能受膜蛋白和膜下骨架系统相互作用以及质膜与细胞内膜系统之间膜泡运输等相关。

（3）膜脂和膜蛋白运动速率的检测　荧光漂白恢复技术（FPR）可定性、定量研究膜蛋白或膜脂的流动性。

2. 膜的不对称性

膜脂和膜蛋白在生物膜上呈不对称分布，同一种膜脂在脂双层中的分布不同。不同膜蛋白在脂双层中的定向或其拓扑学结构也可能不同。糖蛋白和糖脂的寡糖链部分均位于细胞质膜的外侧。

（1）细胞质膜各膜面的名称　为了便于研究和了解细胞质膜以及其他生物膜的不对称性，人们将细胞质膜的各个膜面进行了命名（详细命名见教材）。但由于该命名并不直观，且对于细胞内细胞器膜，包括线粒体等膜的命名不好描述，这里将生物膜的两个半膜分别命名为胞质半膜（或者胞质面）和非胞质半膜。胞质半膜面向细胞质基质，而非胞质半膜背向细胞质基质。

（2）膜脂的不对称性　不同膜脂在脂双层两个半膜内分布不同。糖脂的糖侧链都在非胞质半膜一侧。

（3）膜蛋白的不对称性　无论是外在膜蛋白还是内在膜蛋白，在质膜上都呈不对称分布。与膜脂不同，膜蛋白的不对称性是指每种膜蛋白分子在质膜上都具有明确的方向性。糖残基均分布在非胞质半膜一侧。膜蛋白的不对称性在合成时就已确定，在随后的一系列转运过程中其拓扑学结构始终保持不变。

3. 细胞质膜相关的膜骨架

细胞质膜特别是膜蛋白常常与膜下结构（主要是细胞骨架系统）协同作用，形成细胞表面的某些特化结构以完成特定的功能。这些特化结构包括膜骨架（membrane associated cytoskeleton）、鞭毛和纤毛、微绒毛及细胞的变形足等，分别与细胞形态的维持、细胞运动、细胞的物质交换和信息传递等功能有关。

哺乳动物成熟的红细胞没有细胞核和内膜系统，是最简单、最易研究的生物膜。正常情况下，红细胞呈双凹形的椭球结构，能通过直径比自己更小的毛细血管。在其平均寿命约 120 天内，人的红细胞往返于动脉和静脉达几百万次，行程约 480 km 而不破损。这就需要红细胞质膜既有很好的弹性又具有较高的强度。红细胞质膜的这些特性在很大程度上是由膜骨架赋予的。

红细胞质膜的刚性与韧性主要由质膜蛋白与膜骨架复合体的相互作用来实现，但其双凹形椭圆结构的形成还需要其他的骨架纤维参与。

4. 细胞质膜的基本功能

（1）为细胞的生命活动提供相对稳定的内环境。

（2）具选择性的物质运输，包括代谢底物的输入与代谢产物的排除，其中伴随着能量物质的传递。

（3）提供细胞识别位点，并完成细胞内外信息跨膜转导；病毒等病原微生物识别、侵染特异宿主细胞的受体也存在于质膜上。

（4）为多种酶提供结合位点，使酶促反应高效而有序地进行。

（5）介导细胞与细胞、细胞与胞外基质之间的连接。

（6）质膜参与形成具有不同功能的细胞表面特化结构。

（7）膜蛋白的异常与某些遗传病、恶性肿瘤、自身免疫病甚至神经退行性疾病相关，很多膜蛋白可作为疾病治疗的药物靶标。

【知识点自测】

（一）选择题

1. 对细胞质膜结构的研究经历了很长一个时期。电镜下观察到的"暗－亮－暗"三条带分别是指什么成分（　　）。

A. 膜蛋白－膜脂－膜蛋白

B. 膜脂头部－膜脂尾部－膜脂头部

C. 膜脂头部－膜脂尾部－膜脂尾部－膜脂头部

D. 膜脂－膜蛋白－膜脂

2. 以下哪点不是对流动镶嵌模型的正确解读（　　）。

A. 膜具有流动性　　　　　　　　　B. 膜蛋白分布不对称

C. 膜蛋白镶嵌或结合脂双层表面　　D. 膜脂是生物膜的功能执行者

3. 脂筏模型对生物膜的流动性给出了新的理解，脂筏区富含什么成分（　　）。

A. 胆固醇和磷脂酰丝氨酸　　　　　B. 鞘磷脂和磷脂酰丝氨酸

C. 胆固醇和鞘磷脂　　　　　　　　D. 磷脂酰丝氨酸和磷脂酰肌醇

4. 膜脂是生物膜的基本组成成分，生物膜上含量最丰富的膜脂是（　　）。

A. 甘油磷脂　　　B. 鞘脂　　　　C. 固醇　　　　D. 糖脂

5. 相比于膜脂的其他运动形式，膜脂的翻转运动在质膜上很少发生。但在以下哪种细胞器的膜上，膜脂翻转运动频率最为频繁（　　）。

A. 高尔基体　　　B. 内质网　　　C. 核被膜　　　D. 溶酶体

6. 脂质体是根据磷脂分子在水相中可自发形成稳定脂双层膜的现象而制备的人工膜。作为药物载体，脂质体包裹脂溶性药物的包装部位是（　　）。

A. 脂质体表面　　　　　　　　　　B. 脂质体腔内

C. 脂质体的脂双层膜中　　　　　　D. 以上都错

7. 以下哪种生物的细胞质膜不饱和脂肪酸含量最高（　　）。

A. 沙漠中的仙人掌　　　　　　　　B. 南极洲的鱼

C. 热温泉中的生物　　　　　　　　D. 赤道附近的居民

8. 在动物细胞中，对膜的流动性具有双重调节作用的分子是（　　）。

A. 外周膜蛋白　　　B. 整合膜蛋白　　　C. 鞘脂　　　D. 胆固醇

9. 抑制细胞能量转换或者降低温度，对膜蛋白流动性的影响是（　　）。

A. 两种处理都不影响膜蛋白流动性

B. 前者不影响，而后者降低膜蛋白流动性

C. 前者降低膜蛋白流动性，后者不影响

D. 两者都降低膜蛋白流动性

10. 如果某种质膜糖蛋白是通过膜泡分泌途径来自于高尔基体，且该蛋白寡糖链和 N 端都面向高尔基体腔内，那么在质膜上，该蛋白的寡糖链和 N 端面向（　　）。

A. 细胞表面

B. 细胞质

C. 寡糖链面向细胞表面，N 端面向细胞质

D. 寡糖链面向细胞质，N 端面向细胞表面

（二）判断题

1. 尽管细胞质膜的脂分子能够沿膜平面侧向运动，但双层膜脂分子之间的翻转运动却极少发生。（　　）

2. 由于膜脂和膜蛋白具有流动性，因此它们都均一分布在质膜上。（　　）

3. 用高锰酸钾或锇酸固定细胞后，在光学显微镜下可见质膜呈"暗－亮－暗"结构。（　　）

4. 近些年来提出的脂筏模型表明，尽管质膜上存在胆固醇和鞘磷脂富集的微小区域，但这些区域的流动性与其他区域没有差异。（　　）

5. 甘油磷脂分子是生物膜的主要组成成分之一，是两性分子，通常具有两个极性头部和一个非极性的尾部。（　　）

6. 细胞质膜和其他生物膜都具有各自特异的膜脂和膜蛋白，但同一细胞质膜的不同部位，其膜组分不大可能有差别。（　　）

7. 膜脂分子的侧向运动、自旋运动、尾部摆动以及翻转运动都属于热自由运动，温度越高，运动频率越快。（　　）

8. 胆固醇对膜流动性的调节作用主要是限制膜的流动性。（　　）

9. 外周蛋白与生物膜的结合较弱，可以通过改变溶液的离子强度或者提高温度将其从膜上分离下来。（　　）

10. 内在膜蛋白都通过共价键的方式与生物膜上的膜脂分子紧密结合，但可通过去垢剂处理使膜崩解分离下来。（　　）

11. 如果膜蛋白与细胞内的微丝相结合，那么用破坏微丝形成的药物处理细胞后，膜蛋白的流动性将变低。（　　）

12. 生物膜具有不对称性，但胆固醇在脂双层中的分布一般比较均匀。（　　）

13. 哺乳动物红细胞 ABO 血型抗原位于红细胞表面。（　　）

14. 改变处理血影的离子强度后，发现血影蛋白和肌动蛋白消失，说明这两种蛋白不是内在膜蛋白。（　　）

15. 红细胞膜骨架与细胞质膜之间的连接主要通过血影蛋白。（　　　）

（三）名词比对

1. 流动镶嵌模型（fluid mosaic model）与脂筏模型（lipid raft model）

2. 外在膜蛋白（extrinsic membrane protein）与内在膜蛋白（intrinsic membrane protein）

3. 成斑现象（patching）与成帽现象（capping）

4. 膜脂的不对称性（membrane lipid asymmetric）与膜蛋白的不对称性（membrane protein asymmetric）

5. 膜骨架（membrane associated cytoskeleton）与细胞骨架（cytoskeleton）

（四）分析与思考

1. 众所周知，生物膜的重要特征之一是具有不对称性，这是生物膜功能正常发挥的保障。如何理解生物膜的不对称性？生物膜的不对称性是如何形成的？

2. 胰蛋白酶能够消化膜蛋白的亲水性部分，但不能通过细胞的脂双层而进入细胞内。根据这些特点，人们常用胰蛋白酶联合 SDS - PAGE 电泳方法来确定膜蛋白在质膜上的分布情况。根据下面的实验结果，确定这 5 种蛋白（P1～P5）在质膜上的分布情况：

（1）将完整细胞的膜蛋白抽提进行 SDS - PAGE 电泳，结果如下图 A 所示；

（2）将完整细胞置于胰蛋白酶溶液中消化，然后抽提膜蛋白进行 SDS - PAGE 电泳，结果如下图 B 所示；

（3）用低渗液处理细胞（细胞未破，但胰蛋白酶能进入细胞中），再用胰蛋白酶消化，然后抽提膜蛋白进行 SDS - PAGE 电泳，结果如下图 C 所示。

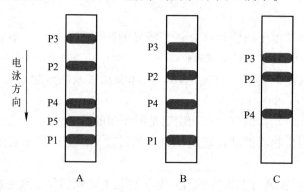

3. 小肠上皮细胞是极性细胞，其面向小肠肠腔（顶面）的细胞膜上含有葡萄糖协同转运载体，帮助葡萄糖分子逆着浓度梯度进入细胞，其基底面含有葡萄糖被动转运载体，帮助葡萄糖顺着浓度梯度离开肠上皮细胞进入血液循环，从而完成葡萄糖的吸收。

（1）细胞膜具有流动性，顶面和基底面的转运蛋白可能因为膜的流动性而相互混合，导致小肠上皮细胞的吸收功能紊乱。但事实上，顶面和基底面的葡萄糖转运蛋白不会因为膜的流动性而混合，原因何在？

（2）除了细胞连接可以限制膜蛋白的流动性，还有哪些因素可以限制膜蛋白的流动性？

（3）生物膜的流动性其实是二维流动，二维流动性的含义是什么？

4. 在临床治疗中，脂质体作为药物载体显示出了诱人的应用前景。如果要将脂质体携带的药物定向地作用于体内的脂肪细胞或肌肉细胞，可通过什么方法构建出靶向特异的脂质体？

5. 某研究者发现了一个新的细胞膜蛋白，测序结果表明其为一个多次跨膜蛋白，为了确定跨膜次数及其末端朝向，进行了以下实验：

（1）在细胞内高表达该蛋白，然后通过免疫荧光技术标记该细胞。当用抗 N 端抗体直接标记活细胞时，质膜上出现荧光；用抗 C 端抗体标记时却没有。用甲醇固定细胞（此时细胞膜被破坏）后，则质膜上同时出现两种抗体标记的荧光。

（2）将细胞膜分离纯化，再用蛋白酶充分降解膜外部分，然后经 SDS – PAGE 和银染，发现有 10 条主带，其中 3 条在对照细胞（即仅转染了空质粒载体的细胞）的相应样品中也有。

（3）如果先用蛋白酶处理，再分离细胞膜，然后经 SDS – PAGE 和银染，发现有 6 条主带，对照样品中有其中的 2 条。

试根据以上实验结果分析该跨膜蛋白的结构特点。

【参考答案】

（一）选择题

1. A 2. D 3. C 4. A 5. B 6. C 7. B 8. D 9. B 10. A

（二）判断题

1. √

2. ×　生物膜还具有不对称性。

3. ×　电子显微镜。

4. ×　脂筏区域不仅物质组成有别，而且流动性也不一样。

5. ×　一个极性头部和两个非极性的尾部。

6. ×　同一细胞质膜的不同部位，其膜组分可能有差别，如脂筏区域与非脂筏区域的差别。

7. ×　翻转运动往往需要特殊蛋白的帮助才能完成，不属于热自由运动。

8. ×　胆固醇对膜的流动性具有双重调节作用，即限制和提高膜的流动性。

9. √

10. ×　内在膜蛋白并非都通过共价键与生物膜上的膜脂分子紧密结合。

11. ×　膜蛋白的流动性将大大提高。

12. √

13. ✓
14. ✓
15. ×　要通过锚蛋白。

（三）名词比对

1. 两者都是对生物膜的结构进行描述的模型，前者强调了生物膜的流动性和不对称性，而后者是对前者的补充与完善，强调了生物膜的不均一性，即质膜存在组成与流动性都不同的微区，这些微区富含胆固醇、鞘磷脂以及与一些功能蛋白。

2. 这两种类型的膜蛋白是根据其分离难易程度及其与生物膜的结合方式划分的。外在膜蛋白靠离子键或其他较弱的键与膜表面的膜蛋白分子或膜脂分子结合，可通过改变溶液离子强度或者提高温度将其从膜上分离下来。而内在膜蛋白通过跨膜方式与膜结合，其结合紧密，只有用去垢剂崩解膜后才能分离下来。

3. 这两种现象都说明膜蛋白具有流动性。成斑现象是指荧光抗体标记膜细胞表面的膜蛋白后，由于标记蛋白的流动性和二价抗体分子交联，导致标记荧光聚集在细胞表面的某些部位。而成帽现象指的是标记荧光聚集在细胞的一端。

4. 膜脂的不对称性是指同一种脂分子在膜的脂双层中呈不均匀分布，而膜蛋白的不对称性是指每种膜蛋白分子在质膜上都具有明确的方向性。

5. 膜骨架是指细胞质膜下与膜蛋白相连的由纤维蛋白组成的网架结构。在哺乳动物成熟红细胞中，这些纤维蛋白包括血影蛋白、肌动蛋白等，与红细胞质膜的刚性及韧性的维持有关。而细胞骨架是指细胞质基质中由微丝、微管以及中间丝形成的纤维网架结构（详见教材第十章），与细胞多种功能密切相关。

（四）分析与思考

1. 生物膜的不对称性包括膜脂和膜蛋白的不对称性，其中膜脂的不对称性是指同一种脂分子在脂双层中呈不均匀分布，糖脂分布于非胞质一面，而膜蛋白的不对称性是指每种膜蛋白分子在质膜上都具有明确的方向性，糖蛋白的寡糖链面向非胞质一侧。膜脂不对称性形成原因与其合成部位有关，而膜蛋白的不对称性与其在内质网和高尔基体复合体上的合成及加工有关。

2. 蛋白 P1　细胞膜胞质一侧的外周蛋白；

蛋白 P2　细胞膜胞外一侧的整合蛋白；

蛋白 P3　跨膜蛋白；

蛋白 P4　细胞膜胞质一侧的整合蛋白；

蛋白 P5　细胞膜胞外一侧的外周蛋白。

如下图所示（5 种蛋白之间的相对位置可变）：

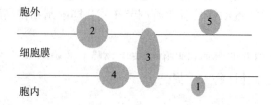

3.（1）小肠上皮细胞之间形成紧密连接（详见教材第十七章），限制了顶面和基底面上膜蛋白以及膜脂的流动性。

（2）膜蛋白与相邻细胞表面的蛋白或胞外基质成分相互作用；膜蛋白与细胞内的骨架结构相互作用等。

（3）不管是侧向扩散，还是翻转运动，膜脂或者膜蛋白都在脂双层运动，并没有脱离脂双层，所以是二维运动。

4. 可将特异识别脂肪细胞或肌肉细胞表面蛋白的抗体插入到脂质体膜上，以使药物作用于靶细胞。

5.（1）说明该膜蛋白肽链 N 端在胞外、C 端在胞内。

（2）说明该膜蛋白可能是 7 次跨膜，另外 3 次跨膜结构是质粒载体自身序列表达的。

（3）说明该蛋白肽链在胞内由四部分组成，即 3 个环状结构域和 C 端部分，另外的胞内结构区域是质粒载体自身序列表达。

综上所述，该膜蛋白肽链的 N 端在胞外，C 端在胞内；7 次跨膜，在胞内和胞外分别有 3 个环状结构域，其结构模型与 7 次跨膜的 G 蛋白偶联受体相似（如下图所示）。

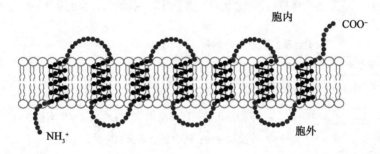

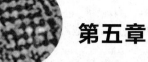

第五章

物质的跨膜运输

【学习导航】

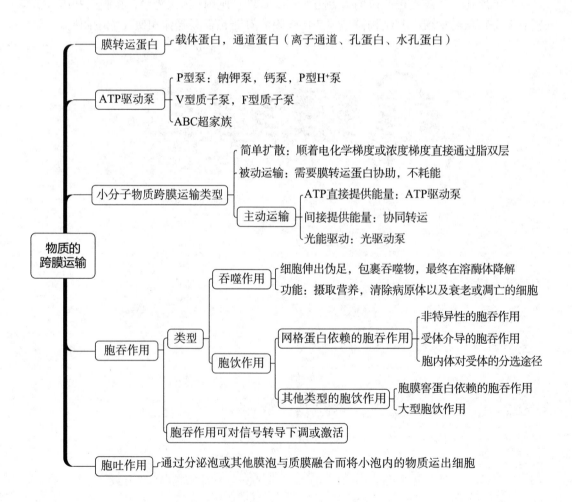

【重点提要】

膜转运蛋白类型及转运特征；小分子物质跨膜运输类型与特点；ATP 驱动泵类型及主动运输；大分子及颗粒性物质的胞吞与胞吐作用类型与过程。

【基本概念】

1. 载体蛋白（carrier protein, transporter）：以被动或主动运输方式，通过自身构象改变而实现物质跨膜转运的膜蛋白。

2. 通道蛋白（channel protein）：以被动运输方式，通过形成亲水性通道实现对特异溶质的跨膜转运，包括离子通道、孔蛋白以及水孔蛋白等类型。

3. 离子通道（ion channel）：只允许特定离子顺着电化学梯度通过其亲水性通道的膜转运蛋白。离子通道对离子的转运具有选择性和门控性，包括电压门通道、配体门通道和应力激活通道。

4. 简单扩散（simple diffusion）：不需要细胞提供能量，也无需膜转运蛋白协助的小分子物质以热自由运动的方式顺着电化学梯度或浓度梯度直接通过脂双层进出细胞的方式。

5. 被动运输（passive transport）：指溶质顺着电化学梯度或浓度梯度，在膜转运蛋白协助下的跨膜转运方式，又称协助扩散（facilitated diffusion）。

6. 水孔蛋白（aquaporin）：动植物细胞质膜上转运水分子的特异蛋白，为水分子的快速跨膜运动提供通道。

7. 主动运输（active transport）：由载体蛋白所介导的物质逆着电化学梯度或浓度梯度进行跨膜转运的方式。

8. ATP 驱动泵（ATP-driven pump）：一种 ATP 酶，能直接利用水解 ATP 提供的能量，以实现离子或小分子物质逆浓度梯度或电化学梯度进行跨膜运输的转运蛋白。

9. 协同转运（cotransport）：一种离子或分子逆电化学梯度的转运与另一种或多种其他溶质顺着电化学梯度转运相偶联、间接消耗 ATP 的主动跨膜转运过程，有同向协同和反向协同两种类型。

10. $Na^+ - K^+$ 泵（$Na^+ - K^+$ pump）：位于动物细胞质膜上，又称 $Na^+ - K^+$ ATPase，能水解 ATP，使 α 亚基带上磷酸基团或去磷酸化，将 Na^+ 泵出细胞，而将 K^+ 泵入细胞的膜转运载体蛋白，对于膜电位的维持、细胞渗透平衡以及吸收营养有重要作用。

11. 钙泵（Ca^{2+} pump, Ca^{2+} - ATPase）：属于 P 型泵，利用 ATP 水解释放的能量将钙离子从低浓度一侧跨膜往较高浓度一侧转运的蛋白质，存在于质膜、肌质内质网、线粒体等膜。

12. ABC 超家族（ABC superfamily）：一类 ATP 驱动的膜转运蛋白，利用 ATP 水解释放的能量将多肽及多种小分子物质进行跨膜转运的膜转运蛋白。

13. 胞吞作用（endocytosis）：通过质膜内陷形成囊泡，将细胞外或细胞质膜表面的大分子或颗粒性物质包裹进膜泡并转运到细胞内的转运方式，有吞噬作用和胞饮作用两大类。

14. 吞噬作用（phagocytosis）：通过细胞形成伪足包裹病原微生物等形成吞噬体并将其在溶酶体内消化降解的特殊的胞吞作用。吞噬作用是原生生物摄取食物的一种方式，而高等动物细胞通过吞噬作用清除病原体以及衰老死亡的细胞。

15. 胞饮作用（pinocytosis）：细胞连续摄入溶液及可溶性分子的胞吞过程。

16. 受体介导的胞吞作用（receptor mediated endocytosis）：通过网格蛋白包被膜泡从胞外摄取特定大分子的途径。被转运的大分子物质与细胞表面互补性的受体结合，形成受体–配体复合物并引发细胞质膜局部内化，然后脱离质膜形成有被小泡并将物质吞入细胞内。

17. 胞内体（endosome）：动物细胞内的细胞器，其作用是将通过胞吞作用摄取的物质转运到溶酶体中降解。胞内体是胞吞物质的主要分选站。

18. 跨细胞转运（transcytosis）：以胞吞作用从细胞的一侧摄取物质，形成囊泡在细胞内运输，并以胞吐作用从细胞的另一侧释放出去的膜泡转运方式。

19. 胞膜窖（caveolae）：在质膜的脂筏区域，由窖蛋白参与形成的质膜内陷的瓶状结构，是胞饮作用发生的另一种类型。

20. 胞吐作用（exocytosis）：细胞内合成的生物分子（蛋白质和脂质等）和代谢物包裹在分泌泡中，并与质膜融合而将内含物分泌到细胞表面或细胞外的过程。

【知识点解析】

（一）膜转运蛋白与小分子物质的跨膜运输

1. 脂双层的不透性和膜转运蛋白

脂双层对绝大多数极性分子、离子以及细胞代谢产物的通透性都极低，形成了细胞的渗透屏障。这些物质的跨膜转运需要质膜上的膜转运蛋白参与。膜转运蛋白分为两类：一类是载体蛋白；另一类是通道蛋白。

（1）载体蛋白及其功能　每种载体蛋白能与特定的溶质分子结合，通过一系列构象改变介导溶质分子的跨膜转运。不同部位的生物膜往往含有各自功能相关的不同载体蛋白。载体蛋白具有与底物（溶质）特异性结合的位点，所以每种载体蛋白对底物具有高度选择性，通常只转运一种类型的分子；转运过程具有类似于酶与底物作用的饱和动力学特征；既可被底物类似物竞争性地抑制，又可被抑制剂非竞争性抑制以及对 pH 有依赖性等。

（2）通道蛋白及其功能　通道蛋白有三种类型：离子通道、孔蛋白（porin）以及水孔蛋白。目前所发现的大多数通道蛋白都是离子通道。

离子通道蛋白形成选择性和门控性跨膜通道。它对离子的选择性取决于通道的直径、形状以及通道内带电荷氨基酸的分布。所以离子通道介导被动运输时不需要与溶质分子结合，只有大小和电荷适宜的离子才能通过。离子通道的开启或关闭受膜电位变化、化学信号或压力刺激的调控。因此，根据激活信号的不同，离子通道可分为电压门通道（voltage-gated channel）、配体门通道（ligand-gated channel）和应力激活通道（stress-activated channel）。

2. 小分子物质的跨膜运输类型

（1）简单扩散　不同性质的小分子物质简单扩散的跨膜运动的速率差异极大，主要取决于分子大小和分子的极性。脂双层对离子具有高度不通透性。

（2）被动运输　不需要细胞提供代谢能量，转运的动力来自物质的电化学梯度或浓度梯度。水分子、糖、氨基酸、核苷酸以及细胞代谢物等都可以顺着电化学梯度或浓度梯度以被动运输的方式完成跨膜转运。水分子不带电荷但具有极性，尽管它可以通过简单扩散的方式缓慢穿过脂双层，但对于某些组织来说，如肾小管的近曲小管对水的重吸收、从脑细胞中排出额外的水、唾液和眼泪的形成等，则需借助质膜上的水孔蛋白完成。第一个水孔蛋白 CHIP28 是在血红细胞膜中发现的，它对水分子的特异通透性与其结构中 Asn – Pro – Ala 模式有关。

（3）主动运输　由载体蛋白介导，物质逆着电化学梯度进行跨膜转运，是一种耗能的转运方式。主动运输分为由 ATP 直接提供能量（ATP 驱动泵）、间接提供能量（协同转运或偶联转运）以及光能驱动 3 种基本类型。

ATP 驱动泵是 ATP 酶，直接利用水解 ATP 提供的能量实现离子或小分子逆浓度梯度或电化学梯度的跨膜运输；协同转运蛋白（cotransporter）或偶联转运蛋白（coupled transporter）介导各种离子和分子的跨膜运输。这类转运蛋白包括两种基本类型：同向协同转运蛋白（symporter）和反向协同转运蛋白（antiporter）。光驱动泵（light-driven pump）主要发现于细菌细胞，对溶质的主动运输与光能的输入相偶联，如细菌紫红质（bacteriorhodopsin）。

（二）ATP 驱动泵与主动运输

ATP 驱动泵将 ATP 水解生成 ADP 和无机磷（Pi），并利用释放的能量将小分子物质或离子进行跨膜转运。因此 ATP 驱动泵通常又被称为转运 ATPase。ATP 驱动泵可分为 4 类：P 型泵、V 型质子泵、F 型质子泵和 ABC 超家族。前三种只转运离子，后一种主要转运小分子。

1. 钠钾泵

（1）Na^+ – K^+ 泵结构与转运机制　Na^+ – K^+ 泵是 P 型泵，每消耗一个 ATP 分子可以逆着电化学梯度从细胞内泵出 3 个 Na^+ 和泵入 2 个 K^+。其工作机制涉及 α 亚基与 Na^+ 结合后 ATP 水解而使其天冬氨酸残基磷酸化引起 α 亚基构象发生变化，从而将 Na^+ 泵出细胞，同时，细胞外的 K^+ 与 α 亚基的另一位点结合，使其去磷酸化，α 亚基构象再度发生变化将 K^+ 泵入细胞。动物细胞要消耗 1/3 的总 ATP 供 Na^+ – K^+ 泵工作以维持细胞内高 K^+ 低 Na^+ 的离子环境。

（2）Na^+ – K^+ 泵生理功能

① 维持细胞膜电位。

② 维持动物细胞渗透平衡。动物细胞靠 Na^+ – K^+ 泵工作维持渗透平衡，而植物细胞依靠坚韧的细胞壁防止膨胀和破裂；生活在水中的一些原生动物（如草履虫），通过

收缩泡收集和排除过量的水。

③ 吸收营养。动物细胞对葡萄糖或氨基酸等有机物吸收的能量由蕴藏在 $Na^+ - K^+$ 泵工作形成的 Na^+ 电化学梯度中的势能提供，以同向协同转运的方式将葡萄糖等有机物转运至小肠上皮细胞。而植物细胞、真菌和细菌细胞通常利用质膜上的 $H^+ - ATPase$ 形成的 H^+ 电化学梯度来吸收营养物。

2. 钙泵及其他 P 型泵

（1）钙泵的结构与功能　Ca^{2+} 是细胞内重要的信号分子，细胞质基质中游离的 Ca^{2+} 浓度始终维持在一个很低的水平。这得益于质膜或细胞器膜上的钙泵将 Ca^{2+} 泵到细胞外或细胞器内。钙泵，又称 $Ca^{2+} - ATPase$，是另一类 P 型泵，分布在所有真核细胞的质膜和某些细胞器如内质网、叶绿体和液泡膜上，在肌肉细胞的肌质网膜上含量尤其丰富。每消耗一分子 ATP 从细胞质基质泵出 2 个 Ca^{2+}。

（2）P 型 H^+ 泵　植物细胞、真菌（包括酵母）和细菌细胞质膜上虽然没有 $Na^+ - K^+$ 泵，但有 P 型 H^+ 泵（$H^+ - ATPase$）。P 型 H^+ 泵将 H^+ 泵出细胞，建立和维持跨膜的 H^+ 电化学梯度（作用类似动物细胞 Na^+ 的电化学梯度），并用来驱动转运溶质进入细胞。细菌细胞对糖和氨基酸的摄取主要是由 H^+ 驱动的同向协同转运完成的。P 型 H^+ 泵的工作也使得细胞周围环境呈酸性。

3. V 型质子泵和 F 型质子泵

（1）V 型质子泵（V - type proton pump）　V 型质子泵广泛存在于动物细胞的胞内体膜、溶酶体膜以及液泡膜上，利用 ATP 水解供能从细胞质基质中逆 H^+ 电化学梯度将 H^+ 泵入细胞器，以维持细胞质基质 pH 中性和细胞器内的 pH 酸性。

（2）F 型质子泵（F - type proton pump）　F 型质子泵存在于细菌质膜、线粒体内膜和叶绿体的类囊体膜上。它通常利用质子动力势合成 ATP，即当 H^+ 顺着电化学梯度通过质子泵时，所释放的能量驱动 F 型质子泵合成 ATP，如线粒体的氧化磷酸化和叶绿体的光合磷酸化作用，因此 F 型质子泵称作 $H^+ - ATP$ 合酶（ATP synthase）。

4. ABC 超家族（ABC superfamily）

ABC 超家族广泛分布于从细菌到人类各种生物中，是最大的一类转运蛋白，通过水解 ATP 分子，完成胞外物质（原核细胞）或胞内物质（真核细胞）的跨膜转运。细菌质膜上含有大量 ABC 转运蛋白，以利于逆着浓度梯度从环境中摄取各种营养物。哺乳类细胞质膜上磷脂、亲脂性药物、胆固醇和其他小分子的转运也常常依靠 ABC 转运蛋白完成。

ABC 转运蛋白能够将抗生素或其他抗癌药物泵出细胞而赋予细胞抗药性。ABC 转运蛋白在多种肿瘤细胞中高表达，增强了肿瘤细胞的抗药性。

（三）胞吞作用

大分子与颗粒性物质如蛋白质、多核苷酸、多糖等的跨膜运输通过胞吞作用或胞吐作用完成。无论胞吞还是胞吐，被转运的物质都包裹在脂双层膜包被的囊泡中，是一个耗能的过程。

1. 胞吞作用的类型

根据胞吞泡形成的分子机制不同和胞吞泡的大小差异，胞吞作用可分为两种类型：

吞噬作用和胞饮作用。吞噬作用形成的吞噬泡直径往往大于 250 nm，而胞饮作用形成的胞饮泡直径一般小于 150 nm。此外，所有真核细胞都能通过胞饮作用连续摄入溶液及可溶性分子，而吞噬作用往往发生于一些特化的吞噬细胞如巨噬细胞（macrophage）。

（1）吞噬作用　被吞噬物与吞噬细胞表面结合后激活细胞表面的受体，诱发吞噬细胞质膜伸出伪足（pseudopod），将吞噬物包裹起来形成吞噬体，最后与溶酶体融合，并在其中被各种水解酶降解。而伪足的形成需要细胞内微丝及其结合蛋白在质膜下局部装配。

对于原生生物，吞噬作用是摄取营养物的主要方式，而对于高等真核生物，吞噬作用往往发生于巨噬细胞和中性粒细胞，除了摄取营养外，更多的是清除侵染机体的病原体以及衰老或凋亡的细胞。

（2）胞饮作用　与吞噬作用不同，胞饮作用几乎发生于所有类型的真核细胞中，有网格蛋白依赖的胞吞作用（clathrin dependent endocytosis）、胞膜窖蛋白依赖的胞吞作用（caveolae dependent endocytosis）、非网格蛋白/胞膜窖蛋白依赖的胞吞作用（clathrin and caveolae independent endocytosis）以及大型胞饮作用（macropinocytosis）。

① 网格蛋白依赖的胞吞作用：当配体（即被胞吞物）与膜上受体结合后，网格蛋白聚集在质膜下，导致质膜凹陷，形成网格蛋白包被小窝（clathrin-coated pit）。一种小分子 GTP 结合蛋白——发动蛋白（dynamin）在包被小窝的颈部组装成环，水解与其结合的 GTP 引起颈部缢缩，最终脱离质膜形成网格蛋白包被膜泡（clathrin-coated vesicle）。脱包被后的膜泡与早胞内体（early endosome）融合，完成从胞外摄取物质。

② 受体介导的胞吞作用：根据胞吞的物质是否具有专一性，可将胞吞作用分为受体介导的胞吞作用和非特异性的胞吞作用。受体介导的胞吞作用既是大多数动物细胞从胞外摄取特定大分子的有效途径，也是一种选择性浓缩机制。其典型例子是细胞对胆固醇的摄取。

例：胆固醇是动物细胞质膜的基本成分，也是固醇类激素的前体。它在血液中的运输是通过与磷脂和蛋白质结合形成低密度脂蛋白（low-density lipoprotein, LDL）。LDL 与细胞表面的 LDL 受体结合后引起网格蛋白依赖的胞吞作用发生。内吞小泡与胞内体融合后，LDL 与受体分离，受体返回质膜重复使用，而含有 LDL 的胞内体与溶酶体融合，被溶酶体中的酶水解后释放出胆固醇和脂肪酸供细胞利用。

胞内体与膜泡运输的分选：胞内体被认为是胞吞物进入细胞后的主要分选站。胞内体分选途径有三：

其一，受体返回质膜区域，如上述 LDL 受体循环到质膜再利用；

其二，受体进入溶酶体被消化，如与表皮生长因子（epidermal growth factor, EGF）结合的细胞表面受体，大部分在溶酶体被降解，从而导致细胞表面 EGF 受体浓度降低，这种现象称为受体下行调节（receptor down-regulation）；

其三，跨细胞转运（transcytosis），受体被运至细胞另一侧的质膜，如母鼠的抗体从血液通过上皮细胞进入母乳中，乳鼠肠上皮细胞将抗体摄入体内。

（3）其他类型的胞饮作用　并非所有胞吞泡的形成都需要网格蛋白参与。

胞膜窖蛋白依赖的胞吞作用：胞膜窖由质膜脂筏区域凹陷形成，窖蛋白（caveolin）参与胞膜窖的形成。胞吞时，胞膜窖携带着内吞物，利用发动蛋白的收缩作用从质膜上脱落，然后转交给胞内体样的细胞器——膜窖体（caveosome）或者跨细胞转运到质膜的另一侧。整个过程窖蛋白都不从胞吞泡膜上解离下来。这种胞吞作用很可能是细胞向胞内传递信号的一种平台。

大型胞饮作用：质膜皱褶包裹内吞物形成囊泡。与吞噬作用类似，大型胞饮作用形成的胞吞泡也比较大，质膜皱褶的形成需要微丝及其结合蛋白参与。但不同的是，启动吞噬作用的受体往往位于特异细胞表面，而启动大型胞饮作用的受体却位于很多类型的细胞表面。

2. 胞吞作用与细胞信号转导

胞吞作用不仅调控细胞对营养物的摄取和质膜构成等，近年来发现，胞吞作用还参与了细胞信号转导，并与多种信号整合在一起，在更高层次上参与了细胞和机体组织的调控。

（1）胞吞作用对信号转导的下调　研究最为清楚的一个例子就是表皮生长因子及其受体的胞吞作用。当 EGF 受体与其结合后，受体二聚化并引起受体胞质结构域酪氨酸残基自磷酸化而被活化，引起细胞下游信号级联反应。而该信号的终止可通过胞吞作用来实现。细胞将 EGF 及其受体吞入细胞并在溶酶体内降解。这种调节作用即受体下行调节。

（2）胞吞作用对信号转导的激活　最典型例子就是 Notch 信号通路。Notch 信号通路对多细胞生物中细胞分化命运的决定起关键作用，其激活还依赖 DSL 和 Notch 的胞吞作用。配体 DSL 与 Notch 受体结合，导致 Notch 暴露出其胞外 S2 切割位点并被裂解，胞外部分与配体都被信号细胞内吞，然后，Notch 受体被靶细胞内吞至胞内体并在 S3 位点被 γ-分泌酶切割产生有活性的 Notch 受体胞内活性片段。该片段进入细胞核，调控靶基因表达，产生相应的细胞响应。

（四）胞吐作用

胞吐作用与胞吞作用恰好相反，它是通过分泌泡或其他膜泡与质膜融合而将小泡内的物质运出细胞的过程。从高尔基体反面管网区（TGN）分泌的囊泡向质膜流动并与之融合，可分为组成型的胞吐途径（constitutive exocytosis pathway）和调节型胞吐途径（regulated exocytosis pathway）两类。

细胞通过胞吞和胞吐作用的动态平衡，不仅完成了细胞大分子或颗粒性物质的跨膜运输，对质膜成分的更新、信号转导以及维持细胞的生存与生长等也发挥了关键作用。

【知识点自测】

（一）选择题

1. 母鼠抗体从血液通过上皮细胞进入母乳，或者乳鼠的肠上皮细胞将抗体摄入体内，都涉及将胞吞和胞吐作用相结合。这种跨膜转运方式称为（　　）。

A. 吞噬作用　　　　　　　　　　　　B. 跨细胞转运

C. 协同转运　　　　　　　　　　　　D. 受体介导的胞吞作用

2. 将血红细胞置于低渗溶液中，水分子进入细胞的跨膜转运方式主要是（　　）。

A. 简单扩散　　　B. 主动运输　　　C. 被动运输　　　D. 胞吞作用

3. 既能执行主动运输，又能执行被动运输的膜转运蛋白是（　　）。

A. 载体蛋白　　　B. 通道蛋白　　　C. 孔蛋白（porin）　　D. ABC 转运蛋白

4. 乌本苷（ouabain）抑制 $Na^+ - K^+$ 泵的活性后，等渗溶液中的血红细胞将（　　）。

A. 膨胀破裂　　　　　　　　　　　　B. 失水皱缩

C. 呈双凹型，形状不改变　　　　　　D. 先膨胀然后皱缩

5. 动物细胞对葡萄糖或氨基酸等有机物的吸收依靠（　　）。

A. 受体介导的胞吞作用

B. $Na^+ - K^+$ 泵工作形成的 Na^+ 电化学梯度驱动

C. $Na^+ - K^+$ 泵工作形成的 K^+ 电化学梯度驱动

D. $H^+ - ATPase$ 形成的 H^+ 电化学梯度驱动

6. 有关动物细胞胞内体膜或溶酶体膜上的 V 型质子泵的描述，错误的是（　　）。

A. V 型质子泵利用 ATP 水解供能从细胞质基质中逆 H^+ 电化学梯度将 H^+ 泵入细胞器

B. V 型质子泵利用 ATP 水解供能从细胞器中逆 H^+ 电化学梯度将 H^+ 泵入细胞质基质

C. V 型质子泵可以维持细胞质基质 pH 中性

D. V 型质子泵有利于维持胞内体膜或溶酶体的 pH 酸性

7. 下面哪种转运蛋白是离子通道蛋白（　　）。

A. $Na^+ - K^+$ ATPase　　　　　　　B. ABC 转运蛋白

C. $Na^+ - Ca^{2+}$ 协同转运蛋白　　　D. Ca^{2+} 通道

8. 流感病毒进入细胞的方式为（　　）。

A. 吞噬作用　　　　　　　　　　　　B. 胞膜窖蛋白依赖的胞吞作用

C. 网格蛋白依赖的胞吞作用　　　　　D. 大型胞饮作用

9. 表皮生长因子及其受体通过胞吞作用进入细胞后（　　）。

A. 将通过跨细胞转运到细胞的另一侧发挥作用

B. 受体返回质膜，而表皮生长因子进入溶酶体降解

C. 表皮生长因子被活化，刺激细胞生长

D. 进入溶酶体被降解，从而导致细胞信号转导活性下调

10. 一种带电荷的小分子物质，其胞外浓度比胞内浓度高。那么，该物质进入细胞的可能方式为（　　）。

A. 被动运输　　　B. 简单扩散　　　C. 主动运输　　　D. 以上都错

11. 对 P 型泵描述正确的是（　　）。

A. 位于液泡膜上

B. 位于线粒体和叶绿体上

C. 其 ATP 结合位点位于质膜外侧

D. 水解 ATP 使自身形成磷酸化的中间体

12. 胞吞和胞吐作用常处于动态平衡中。如果细胞的胞吐作用比胞吞作用更加频繁，下面的推测错误的是（　　　）。

A. 质膜面积将增大
B. 质膜面积将变小
C. 细胞在生长
D. 细胞蛋白质合成旺盛

（二）判断题

1. 因为脂双层对带电荷的分子具有高度不通透性，因此，这些分子很难通过质膜进出细胞。（　　　）

2. 载体蛋白既能执行主动运输，又能执行被动运输，而通道蛋白只能执行被动运输。（　　　）

3. V 型质子泵利用 ATP 水解供能从细胞质基质中将 H^+ 逆着电化学梯度泵入细胞器，以维持细胞质基质 pH 中性和细胞器内的 pH 酸性，而 F 型质子泵以相反的方式发挥其生理作用。（　　　）

4. 所有胞吞的物质最终都会进入溶酶体被降解。（　　　）

5. 葡萄糖从小肠上皮细胞游离面进入细胞内，然后从基底面出细胞进入血液。动物细胞对葡萄糖的这种吸收过程就是一个典型的跨细胞转运过程。（　　　）

6. 抑制 $Na^+ - K^+$ 泵的功能，对动物细胞吸收营养没有影响。（　　　）

7. 一定浓度的硝酸银能很好地抑制水孔蛋白的功能，那么将抑制了水孔蛋白功能的红细胞置于低渗液中，其溶血速度将更快。（　　　）

8. 若硝酸银浓度过大，则对细胞具有很强的毒性。若红细胞被硝酸银毒死后，其在低渗液中仍将溶血。（　　　）

9. 对于具有抗药性的肿瘤细胞或疟原虫，其质膜上的 ABC 转运蛋白比没有抗药性的细胞表达量要高。（　　　）

10. Ca^{2+} 是细胞内重要的信号分子，因此，细胞质基质中游离的 Ca^{2+} 浓度始终维持在一个较高水平。（　　　）

11. 细菌质膜上含有 ABC 转运蛋白，能将细菌细胞中的营养物逆着浓度梯度转运到细胞外。（　　　）

12. 主动运输都需要消耗能量，且都有 ATP 提供。（　　　）

13. 作为真核细胞重要的生命活动，胞吞作用不仅调控细胞对营养物的摄取，还参与了细胞信号转导等过程。（　　　）

14. 在受体介导的胞吞作用过程中，受体一旦被胞吞进入胞内体，最后都会在溶酶体中降解。（　　　）

15. V 型质子泵广泛存在于胞内体和溶酶体等细胞器的膜上，能利用 ATP 水解供能将质子从这些细胞器转运到细胞质基质。（　　　）

（三）名词比对

1. 载体蛋白（carrier protein）与通道蛋白（channel protein）
2. 协助扩散（facilitated diffusion）与协同转运（cotransport）
3. P 型 H^+ 泵（P - type H^+ pump）与 V 型质子泵（V - type proton pump）

4. 水孔蛋白（AQP）与孔蛋白（porin）

5. 胞吞作用（endocytosis）与胞吐作用（exocytosis）

（四）分析与思考

1. 将哺乳动物血红细胞置于纯水中，会发现血红细胞很快膨胀破裂（溶血现象）。而在野外或实验室，两栖类动物将卵产在清水中，卵细胞却不会膨胀，更不会破裂。请根据所学知识推测红细胞和两栖类卵细胞膜上有什么成分不同，导致二者耐低渗能力差异如此之大。

2. 水是生物体的主要组成成分，虽然能以简单扩散的方式进出细胞，但对于身体的某些器官，水分子必须快速进出细胞。显然，简单扩散不能满足水分子的快速跨膜转运需要。为此，科学家们猜测细胞膜上肯定存有某种与水的跨膜运输息息相关的蛋白质。美国科学家 Peter Agre 等从血红细胞膜上分离到了第一个水孔蛋白，并通过在非洲爪蟾卵母细胞中表达其基因以及利用脂质体重建实验证实了水孔蛋白对水分子的转运作用。Peter Agre 因此获得了 2003 年诺贝尔化学奖[①]。

（1）请分析在低渗溶液中，表达水孔蛋白的卵母细胞和未表达水孔蛋白的对照组细胞谁更容易吸水膨胀？

（2）为什么非洲爪蟾卵母细胞是一个很好的研究水孔蛋白功能的模型？

（3）相对于非洲爪蟾卵母细胞，将水孔蛋白重建到脂质体膜上，对研究水孔蛋白功能又有什么好处？

（4）水分子既能通过脂双层以简单扩散的方式进出细胞，又能通过水孔蛋白进出细胞。请设计一个实验区分水分子是通过脂双层还是通过水孔蛋白进入细胞？

（5）比水分子小的物质，如 H^+，为什么不能通过水孔蛋白？

3. 胞内体是细胞内的一个重要分选细胞器。在胞吞作用过程中，某些被内吞的物质（配体）及其受体进入胞内体后，由于其酸性环境可引起配体与受体的分离，结果受体返回细胞质膜重复使用，而配体最后在溶酶体中被消化降解供细胞利用。

（1）从胞内体呈酸性这一事实，你能推断胞内体膜上有什么样的转运蛋白吗？

（2）流行性感冒病毒通过胞吞作用进入胞内体后，由于胞内体酸性环境激活了病毒囊膜上的融合蛋白，导致病毒囊膜与胞内体膜融合。请推测：病毒囊膜与胞内体膜融合后，病毒还会进入溶酶体中被降解吗？若不进入溶酶体，那么病毒粒子会到什么地方去？

（3）有一种民间说法，认为只要在马厩里呆一晚上，就能够预防感冒或者减轻感冒症状，有人推测这是因为马厩里的空气中含有大量的 NH_3 的缘故。请你根据这一推测，科学解释为什么 NH_3 有这种效果。

4. Ca^{2+} 是细胞内重要的信号分子，细胞质基质中游离的 Ca^{2+} 浓度始终维持在一个很低的水平。如果肌细胞内游离 Ca^{2+} 浓度升高，将会引起细胞收缩。对于心肌细胞，除了钙泵通过主动运输的方式使胞内 Ca^{2+} 浓度维持在低水平外，还能够通过 Na^+ 驱动

---

① Preston GM, Carroll TP, Guggino WB, Agre P, Appearance of water channels in Xenopus oocytes expressing red cell CHIP28 protein. Science. 1992, 256（5055）：385 – 387.

的反向协同 Ca^{2+} 载体将 Ca^{2+} 转运到细胞外，从而使心肌细胞舒张。

（1）乌本苷能够抑制 $Na^+ - K^+$ 泵的工作，常在临床上用于增强心肌细胞收缩而救治心脏病。请解释为什么适量乌本苷能够增强心肌细胞收缩？

（2）如果患者过量服用乌本苷，将会有什么后果？

（3）Na^+ 驱动的反向协同 Ca^{2+} 载体将 Ca^{2+} 转运到细胞外的过程是一个主动运输过程，那么能量来自何处？

5. 家族性高胆固醇血症（familial hypercholesterolemia）是一种罕见的遗传性疾病，病因较为复杂。为了更好地理解这种疾病的分子机制，从患者 A 和患者 B 身上分离出细胞并在体外培养以检测细胞对低密度脂蛋白 LDL 的摄取能力。

（1）作为对照，实验设置并检测了转铁蛋白（transferrin）的胞吞情况。检测发现，与来源于正常个体的细胞相比，无论是患者 A 还是患者 B 的细胞，对 LDL 的摄取能力都大大降低，而对转铁蛋白的摄取不受影响。根据这一结果你能得出什么结论？

（2）为了检测 LDL 与其受体的结合能力是否发生变化，用同位素标记 LDL 并在 2 ℃ 的环境下与受体结合（2 ℃ 时细胞胞吞作用被抑制），然后洗脱未结合的 LDL，收集细胞检测放射性强度。结果发现患者 A 的细胞与正常个体细胞的放射性强度没有明显差异，而患者 B 的细胞的放射性强度却小得多。这一结果又说明什么问题？

（3）通过胶体金偶联的 LDL 抗体与 LDL 结合并在电子显微镜下观察，发现患者 A 细胞表面 LDL 受体数量正常，但并不与网格蛋白包被小窝结合，也没有在网格蛋白包被膜泡上发现；而患者 B 细胞的 LDL 受体数量正常，也能够与网格蛋白包被小窝结合。请推测这两个家族性高胆固醇血症患者的病因。

【参考答案】

（一）选择题

1. B　2. C　3. A　4. A　5. B　6. B　7. D　8. C　9. D　10. A　11. D　12. B

（二）判断题

1. ×　因为质膜上有膜转运蛋白，可以参与离子的跨膜转运。

2. √

3. √

4. ×　有些胞吞物质可以通过跨细胞转运而不进入溶酶体降解。

5. ×　小肠上皮细胞对葡萄糖的吸收涉及协同转运和被动运输，但不是跨细胞转运。

6. ×　动物细胞需要 Na^+ 与葡萄糖等营养进行协同转运进入细胞，因此抑制 $Na^+ - K^+$ 泵的功能必将影响对营养的吸收。

7. ×　因为水孔蛋白功能被抑制，水分子进入细胞减慢，溶血速度因此变慢。

8. ×　若红细胞被毒死，其转运蛋白功能丧失，因此不会低渗溶血。

9. ✓

10. ×　因为 Ca^{2+} 泵等工作,将 Ca^{2+} 泵到细胞外或细胞其中,因此细胞质基质中 Ca^{2+} 浓度维持在一个较低水平。

11. ×　细菌 ABC 转运蛋白逆着浓度梯度从环境中摄取营养物。

12. ×　主动运输能量来源除了 ATP 水解供能外,还有其他来源,如光能。

13. ✓

14. ×　有些受体会返回质膜重复利用。

15. ×　将质子细胞质基质转运到这些细胞器内。

(三) 名词比对

1. 二者转运机制不同。载体蛋白与特异底物结合后,通过自身构象的改变实现对物质的跨膜转运,既能以被动运输方式又能以主动运输方式转运底物。而通道蛋白以被动运输方式,通过形成选择性或门控性亲水通道实现对特异溶质的跨膜转运。通道蛋白转运速率比载体蛋白高。

2. 协助扩散是指在膜转运蛋白协助下的跨膜转运方式,是被动运输。而协同转运是指一种离子或分子与另一种或多种其他溶质转运相偶联,是一种主动运输。

3. P 型 H^+ 泵通常位于植物细胞、真菌和细菌细胞质膜上,通过水解 ATP 使自身形成磷酸化的中间体,将质子泵出细胞形成质子电化学梯度并用来转运溶质进入细胞内。而 V 型质子泵存在于胞内体、溶酶体、液泡等膜上,利用 ATP 水解供能将质子泵入这些细胞器,但转运过程中质子泵并不形成磷酸化的中间体。

4. 水孔蛋白和孔蛋白都是通道蛋白。前者为水分子的快速跨膜运动提供通道,而后者主要存在于细菌外膜以及线粒体和叶绿体外膜上,对底物的选择性低,允许小于一定相对分子质量的物质通过。

5. 二者都是大分子或颗粒性物质进出细胞的方式,被转运底物都以膜泡的形式进行转运。胞吞作用是这些物质通过质膜内陷形成囊泡最后进入细胞内的方式,而胞吐作用则是膜泡携带着被转运物质与质膜融合,最后将转运物释放到细胞外或细胞表面的转运方式。

(四) 分析与思考

1. 血红细胞膜上有丰富的水孔蛋白,两栖类卵细胞膜上没有,因此后者耐低渗能力很强。

2. (1) 表达水孔蛋白的卵母细胞因为允许水分子大量进入细胞而更容易吸水膨胀。

(2) 实验结果提示非洲爪蟾卵母细胞质膜上没有水孔蛋白,因此,表达外源水孔蛋白就很容易观察到蛋白的功能。

(3) 相对于卵母细胞,脂质体膜上的蛋白成分更清楚,因此,更利于研究水孔蛋白功能。

(4) 可以通过抑制剂,如硝酸银抑制水孔蛋白功能,从而区分水分子是通过脂双层还是通过水孔蛋白进入细胞。

（5）水孔蛋白，如 AQP1，只能通过水分子，跟其组成有关，Asn – Pro – Ala 的 Asn 残基所带的正电荷也阻止了质子的通过。

3.（1）推断胞内体膜上有 H$^+$ 泵（V 型）。

（2）因病毒囊膜与胞内体的膜融合后，导致其遗传物质进入细胞质基质，从而逃脱进入溶酶体中被降解而成功进入细胞。

（3）NH$_3$ 可进入胞内体，与质子生成氨根离子（NH$_4^+$），从而使胞内体的 pH 升高，感冒病毒囊膜上融合蛋白就不会被激活，最后在溶酶体中被降解。

4.（1）乌本苷抑制 Na$^+$ – K$^+$ 泵的工作，导致胞外 Na$^+$ 浓度降低，从而降低 Na$^+$ 驱动的反向协同 Ca^{2+} 载体的工作效率，结果细胞内 Ca^{2+} 浓度会升高，心肌细胞收缩增强。

（2）过量服用乌本苷后将抑制更多的 Na$^+$ – K$^+$ 泵，从而出现严重的毒副作用。

（3）能量来自 Na$^+$ 的电化学梯度。

5.（1）对 LDL 的摄取能力都大大降低，而对转铁蛋白的摄取不受影响，说明 LDL 的摄取与转铁蛋白摄取不同，由不同的受体介导。

（2）患者 A 的 LDL 与受体结合能力正常；而患者 B 的 LDL 与受体结合能力减弱。

（3）尽管患者 A 的 LDL 与受体结合能力正常，但细胞很可能因为受体胞内部分突变，因而不能与网格蛋白包被小窝结合，无法完成 LDL 的胞吞作用，最后出现高胆固醇血症；而患者 B 细胞受体数量正常，也能完成胞吞作用，但很可能 LDL 受体胞外部分发生突变，导致 LDL 与受体的结合能力降低，无法将 LDL 摄取到胞内而出现高胆固醇血症。

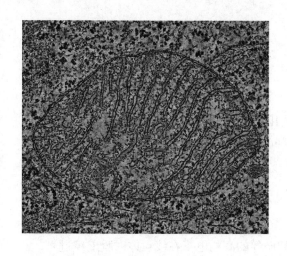

第六章

线粒体和叶绿体

【学习导航】

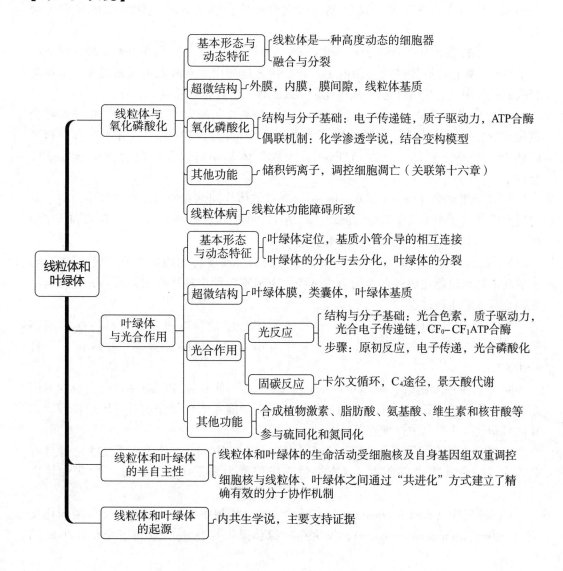

【重点提要】

线粒体和叶绿体的形态结构及动态特征；氧化磷酸化和光合磷酸化的分子机制；线粒体和叶绿体的半自主性；线粒体和叶绿体的起源。

【基本概念】

1. 电子传递（electron transport）：来自三羧酸循环的高能电子在线粒体内膜上经过多步有序转移，最终到达 O_2，将能量逐步释放出来的过程。电子传递在线粒体能量转换中承担了重要的介导作用。

2. 质子电化学梯度（electrochemical gradient）：质子跨线粒体内膜转运后使内膜两侧形成电位差和氢离子浓度差，这两种梯度合称为质子电化学梯度或质子动力势。

3. 电子传递链（electron transport chain）：线粒体内膜上一系列由电子载体组成的电子传递体。这些载体接受高能电子，并在传递过程中逐步降低电子的能量，最终将释放的能量用于合成 ATP 或以其他能量形式储存，也称作呼吸链。

4. 化学渗透学说（chemiosmotic theory）：是氧化磷酸化的偶联机制。电子经呼吸链传递后，形成跨线粒体内膜的质子动力势。线粒体内膜对质子具有不可自由透过的性质，质子流通过 $F_0 F_1$ – ATPase 进入线粒体基质时，释放的自由能推动 ATP 合成。

5. 质子驱动力（proton motive force）：在线粒体膜间隙和叶绿体类囊体中，质子的浓度高于基质，产生质子的定向流动，驱动 ATP 的合成，这种 H^+ 跨膜电位差和质子浓度梯度（ΔpH）形成的驱动力称为质子驱动力。

6. 线粒体（mitochondrion）：真核细胞中由双层高度特化的单位膜围成的细胞器。主要功能是通过氧化磷酸化作用合成 ATP，为细胞各种生理活动提供能量，还参与细胞凋亡等重要生理过程。

7. 叶绿体（chloroplast）：真核植物细胞中行使光合作用完成能量转换的细胞器。由双层膜围成，含有叶绿素。基质中有由膜囊构成的类囊体。叶绿体含有自身 DNA。

8. 半自主性细胞器（semiautonomous organelle）：线粒体和叶绿体含有自身的基因组和蛋白质合成装置，具有一定的自主性，但其功能主要还受细胞核基因组调控，这样的细胞器称为半自主性细胞器。

9. 捕光复合体Ⅱ（light harvesting complex Ⅱ，LHCⅡ）：位于光系统Ⅰ之外具有高疏水性的色素蛋白复合物，含有大量天线色素为光系统Ⅱ（PSⅡ）收集和传递光子。

10. 暗反应（light independent reaction）：光合作用中的一种反应，又称碳同化反应（carbon assimilation reaction），发生在叶绿体基质中。该反应利用光反应生成的

ATP 和 NADPH 中的能量，固定 CO_2 生成糖类，将不稳定化学能转变为稳定的化学能的过程。

11. 光反应（light dependent reaction）：构成光合作用的两种反应之一，发生在类囊体膜上。该反应将吸收的太阳光能转化成化学能，储存在 ATP 和 NADPH 中。

12. 光系统（photosystem）：在光合作用中能够利用光能并将其转变成其他能量形式的多聚蛋白复合体。每个光系统复合物均含有捕光复合物和反应中心复合物。

13. 氧化磷酸化（oxidative phosphorylation）：底物在氧化过程中产生高能电子，通过线粒体内膜上的电子传递链进行传递，并将高能电子的能量释放出来转换成质子动力势进而合成 ATP 的过程。

14. 光合磷酸化（photophosphorylation）：由光照所引起的电子传递与磷酸化作用相偶联而生成 ATP 的过程。

15. 非循环光合磷酸化（noncyclic photophosphorylation）：在光合作用光反应中形成 ATP 的过程，其中电子从 H_2O 分子开始，最终单向性传递给 $NADP^+$，由 PS I 和 PS II 两个光系统参与。

16. 环式光合磷酸化（cyclic photophosphorylation）：叶绿体通过光系统 I，而不依赖于光系统 II 形成一个电子传递的闭合回路，电子循环流动释放的能量，建立质子梯度并驱动 ATP 形成的过程。

17. 结合变构模型（binding change model）：利用质子动力势驱动 ATP 合酶构象发生改变，使 ADP 磷酸化生成 ATP 的模型。

18. 类囊体（thylakoid）：叶绿体内的扁平膜囊，在光合作用中是光反应的功能位点。

19. 天线色素分子（antenna）：光合作用单位中光捕获分子，可以吸收各种波长的光子，并将光子的激发能传递至反应中心的色素分子。

20. 内共生起源学说（endosymbiotic origin theory）：是关于叶绿体和线粒体起源的假说，认为叶绿体和线粒体起源于被原始真核细胞吞噬的行有氧呼吸的细菌和行光能自养的蓝细菌。吞噬后建立长期互利的共生关系而演变成叶绿体和线粒体。

21. 亚线粒体颗粒（submitochondrial particles）：又称亚线粒体小泡（submitochondrial vesicle），是指用超声波将线粒体破碎后，线粒体内膜碎片自然封闭成颗粒朝外的小膜泡。这种小膜泡具有电子传递和氧化磷酸化功能。

【知识点解析】

（一）线粒体超微结构

线粒体由内外两层单位膜封闭包裹而成。外膜（outer membrane）平展，起界膜作用；而内膜（inner membrane）则向内折叠延伸形成嵴（cristae）。外膜和内膜之间的空间被称为膜间隙（intermembrane space）。通常膜间隙的宽度比较稳定，但也存在随机的内外膜点状连接。内膜之内的空间称为基质（matrix）。

1. 外膜

线粒体外膜是平滑的单位膜，厚约 6 nm，其蛋白质和脂质约各占 50%。外膜上分布有孔蛋白（porin）构成的桶状通道，可根据细胞的状态可逆性地开闭，故外膜的通透性很高。外膜上还分布有一些参与肾上腺素氧化、色氨酸降解、脂肪酸链延长的酶等。外膜的标志酶是单胺氧化酶（monoamine oxidase）。

2. 内膜

线粒体内膜是也是单位膜，厚 6～8 nm，比外膜拥有更高的蛋白质/脂质比（质量比≥3:1）。内膜缺乏胆固醇，富含心磷脂（cardiolipin，约占磷脂含量的 20%），故内膜具有不透性（impermeability），限制了所有分子和离子的自由通过，是质子电化学梯度的建立及 ATP 合成必需的条件。线粒体内膜向内延伸形成嵴，大大增加了内膜的表面积。通常情况下，能量需求较多的细胞中嵴的数量也较多。线粒体内膜是氧化磷酸化的关键场所，嵴上存在许多规则排列的基粒（elementary particle）即 ATP 合酶（ATP synthase）。内膜的标志酶是细胞色素氧化酶。

3. 膜间隙

膜间隙宽 6～8 nm，其内的液态介质含有可溶性的酶、底物和辅助因子，腺苷酸激酶是膜间隙的标志酶。

4. 基质

基质为富含可溶性蛋白质的胶状物质，具有特定的 pH 和渗透压，包含三羧酸循环、脂肪酸氧化、氨基酸降解等相关的酶类，和 DNA、RNA、核糖体以及转录、翻译所必需的重要分子。

（二）叶绿体超微结构

叶绿体包括被膜（chloroplast envelope）、类囊体（thylakoid）以及基质（stroma）。

1. 被膜

又称叶绿体膜（chloroplast membrane），是由双层单位膜包绕而成。外膜和内膜之间的腔隙称为膜间隙。叶绿体的外膜通透性大，含有孔蛋白；而内膜通透性较低，成为细胞质与叶绿体基质间的通透屏障，仅允许 O_2、CO_2 和 H_2O 分子等自由通过。叶绿体内膜上还有很多转运蛋白，选择性转运较大分子进出叶绿体。

2. 类囊体

类囊体是叶绿体内部由内膜衍生而来的封闭的扁平膜囊。封闭的空间称为类囊体腔（thylakoid lumen）。在叶绿体中，许多圆饼状的类囊体有序叠置成垛，称为基粒。类囊体又包括基粒类囊体（granum thylakoid）和基质片层（stroma lamella）或基质类囊体（stroma thylakoid）。管状或扁平状的基质类囊体将相邻基粒类囊体相互连接，因此叶绿体内的全部类囊体实际上是一个完整连续的封闭膜囊。该膜囊系统独立于基质，在电化学梯度的建立和 ATP 的合成中起重要作用。

3. 叶绿体基质

叶绿体内膜与类囊体之间的液态胶体物质，称为叶绿体基质，是光合作用固定 CO_2 的场所。基质的主要成分是可溶性蛋白质和其他代谢活跃物质，其中丰度最高的蛋白质为核酮糖 – 1,5 – 二磷酸羧化酶/加氧酶（ribulose – 1,5 – biphosphate carboxylase/oxygenase，简称 Rubisco）。此外，叶绿体基质中还包含参与 CO_2 固定反应的所有酶类、叶绿体 DNA、核糖体、脂滴（lipid droplet）、植物铁蛋白（phytoferritin）和淀粉粒（starch grain）等物质。

（三）线粒体中的氧化磷酸化

线粒体可以催化三羧酸循环（tricarboxylic acid cycle，TCA 循环）、脂肪酸氧化、氨基酸降解等重要生化反应，还含有 DNA、RNA、核糖体以及转录翻译必需的重要分子。

线粒体是"细胞的能量工厂"，其重要功能是高效地将有机物中储存的能量转换成细胞生命活动的直接能源 ATP。ATP 合酶是 ATP 生成的基本装置，细胞内生物大分子经三羧酸循环降解产生的 NADH 和 $FADH_2$ 脱氢形成高能电子和质子，高能电子沿线粒体内膜呼吸链传递到分子 O_2 并逐步释放出能量；而质子则跨线粒体内膜从基质侧向膜间隙定向转移，最终形成跨膜电位差和 H^+ 浓度梯度（pH 差），即质子驱动力，进而驱动 ATP 合酶的旋转催化，生成 ATP。可见，TCA 循环提供的高能电子是线粒体合成 ATP 的能量来源；而电子传递则在线粒体的能量转换中承担了重要的介导作用，其建立的质子驱动力是推动 ADP 磷酸化形成 ATP 的直接动力。由于 ATP 合成时的磷酸化过程（ADP + Pi→ATP）是以电子传递中的氧化过程为基础同时进行的，所以，线粒体中的 ATP 合成被称为氧化磷酸化（oxidative phosphorylation）。

（四）光合作用

光合作用是绿色植物、藻类和蓝细菌将水和二氧化碳转变为有机化合物并放出氧气的过程，由依赖光的反应或称"光反应"和碳同化反应（carbon assimilation reaction）或称固碳反应（carbon fixation reaction）协同完成。

光反应发生于类囊体膜上，是指叶绿素等色素分子吸收、传递光能并将其转换为电能，进而转换为活跃的化学能，形成 ATP 和 NADPH，同时产生 O_2 的一系列过程。光反应包括原初反应、电子传递和光合磷酸化两个步骤。原初反应是光反应的第一步，将光能转换为电能，电子随后在电子传递体之间进行传递，形成 ATP 和 NADPH，将电能转换为活跃的化学能。这一过程涉及水的裂解、电子传递及 $NADP^+$ 还原。其中，H_2O 是原初电子供体，$NADP^+$ 是最终电子受体。水裂解释放的电子在沿着光合电子传递链传递的同时，在类囊体膜的两侧建立质子电化学梯度，当腔内的 H^+ 顺电化学梯度穿越类囊体膜上的 ATP 合酶（CF_0 和 CF_1）时，驱动 ADP 磷酸化形成 ATP，并将其释放入基质。

固碳反应则发生于叶绿体基质中，它在 ATP 和 NADPH 的驱动下，将 CO_2 还原成糖，由此将蕴含在 ATP 和 NADPH 中的活跃化学能转换为糖分子中高稳定性化学能。高等植物的碳同化有 3 条途径：卡尔文循环、C_4 途径和景天酸代谢（CAM）。

（五）线粒体和叶绿体的动态特征

线粒体和叶绿体在细胞中分别呈现明显的动态特征。

动、植物细胞中均可观察到频繁的线粒体融合与分裂现象，被认为是线粒体形态调控的基本方式，也是线粒体数目调控的基础。多个颗粒状的线粒体融合可形成较大体积的线条状或片层状线粒体，后者也可通过分裂形成较小体积的颗粒状线粒体。这些体积不同的线粒体与细胞内不同区域对能量的需求相关。频繁的线粒体融合与分裂实际上把细胞中所有的线粒体联系成一个不连续的动态整体。

除了位置和分布的变化以外，细胞中叶绿体的动态行为还表现于叶绿体之间的动态连接。叶绿体可以通过其内外膜延伸形成的管状凸出实现叶绿体之间的相互联系。这种动态的融合与分离有助于叶绿体实现实时的物质或信息交换。因此，与线粒体相似，细胞内的叶绿体仍然可以被视作一个不连续的动态整体。

（六）线粒体和叶绿体的半自主性

线粒体和叶绿体是特殊的细胞器，它们的功能主要受细胞核基因组调控，但同时又受到自身基因组的调控，故被称为半自主性细胞器。

线粒体和叶绿体的功能依赖数以千计的核基因编码的蛋白质。同时，这两种细胞器还拥有自身的遗传物质 DNA，编码一小部分必需的 RNA 和蛋白质。这些蛋白质通过线粒体和叶绿体专用的酶和核糖体系统进行翻译。虽然这些自身基因组编码的蛋白质在各自的生命活动中是重要和不可缺少的，但还远远不足以支撑它们的基本功能，更多的蛋白质由核基因组来编码，在细胞质中完成合成后被转运到线粒体和叶绿体的功能位点。这都充分说明了线粒体和叶绿体对细胞核的依赖性。

【知识点自测】

（一）选择题

1. 线粒体外膜的标志酶是（　　）。
A. 细胞色素氧化酶　　　　　　　　B. 单胺氧化酶
C. 腺苷酸激酶　　　　　　　　　　D. ATP 合酶

2. 线粒体内膜的标志酶是（　　）。
A. 细胞色素氧化酶　　　　　　　　B. 单胺氧化酶
C. 腺苷酸激酶　　　　　　　　　　D. ATP 合酶

3. 线粒体膜间隙的标志酶是（　　）。
A. 细胞色素氧化酶　　　　　　　　B. 单胺氧化酶
C. 腺苷酸激酶　　　　　　　　　　D. ATP 合酶

4. 氧化磷酸化发生的主要场所位于线粒体（　　）。
A. 外膜　　　　　　B. 内膜　　　　　　C. 膜间隙　　　　　　D. 基质

5. 下列关于线粒体 ATP 合酶的叙述，哪一项是错误的（　　）。

A. 线粒体合酶通过 F_0 因子镶嵌于内膜，球形的 F_1 因子朝向线粒体基质

B. α 和 β 亚基都具有核苷酸结合位点

C. ε 和 δ 亚基结合形成"转子"，旋转于 $\alpha_3\beta_3$ 的中央，调节 3 个 β 亚基催化位点的开关

D. ATP 合酶运转的能量来源于膜间隙流向基质的"质子流"

6. 下列哪一个不属于线粒体中参与电子传递链的电子载体（　　　）。

A. 黄素蛋白　　　　　B. 细胞色素　　　　　C. 铁硫蛋白　　　　　D. 类胡萝卜素

7. 粒体中，下列哪个复合物催化的电子传递不伴随 ATP 的合成（　　　）。

A. 复合物 I　　　　　B. 复合物 II　　　　　C. 复合物 III　　　　　D. 复合物 IV

8. 线粒体的三羧酸循环中，哪个催化组分同时也是结合在内膜的电子传递复合物之一（　　　）。

A. NADH – CoQ 还原酶　　　　　　　B. 琥珀酸 – CoQ 还原酶

C. CoQ – Cyt c 还原酶　　　　　　　D. Cyt c 氧化酶

9. 克山病是由于患者心肌线粒体缺乏（　　　）元素引起的。

A. 硒　　　　　　　B. 铜　　　　　　　C. 硫　　　　　　　D. 铁

10. 下列哪种细胞中线粒体数量较多（　　　）。

A. 肌肉细胞　　　　　B. 血小板　　　　　C. 红细胞　　　　　D. 上皮细胞

11. 叶绿体基质中的主要化学组分是（　　　）。

A. 叶绿体 DNA　　　　　　　　　　B. 植物铁蛋白和淀粉粒

C. 脂滴　　　　　　　　　　　　　D. 可溶性蛋白质和代谢活跃物质

12. 自然界含量最丰富的蛋白质是（　　　）。

A. 细胞色素氧化酶　　　　　　　　B. 肌动蛋白

C. 胶原蛋白　　　　　　　　　　　D. 核酮糖 – 1,5 – 二磷酸羧化酶/加氧酶

13. 线粒体内膜的高度不通透性和下列哪些组分特性相关（　　　）。

A. 蛋白质/脂质比高，胆固醇含量低，富含卵磷脂

B. 蛋白质/脂质比高，胆固醇含量低，富含心磷脂

C. 蛋白质/脂质比低，胆固醇含量低，富含心磷脂

D. 蛋白质/脂质比高，胆固醇含量高，富含心磷脂

14. 光合作用中产生 O_2 发生于哪个阶段和什么部位（　　　）。

A. 原初反应，类囊体腔　　　　　　B. 光合磷酸化，类囊体膜

C. 卡尔文循环，叶绿体基质　　　　D. 电子传递终点，类囊体膜

15. 叶绿体光合磷酸化的能量来源于（　　　）。

A. 从膜间隙流向基质的质子流　　　B. 从类囊体腔流向基质的质子流

C. 从基质流向类囊体腔的质子流　　D. 从类囊体腔流向膜间隙的质子流

16. 下列哪项功能是线粒体不具备的（　　　）。

A. 糖酵解　　　　　　　　　　　　B. 通过细胞色素 c 调节细胞凋亡

C. 氧化磷酸化　　　　　　　　　　D. 调节细胞中 Ca^{2+} 浓度

17. 在下列关于线粒体和叶绿体的描述中，正确的是（　　　）。

A. 都通过出芽方式繁殖

B. 所有线粒体蛋白质合成时都含有导肽

C. 它们的外膜比内膜从性质上更接近于内膜系统

D. 存在于一切真核细胞当中

18. 关于线粒体 DNA，正确的描述是（　　　）。

A. 编码自身必需的部分蛋白质

B. 编码自身必需的部分 RNA 和蛋白质

C. 可以被核基因组取代

D. 借助核编码的酶系统进行转录

19. 于非循环和循环光合磷酸化，下列描述正确的是（　　　　）。

A. 二者产物相同，但是前者产生更多的 ATP

B. 当植物缺乏 $NADP^+$ 时，启动循环光合磷酸化

C. 二者产物相同，后者产生更多的 ATP

D. 前者只有 ATP 的产生，不伴随 NADPH 和 O_2 的产生

20. 关于线粒体和叶绿体中的 ATP 合酶，下列描述错误的是（　　　　）。

A. 都依靠质子流作为 ATP 合成的动力

B. 合酶的各亚基均由核基因编码

C. 都属于质子泵

D. 都具有催化 ADP 和 Pi 合成 ATP 的作用

（二）判断题

1. 细胞一旦分化成熟，其内部的线粒体形态和数量将不再发生改变。（　　　　）

2. 细胞内的线粒体和叶绿体各自均发生频繁的融合、连接和分裂，共享遗传信息。（　　　　）

3. 线粒体存在于一切真核细胞中，叶绿体只存在于高等植物细胞中。（　　　　）

4. 叶绿体的光合反应中心色素包括叶绿素 a 和叶绿素 b。（　　　　）

5. 线粒体内膜上存在大量的颗粒，即 ATP 合酶，是合成 ATP 的结构，也是内膜的标志酶。（　　　　）

6. 呼吸链中的电子载体有严格的顺序和传递方向，按照其氧化还原电位从高到低排序。（　　　　）

7. 线粒体的四个电子传递复合物，均利用电子传递过程中释放的能量向膜间隙转移质子，这个质子驱动力最终作为 ATP 合成的能量来源。（　　　　）

8. 在 ATP 合酶中，γ 亚基在 F_1 因子中央，相对于膜表面做旋转运动，催化 3 个 β 亚基构象的改变。（　　　　）

9. 叶绿体和线粒体具有自身的 DNA 聚合酶和 RNA 聚合酶，能独立复制和转录自己的 RNA。（　　　　）

10. 叶绿体和线粒体中的蛋白质合成是从甲硫氨酸开始，区别于真核细胞中的蛋白质从 N – 甲酰甲硫氨酸开始。（　　　　）

11. 相对于线粒体，叶绿体在细胞中的体积和数目相对保持稳定。（　　　　）

12. 光合电子传递链将电子从 H_2O 传递到 $NADP^+$，是一个从高能态向低能态顺序进行的放能过程，无需外界能量的驱动。（　　　　）

13. 光合系统Ⅱ定位于类囊体膜上。（　　　　）

14. 光合磷酸化产生的 ATP 和 NADPH 都被释放于类囊体腔，随后被转运到基质中用于碳同化反应。（　　　　）

15. 细胞色素 c 和泛醌都可以在线粒体内膜中扩散和运动。（　　）

16. 循环光合磷酸化可以提高 ATP∶NADPH 的分子比例。（　　）

17. 水发生光解的动力来源于 $P700^*$ 的氧化还原动势。（　　）

18. C_4 途径不同于景天酸代谢途径（CAM），其初级固碳产物浓度具有明显的昼夜周期性变化的规律。（　　）

19. 卡尔文循环、C_4 途径和景天酸代谢（CAM）是光合碳同化的三种途径，都能固定 CO_2 并最终合成糖类产物。（　　）

20. ATP 合酶是循环光合磷酸化电子传递链的终点，只合成 ATP，不产生 NADPH。（　　）

（三）名词比对

1. 氧化磷酸化（oxidative phosphorylation）与光合磷酸化（photophosphorylation）

2. 电子传递链（electron transport chain）与光合电子传递链（photosynthetic electron transport chain）

3. 基粒类囊体（granum thylakoid）与基质类囊体（stroma thylakoid）

4. C_4 途径（C_4 pathway）与景天酸代谢（crassulacean acid metabolism，CAM）

5. 非循环磷酸化（noncyclic photophosphorylation）与环式光合磷酸化（cyclic photophosphorylation）

（四）分析与思考

1. 三羧酸循环产生 NADH 和 $FADH_2$ 用于氧化磷酸化过程中产生 ATP。既然三羧酸循环本身是不需要氧的，而氧化磷酸化又是一个独立的过程，试问为何移除氧后，三羧酸循环几乎立刻就停止下来了？

2. 当用超声波打碎完整线粒体，则有可能得到亚线粒体颗粒，这些颗粒是破碎的嵴内面朝外翻转并自我封闭形成的小泡，在此基础上可以进行线粒体内膜重建实验（参考下图）。请分析实验各步的结构组分（亚线粒体颗粒、光滑的线粒体小泡、F_1 颗粒及重组的亚线粒体颗粒）是否具有电子传递和 ATP 合成功能。请在图中括号内填写有或无。

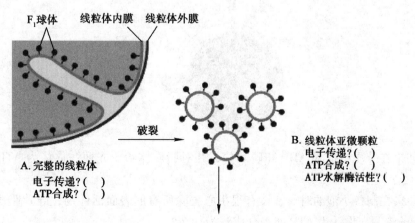

F_1 球体　　线粒体内膜　　线粒体外膜

破裂

A. 完整的线粒体
电子传递？（　　）
ATP合成？（　　）

B. 线粒体亚微颗粒
电子传递？（　　）
ATP合成？（　　）
ATP水解酶活性？（　　）

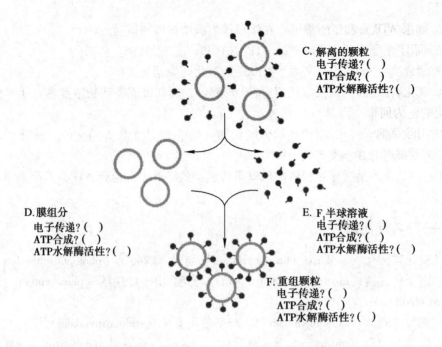

C. 解离的颗粒
电子传递?（　）
ATP合成?（　）
ATP水解酶活性?（　）

D.膜组分
电子传递?（　）
ATP合成?（　）
ATP水解酶活性?（　）

E. F_1半球溶液
电子传递?（　）
ATP合成?（　）
ATP水解酶活性?（　）

F.重组颗粒
电子传递?（　）
ATP合成?（　）
ATP水解酶活性?（　）

3. 某光合细菌含有视紫红质跨膜蛋白，是一种光驱动质子泵。假设你将纯化得到的该蛋白和牛心线粒体 ATP 合酶一起组装到同一个脂质体上，视紫红质和 ATP 合酶的朝向如下图所示。

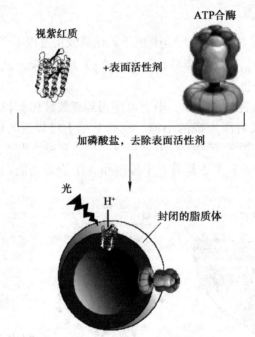

A. 如果在介质中加入 ADP 和磷酸盐，并对脂质体给予光照，你认为 ATP 能否合成？为什么？

B. 如果在制备小泡的时候，没有很小心去除所有的表面活性剂，导致脂质体脂双层膜对质子渗漏，你认为 ATP 能否合成？为什么？

C. 如果 ATP 合酶分子的朝向随机分布，每个脂质体上半数的头部朝向膜泡内侧，半数头部朝外，你认为 ATP 能合成吗？如果视紫红质分子的朝向也是随机分布，你认为 ATP 能合成吗？为什么？

4. 氧化磷酸化的解偶联剂二硝基苯酚曾经被作为减肥药物使用，请问它是如何促进减肥的？为何很快不再使用？

5. 用除草剂 DCMU 处理叶绿体会导致氧气不再释放和光合磷酸化的停止。如果加入一个能够从质体醌获得电子的人工电子载体，则恢复氧气释放，但是光合磷酸化依旧停止。如下图所示，请推测 DCMU 在光合系统 I 和 II 电子传递流中的作用位点，并解释原因。

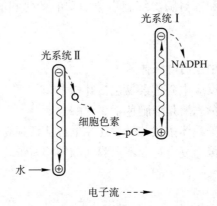

6. 图中分别示意下列类型突变的家谱：线粒体突变、常染色体隐性突变、常染色体显性突变、X 连锁隐性突变。在每个家庭中，夫妇生育了 9 个子女。请将家谱同突变类型配对，并解释原因。

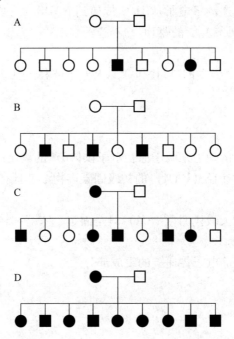

【参考答案】

（一）选择题

1. B 2. A 3. C 4. B 5. C 6. D 7. B 8. B 9. A 10. A 11. D 12. D 13. B 14. A 15. B 16. A 17. C 18. B 19. B 20. B

（二）判断题

1. ×　线粒体的形态和数目随着细胞生命活动的变化和能量的需求而呈现很大的变化。

2. √

3. ×　低等植物细胞中也有叶绿体。

4. ×　叶绿体的光合反应中心色素仅包括叶绿素 a。

5. ×　线粒体内膜的标志酶是细胞色素氧化酶。

6. ×　呼吸链中的电子载体按照其氧化还原电位从低到高排序。

7. ×　线粒体的电子传递复合物Ⅱ不向膜间隙转移质子。

8. √

9. √

10. ×　叶绿体和线粒体中的蛋白质合成是从 N – 甲酰甲硫氨酸开始，区别于真核细胞中的蛋白质从甲硫氨酸开始。

11. √

12. ×　光合电子传递链将电子从 H_2O 传递到 $NADP^+$，是一个从低能态向高能态顺序进行的过程，需要外界光能的驱动。

13. √

14. ×　光合磷酸化产生的 ATP 和 NADPH 都被释放于基质，随即用于碳同化反应。

15. √

16. √

17. ×　水发生光解的动力来源于原初电子供体 D^+ 的氧化还原动势。

18. ×　景天酸代谢途径（CAM）的初级固碳产物浓度具有明显的昼夜周期性变化的规律。

19. ×　C_4 途径和景天酸代谢（CAM）只是固定、浓缩和转运 CO_2 的途径，不能单独合成糖类产物。

20. ×　ATP 合酶并非电子传递链的组成部分。

（三）名词比对

1. 氧化磷酸化与光合磷酸化的差异比对：

	氧化磷酸化	光合磷酸化
细胞器	线粒体	叶绿体
偶联因子	$F_0 - F_1$ ATP 酶	$CF_0^- CF_1$，ATP 酶
参与系统	呼吸链	PSⅡ、PSⅠ
电子供体	NADH、$FADH_2$	H_2O
电子受体	O_2	$NADP^+$
H^+ 梯度建立部位	膜间隙和基质间	类囊体腔与基质间
电子能量变化	$-0.32V \rightarrow +0.82V$	$+0.82V \rightarrow -0.32V$
能量形式变化	化学能→活跃化学能	光能→活跃化学能

2. 电子传递链是线粒体内膜上一系列由电子载体组成的电子传递载体，最终将释放的能量用于合成 ATP 或以其他能量形式储存，也被称作呼吸链；光合电子传递链是指叶绿体类囊体膜上有序地排列着的电子传递体，两个光系统串联其中，光驱动电子从 H_2O 流向 $NADP^+$，H_2O 被氧化光解，释放出 O_2，$NADP^+$ 变为具有还原力的 NAD-PH。质子跨膜梯度为光能转变为化学能提供了条件。

3. 组成基粒的类囊体称为基粒类囊体，而贯穿于两个或两个以上基粒之间，不形成垛叠的片层结构称为基质片层（stroma lamella）或基质类囊体。在光照等因素的调节下，基粒类囊体与基质类囊体之间可发生动态的相互转换。由于管状或扁平状的基质类囊体将相邻基粒相互连接，叶绿体内的全部类囊体之间才能构成一个完整连续的封闭膜囊。

4. C_4 途径是存在于一些热带或亚热带起源的植物中独特的 CO_2 固定途径，该途径固定 CO_2 的最初产物为草酰乙酸（四碳化合物），因而被称为 C_4 途径。C_4 植物具有一个典型的结构特征，即叶脉周围有一圈含叶绿体的薄壁维管束鞘细胞，其外面整齐环列叶肉细胞，CO_2 在叶肉细胞被还原为苹果酸，运到维管束鞘细胞分解释放出 CO_2，进入卡尔文循环。而景天酸代谢则发现于生长在干旱地区的景天科及其他一些肉质植物。CO_2 夜间被还原为苹果酸，白天氧化脱羧释放 CO_2，进入卡尔文循环。与 C_4 植物不同，景天酸代谢过程中的初级固碳产物（苹果酸）合成和卡尔文循环均在叶肉细胞中进行，不需要在不同类型的细胞间转移。

5. 非循环光合磷酸化是指由光能驱动的电子从 H_2O 开始，经 PSⅡ、Cyt b_6f 复合物和 PSI最后传递给 $NADP^+$。电子单方向传递经过两个光系统，在电子传递过程中建立质子梯度，产物有 ATP 和 NADPH（绿色植物）或 NADH（光合细菌）；而环式光合磷酸化是指由光能驱动的电子从 PSI开始，经 A_0、A_1、Fe-S 和 Fd 后传给 Cyt b_6f，再经 PC 回到 PSI。这种电子的传递是一个闭合的回路，只由 PSI单独完成，只有 ATP 的产生，不伴随 NADPH 的生成和 O_2 的释放。当植物缺乏 $NADP^+$ 时，启动环式光合磷酸化，以调节 ATP

与 NADPH 的比例，适应碳同化反应对 ATP 与 NADPH 的比例需求（3:2）。

（四）分析与思考

1. 氧是电子传递的终点，如果没有氧，则 NADH 和 $FADH_2$ 过剩，会直接反馈抑制三羧酸循环反应中的酶，导致循环停止。

2. 电子传递链保持完整，膜泡内外也可以建立跨膜质子梯度，故可用于研究和分析电子传递和 ATP 合成。图中答案依次为 A. 有，有；B. 有，有，无；C. 有，无，有；D. 有，无，无；E. 无，无，有；F. 有，有，无。

3. A. 光照导致脂质体内形成质子动力势，从而驱动 ATP 合酶运转，故可合成 ATP；

B. 质子泄漏，不再合成 ATP；

C. 若 ATP 合酶朝向随机，仍有 ATP 的合成，但效率较低；若视紫红质分子朝向随机，则质子运入和运出数量相等，无质子浓度的积累，不能合成 ATP。

4. 解偶联剂导致电子传递释放的能量以热的形式释放，不再形成 ATP，故无脂肪等物质转化和积累，体重减轻，但 ATP 的匮乏也会引起人体功能紊乱。

5. DCMU 作用位点应位于质体醌和细胞色素之间。加入人工载体能恢复电子从醌的流出，原初反应恢复产生氧，但由于电子不能流向细胞色素，故仍无 ATP 的合成。

6. A. 常染色体隐性突变，亲代正常，子代约 1/4 患病，且与性别无关；B. X 连锁隐性突变，亲代正常，子代雄性患病约占 1/2，患病与性别相关；C. 常染色体显性突变，亲代一方和 1/2 子代患病，且与性别无关；D. 线粒体突变，母系遗传。

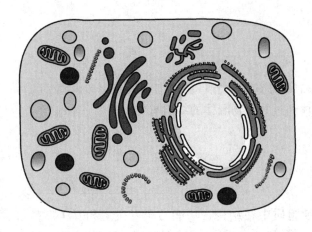

第七章

细胞质基质与
内膜系统

【学习导航】

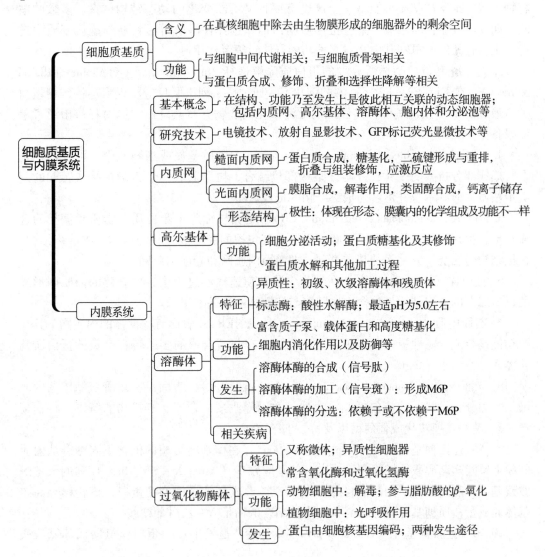

【重点提要】

细胞质基质的组成及其蛋白质合成、修饰、分选等功能；真核细胞区室化和内膜系统的基本概念；内质网、高尔基体、溶酶体和过氧化物酶体的结构与功能。

【基本概念】

1. 内膜系统（endomembrane system）：细胞质中在结构、功能乃至发生上相互关联，由膜包被的细胞器或细胞结构的总称。主要包括内质网、高尔基体、溶酶体、胞内体和分泌泡等。

2. 细胞质基质（cytoplasmic matrix）：在细胞内，除膜性细胞器外的细胞质液相内容物区域。细胞质基质可能是一个高度有序且又不断变化的动态结构体系。多数的中间代谢反应及蛋白质合成、某些蛋白质的修饰和选择性降解等过程在细胞质基质中进行。细胞骨架纤维贯穿其中并对多种功能行使组织者作用。

3. 泛素化和蛋白酶体所介导的蛋白质降解途径（ubiquitin-and proteasome-mediated pathway）：在 E1、E2、E3 三种酶的催化下，通过一系列级联反应将泛素连接到靶蛋白上，最后由 26 S 蛋白酶体特异性识别被泛素化的底物并将其降解，同时释放出泛素单体以备循环利用。

4. 分子伴侣（molecular chaperone）：存在于细胞质基质或细胞器中，可以识别正在合成或部分折叠的多肽，并与之某些部位结合，协助其转运、正确折叠或转配的一类蛋白质，但其本身并不参与最终产物的形成。

5. 内质网（endoplasmic reticulum，ER）：是真核细胞中蛋白质、脂质和糖类的合成基地，由封闭的管状或扁平囊状膜系统及其包被的腔形成互相沟通的三维网络结构。根据结构与功能，分为两种基本类型，即糙面内质网和光面内质网。

6. 微粒体（microsome）：是在细胞匀浆和超速离心过程中，由破碎的内质网形成的近似球形的囊泡结构，包含内质网膜与核糖体两种基本组分。

7. 糙面内质网（rough endoplasmic reticulum，rER）：表面有核糖体的内质网，其主要功能是合成分泌性蛋白和多种膜蛋白。膜上有与新合成的多肽转移有关的蛋白质复合体——移位子（translocon）。

8. 光面内质网（smooth endoplasmic reticulum，sER）：表面没有附着核糖体的内质网。常为分支管状，功能包括脂质合成、类固醇激素的合成、有机物的解毒、将葡萄糖 – 6 – 磷酸迅速转化成葡萄糖以及 Ca^{2+} 储存等。

9. N – 连接糖基化（N-linked glycosylation）：在糖基转移酶的催化下寡糖链从内质网膜上磷酸多萜醇载体转移到靶蛋白三氨基酸残基（Asn – X – Ser/Thr）序列的天冬酰胺残基上，然后经内质网特异性糖苷酶加工，形成高甘露糖型糖蛋白，再转移至高尔基体完成蛋白质糖基化修饰。与 Asn 直接结合的糖是 N – 乙酰葡糖胺。

10. O – 连接糖基化（O-linked glycosylation）：是发生在靶蛋白丝氨酸或苏氨酸残

基上，或发生在靶蛋白羟赖氨酸或羟脯氨酸残基上的糖基化。O - 连接糖基化发生在高尔基体，与靶蛋白直接结合的糖是 N - 乙酰半乳糖胺。

11. 蛋白二硫键异构酶（protein disulfide isomerase，PDI）：附着在内质网膜腔面上，可以切断二硫键，形成自由能最低的蛋白质构象，从而帮助新合成的蛋白质重新形成二硫键并产生正确折叠构象。

12. 结合蛋白（binding protein，Bip）：存在于内质网腔中的一种分子伴侣，属于 Hsp70 家族。在内质网中有两个作用，一是同进入内质网的未折叠蛋白质的疏水氨基酸结合，防止多肽链不正确地折叠和聚合，或者识别错误折叠的蛋白质或未装配好的蛋白质亚单位，并促进它们重新折叠与装配；二是防止新合成的蛋白质在转运过程中变性或断裂。一旦这些蛋白质形成正确构象或完成装配，便与 Bip 分离。Bip 蛋白质具有 4 肽驻留信号（KDEL 或 HDEL）以保证它们滞留在内质网中。

13. 肌质网（sarcoplasmic reticulum）：心肌细胞和骨骼肌细胞中含有的特化光面内质网，是储存 Ca^{2+} 的细胞器，对 Ca^{2+} 具调节作用。肌质网膜上的 Ca^{2+} - ATP 酶将细胞质基质中的 Ca^{2+} 泵入肌质网腔中储存起来。当肌细胞受到神经冲动刺激后，Ca^{2+} 释放，触发肌肉收缩。

14. 内质网应激（endoplasmic reticulum stress，ERS）：是当某些细胞内外因素使内质网生理功能发生紊乱，钙稳态失衡，未折叠及错误折叠的蛋白质在内质网腔内超量积累时，激活一些相关信号通路引发的反应。包括未折叠蛋白质应答反应、内质网超负荷反应、固醇调节级联反应和引发细胞凋亡。

15. 高尔基复合体（Golgi complex）：一种由管网结构和多个膜囊组成的极性细胞器，至少由互相联系的 3 个部分组成，即顺面膜囊或顺面网状结构、中间膜囊和反面膜囊以及反面高尔基网状结构。主要功能是对 ER 转运来的脂质分子及蛋白质进行加工、修饰以及分选，在膜泡运输中起着枢纽作用。

16. 组成型分泌（constitutive secretion）：细胞内合成的物质以连续的、不需调节的方式向胞外分泌。所有真核细胞均可通过分泌泡连续分泌某些蛋白质至细胞表面。

17. 可调节性分泌（regulated secretion）：特化类型的分泌细胞中新合成的可溶性分泌蛋白在分泌泡中聚集、储存并浓缩，只在特殊信号刺激条件下才与质膜融合将内容物分泌到细胞表面或细胞外。

18. 溶酶体（lysosome）：是单层膜围绕、内含多种酸性水解酶类的囊泡状细胞器，其主要功能是行使细胞内的消化作用，几乎存在于所有的动物细胞中。植物细胞内也有与溶酶体功能类似的细胞器。

19. 胞内体（endosome）：动物细胞内由膜包围的细胞器，其作用是转运由胞吞作用新摄取的物质到溶酶体被降解。胞内体膜上有 ATP 驱动的质子泵，将氢离子泵进胞内体腔中，使腔内的 pH 降低（pH 为 5 ~ 6），被认为是胞吞物质的主要分选站。

20. 过氧化物酶体（peroxisome）：又称微体（microbody），是由单层膜围绕的内含一种或几种氧化酶类的细胞器，可直接利用分子氧，常含有两种酶，即依赖于黄素（FAD）的氧化酶和过氧化氢酶。它也是一种异质性细胞器，不同生物的细胞中，甚至单细胞生物的不同个体中所含酶的种类及其行使的功能都有所不同。

【知识点解析】

（一）细胞质基质功能

细胞质基质的主要功能：

（1）为某些蛋白质合成和脂肪酸合成提供场所。

（2）细胞质骨架作为细胞质基质的主要结构成分，不仅与维持细胞的形态、细胞的运动、细胞内的物质运输及能量传递有关，而且也是细胞质基质结构体系的组织者，为细胞质基质中其他成分和细胞器提供锚定位点，从而在细胞质基质中形成更为精细的三维特定区域，使复杂的代谢反应高效而有序地进行。

（3）细胞内的各种膜相细胞器使细胞质基质产生区室化，一方面通过生物膜结构将蛋白质等生物大分子限定在膜的二维平面上，促进反应高效而有序地进行，另一方面依靠细胞膜或细胞器膜上的泵蛋白和离子通道维持细胞内外跨膜的离子梯度。

（4）细胞质基质与蛋白质的修饰和选择性降解等方面有关：①蛋白质的修饰，包括辅酶或辅基与酶的共价结合、磷酸化与去磷酸化、蛋白质糖基化作用、甲基化修饰、酰基化；②控制蛋白质的寿命，蛋白质 N 端的第一个氨基酸残基是决定蛋白质寿命的信号，泛素化和蛋白酶体所介导的蛋白质降解途径是蛋白质降解的机制之一；③降解变性和错误折叠的蛋白质；④帮助变性或错误折叠的蛋白质重新折叠，形成正确的分子构象。

（二）细胞内膜系统及其功能

细胞内区室化是真核细胞结构和功能的基本特征之一。细胞内膜主要包括内质网、高尔基体、溶酶体、胞内体和分泌泡等。

研究内膜系统的有效技术主要包括：揭示超微结构的电镜技术、用于功能定位研究的放射自显影技术、GFP 标记荧光显微技术、用于组分分离与功能分析的差速离心技术和用于研究膜泡运输和遗传基础的突变体分析技术等。

内质网

1. 内质网的两种基本类型

根据结构与功能，内质网可分为两种基本类型：糙面内质网和光面内质网。

2. 内质网的功能

内质网是细胞内蛋白质与脂质合成的基地，几乎全部的脂质和多种重要的蛋白质都是在内质网上合成的。

（1）合成蛋白质是糙面内质网的主要功能　合成的蛋白质种类包括向细胞外分泌的蛋白质、膜的整合蛋白和细胞器中的可溶性驻留蛋白。

（2）光面内质网是脂质合成的重要场所　内质网合成细胞所需的、包括磷脂和胆固醇在内的几乎全部膜脂。合成磷脂所需要的 3 种酶都定位在内质网膜上，其活性部位在膜的细胞质基质侧，底物来自细胞质基质。磷脂转位蛋白（phospholipid translocator）或称转位酶（flippase）帮助磷脂由细胞质基质侧转向内质网腔面。

在内质网合成的磷脂向其他膜的转运有 3 种可能机制：①以出芽的方式通过膜泡转运到高尔基体、溶酶体和细胞质膜上；②凭借一种水溶性的磷脂交换蛋白（phospholipid exchange protein，PEP），在膜之间转移磷脂；③供体膜与受体膜之间通过膜嵌入蛋白所介导的直接接触。

（3）蛋白质的修饰与加工　在糙面内质网合成的膜蛋白和可溶性分泌蛋白，通常要发生 4 种基本修饰与加工：①发生在内质网和高尔基体的蛋白质糖基化；②在内质网发生二硫键的形成或重排；③蛋白质折叠和多亚基蛋白的装配；④在内质网、高尔基体和分泌泡发生特异性的蛋白质水解切割。

（4）新生多肽的折叠与组装　①内质网是蛋白质分泌转运途径中行使质量监控的重要场所。不能正确折叠的畸形肽链或未组装成寡聚体的蛋白质亚基，被识别后通过 Sec61p 复合体从内质网腔转至细胞质基质，进而通过泛素依赖性降解途径被蛋白酶体降解。②内质网膜腔面附着蛋白二硫键异构酶（PDI），可以切断二硫键，帮助新合成的蛋白质重新形成二硫键并产生正确折叠的构象。③内质网中的结合蛋白（Bip），是属于 Hsp70 家族的分子伴侣。

蛋白二硫键异构酶和 Bip 等蛋白质都具有 4 肽驻留信号（KDEL 或 HDEL）以保证它们滞留在内质网中，并维持很高的浓度。

（5）内质网的其他功能　肝细胞的解毒作用（detoxification）；肌质网（sarcoplasmic reticulum）储存和释放 Ca^{2+}，对 Ca^{2+} 具调节作用；固醇类激素的合成等。

3. 内质网应激及其信号调控

内质网应激（ERS）反应是细胞内的一种自我保护的机制，也是一套完整的质量监控机制，帮助内质网中蛋白质的折叠与修饰。

内质网应激是一个存活程序和凋亡程序同时被激活的过程，细胞可以整合应激反应，调动应激反应蛋白减轻应激因素对细胞的损伤，调整细胞稳态；同时细胞也可以启动细胞凋亡来处理不能修复的损伤细胞，因此 ERS 机制事关细胞生死抉择（cell life and death decision）。ERS 包括：①内质网腔内未折叠或错误折叠蛋白质的超量积累，引发未折叠蛋白质应答反应（unfolded protein response，UPR）；②正确折叠的蛋白质在内质网过度蓄积，引发内质网超负荷反应（endoplasmic reticulum overload response，EOR）；③胆固醇缺乏，引发的固醇调控元件结合蛋白质（sterol regulatory element binding protein，SREBP）信号通路调节基因转录（固醇调节级联反应）；④如果内质网功能持续紊乱，细胞将最终启动细胞凋亡程序。

高尔基体

1. 高尔基体的形态结构与极性

高尔基体是由大小不一、形态多变的囊泡体系组成的，是一种高度动态的极性细胞器。

目前认为，高尔基体至少由互相联系的三个部分组成：①高尔基体顺面膜囊或顺面网状结构（cis Golgi network，CGN），CGN 接受来自内质网新合成的物质并将其分类后大部分转入高尔基体中间膜囊，少部分蛋白质与脂质再返回内质网。返回内质网的蛋白质具有 KDEL（或 HDEL）信号序列，它是内质网驻留蛋白的特有序列。②高尔基体中间膜囊（medial Golgi），多数糖基修饰与加工、糖脂的形成以及与高尔基体有关的多糖的合成都发生在中间膜囊。③高尔基体反面膜囊以及反面高尔基网状结构（trans Golgi network，TGN）TGN 是高尔基体蛋白质分选的枢纽区，同时也是蛋白质包装形成网格蛋白/AP 包被膜泡的重要发源地之一。

细胞骨架以及依赖微管的马达蛋白（胞质动力蛋白和驱动蛋白）和依赖微丝的马达蛋白（肌球蛋白）在维持高尔基体动态的空间结构以及复杂的膜泡运输中起着重要作用。

2. 高尔基体的功能

高尔基体的主要功能是将内质网合成的多种蛋白质进行加工、分类与包装，然后分门别类地运送到细胞特定的部位或分泌到细胞外。内质网合成的脂质一部分也通过高尔基体向细胞质膜和溶酶体膜等部位运输。

（1）高尔基体与细胞的分泌活动　分泌性蛋白、多种细胞质膜上的膜蛋白、溶酶体中的酸性水解酶及胶原等胞外基质成分的定向转运过程都是通过高尔基体完成的。高尔基体 TGN 区是蛋白质包装分选的关键枢纽，至少有 3 条分选途径：①溶酶体酶的包装与分选途径；②可调节性分泌途径；③组成型分泌途径。

（2）蛋白质的糖基化及其修饰　蛋白质糖基化的生物学功能：①糖基化的蛋白质其寡糖链具有促进蛋白质折叠和增强糖蛋白稳定性的作用；②蛋白质糖基化修饰使不同蛋白质携带不同的标志，以利于在高尔基体进行分选与包装，同时保证糖蛋白从糙面内质网至高尔基体膜囊单向转移；③细胞表面、细胞外基质密集存在的寡糖链，可通过与另一个细胞表面的凝集素（lectin）之间发生特异性相互作用，直接介导细胞间的双向通讯，或参与分化、发育等多种过程；④多羟基糖侧链作为分子标志之一可能还参与机体细胞间识别，以及宿主细胞与病原微生物之间的识别。

内质网和高尔基体中所有与糖基化及寡糖加工有关的酶都是整合膜蛋白，其活性部位均位于内质网或高尔基体的腔面。

在高尔基体上还可以将一个或多个糖氨聚糖（glycosaminoglycan）通过木糖结合到核心蛋白的丝氨酸残基上，形成蛋白聚糖（proteoglycan）。蛋白聚糖多为胞外基质的成分，有些也整合在细胞质膜上。例外的是多数植物细胞的纤维素是由细胞质膜外侧的纤维素合成酶合成的。

N - 连接的糖基化与 O - 连接的糖基化的区别：

特征	N - 连接	O - 连接
合成部位	糙面内质网或高尔基体	高尔基体或细胞质基质
合成方式	来自同一个寡糖前体	一个个单糖加上去
与之结合的氨基酸残基	天冬酰胺	丝氨酸、苏氨酸、羟赖氨酸、羟脯氨酸
最终长度	至少 5 个糖残基	一般 1～4 个糖残基，但 ABO 血型抗原较长
第一个糖残基	N - 乙酰葡萄糖胺	N - 乙酰半乳糖胺等

（3）蛋白酶的水解和其他加工过程　高尔基体中酶解加工的方式可归纳为以下几种类型：①没有生物活性的蛋白原（proprotein）进入高尔基体后，将蛋白原 N 端或两

端的序列切除形成成熟的多肽。②有些蛋白质分子在糙面内质网合成时含有多个相同氨基酸序列的前体，然后在高尔基体中被水解形成同种有活性的多肽。③一个蛋白质分子的前体中含有不同的信号序列，最后加工形成不同的产物；有些情况下，同一种蛋白质前体在不同的细胞中可能以不同的方式加工，产生不同种类的多肽，这样大大增加了细胞信号分子的多样性。

硫酸化作用也是在高尔基体中进行的，硫酸根供体是 3′ – 磷酸腺苷 – 5′ – 磷酸硫酸（3′ – phosphoadenosine – 5′ – phosphosulfate，PAPS），它从细胞质基质中转入高尔基体膜囊内，在酶的催化下，将硫酸根转移到肽链中酪氨酸残基的羟基上。硫酸化的蛋白质主要是蛋白聚糖。

溶酶体

1. 溶酶体的形态结构与类型

溶酶体是单层膜围绕、内含多种酸性水解酶类的囊泡状细胞器，标志酶为酸性磷酸酶。溶酶体膜在成分上也与其他生物膜不同：①嵌有质子泵，利用 ATP 水解释放的能量将 H^+ 泵入溶酶体内，以形成和维持酸性的内环境；②具有多种载体蛋白用于水解产物向外转运；③膜蛋白高度糖基化，可能有利于防止自身膜蛋白的降解，以保持其稳定。

溶酶体是一种异质性的（heterogeneous）细胞器，即不同溶酶体的形态大小，甚至其中所含水解酶的种类都可能有很大的不同。根据溶酶体处于完成其生理功能的不同阶段，大致可分为：①初级溶酶体（primary lysosome）：只含酸性水解酶，无消化底物，尚未进行消化活动；②次级溶酶体（secondary lysosome）：初级溶酶体与细胞内的自噬泡或异噬泡（胞饮泡或吞噬泡）融合形成的进行消化作用的复合体，分别称之为自噬溶酶体（autophagolysosome）和异噬溶酶体（heterophagic lysosome）；③残质体（residual body）：吞噬性溶酶体到达末期阶段时，由于水解酶的活性下降，还残留一些未消化和不能分解的物质，具有不同的形态和电子密度。它们有的可通过胞吐作用排出细胞外，有的则蓄积在细胞内，并随年龄增加而增多。

2. 溶酶体的功能

溶酶体的基本功能是细胞内的消化作用，这对于维持细胞的正常代谢活动及防御微生物的侵染都有重要的意义。溶酶体的消化作用一般可概括成内吞作用、吞噬作用和自噬作用三种途径，其主要意义在于：①清除无用的生物大分子、衰老的细胞器及衰老损伤和死亡的细胞；②防御功能，某些细胞可以识别并吞噬入侵的病毒或细菌，在溶酶体作用下将其杀死并降解；③作为细胞内的消化"器官"为细胞提供营养；④某些分泌腺细胞中的溶酶体摄入分泌颗粒参与分泌过程的调节；⑤参与清除赘生组织或退行性变化的细胞；⑥受精过程中的精子的顶体（acrosome）反应。

3. 溶酶体的发生

（1）依赖于 M6P 的溶酶体酶分选途径　糙面内质网上核糖体合成溶酶体蛋白→进入内质网腔进行 N – 连接的糖基化修饰→进入高尔基体 *cis* 面膜囊→N – 乙酰葡糖胺磷酸转移酶识别溶酶体酶的信号斑→N – 乙酰葡糖胺磷酸转移酶将单糖二核苷酸 UDP – GlcNAc 上的 GlcNAc – P 转移到高甘露糖寡糖链上的 α – 1,6 甘露糖残基上，再将第二个 GlcNAc – P 加到 α – 1,3 的甘露糖残基上→磷酸葡糖苷酶除去末端的 GlcNAc 暴露出磷酸基团，形成 M6P 标志→与 *trans* 面膜囊上的 M6P 受体结合→选择性地浓缩、包装、以出芽的方式形成网格蛋白/AP 包被膜泡转运到初级溶酶体中。

M6P 受体存在于高尔基体的 TGN、前溶酶体（晚期胞内体）和细胞质膜上，但不存在于溶酶体膜上。初级溶酶体的基本特征是脂蛋白膜上具有质子泵，腔内呈酸性，pH 6.0 左右。在高尔基体的中性环境中，M6P 受体与 M6P 结合，进入初级溶酶体的酸性环境中后，M6P 受体与 M6P 分离，并返回高尔基体。同时在初级溶酶体中，溶酶体酶 M6P 去磷酸化，进一步促使 M6P 受体与之彻底分离。

（2）不依赖于 M6P 的溶酶体酶分选途径　如溶酶体跨膜蛋白无需 M6P 化；细胞毒 T 细胞和天然杀伤细胞的溶酶体中，既含有溶酶体酶也含有水溶性穿孔蛋白（perforin）和粒酶（granzyme），溶酶体酶通过依赖于 M6P 的途径进入溶酶体；而后者通过不依赖 M6P 的途径进入溶酶体。当细胞受到外界信号刺激后，这类溶酶体会像分泌泡一样释放内含物，杀伤靶细胞，因此又称这类溶酶体为分泌溶酶体（secretory lysosome）。

过氧化物酶体

1. 过氧化物酶体的形态结构

与溶酶体一样，过氧化物酶体也是一种异质性的细胞器，但在酶的种类、功能和发生方式等方面都与溶酶体有很大区别。过氧化物酶体中尿酸氧化酶等常形成晶格状结构，可作为电镜下识别的主要特征。

2. 过氧化物酶体的功能

过氧化物酶体是真核细胞直接利用分子氧的细胞器，其中常含有两种酶：一是依赖于黄素（FAD）的氧化酶，其作用是将底物氧化形成 H_2O_2；二是过氧化氢酶，作用是将 H_2O_2 分解，形成水和氧气。过氧化氢酶也被视为过氧化物酶体的标志酶。

在植物细胞中，过氧化物酶体参与光呼吸作用和乙醛酸循环反应。

【知识点自测】

（一）选择题

1. 下列细胞器不属于内膜系统的是（　　）。

A. 溶酶体　　　　　　　B. 内质网　　　　　　C. 高尔基体　　　　　　D. 过氧化物酶体

2. 下列有关蛋白酶体降解蛋白质的说法，错误的是（　　）。

A. 被降解蛋白质泛素化形成的寡聚泛素链是降解靶蛋白的识别标签

B. 蛋白酶体是大分子复合体，富含 ATP 依赖的蛋白酶活性

C. 降解的往往是 N 端第一个氨基酸为 Met、Ser、Thr、Ala、Cys 等的蛋白质

D. 这种蛋白质降解过程可以参与细胞周期调控过程的调节

3. 以下哪种蛋白不属于分子伴侣（　　）。

A. HSP70　　　　　　　　　　　　　B. 结合蛋白（Bip）

C. 蛋白二硫键异构酶　　　　　　　　D. 泛素

4. 下列哪种结构不在细胞内（　　）。

A. 微体　　　　　　　B. 微粒体　　　　　　C. 高尔基体　　　　　D. 过氧化物酶体

5. 下列细胞器中有极性的是（　　　）。

A. 溶酶体　　　　B. 微体　　　　　　C. 线粒体　　　　　D. 高尔基体

6. 真核细胞合成膜脂的部位是（　　　）。

A. 细胞质基质　　B. 高尔基体　　　C. 光面内质网　　D. 糙面内质网

7. 所有膜蛋白都具有方向性，其方向性是在（　　　）部位中确定的。

A. 细胞质基质　　B. 高尔基体　　　C. 内质网　　　　D. 质膜

8. 下列有关蛋白质糖基化修饰的叙述，错误的是（　　　）。

A. 内质网和高尔基体中都可以发生蛋白质的糖基化

B. O – 连接的糖基化发生在高尔基体中

C. 糖基化过程不发生在高尔基体的顺面膜囊中

D. 高尔基体糖基化相关酶的活性在其腔面

9. 下列 4 种蛋白质中，无糖基化修饰的是（　　　）。

A. 溶酶体酶　　　B. 分泌蛋白　　　C. 细胞质基质蛋白　D. 膜蛋白

10. 肝细胞的解毒作用主要是通过以下哪种细胞器的氧化酶系进行的（　　　）。

A. 线粒体　　　　B. 叶绿体　　　　C. 细胞质膜　　　D. 光面内质网

11. 糙面内质网上合成的蛋白质不包括（　　　）。

A. 向细胞外分泌的蛋白

B. 膜的整合蛋白

C. 内膜系统细胞器中的可溶性驻留蛋白

D. 核糖体蛋白

12. 下列不属于光面内质网合成的磷脂向其他膜转运方式的是（　　　）。

A. 膜泡转运

B. 借助磷脂交换蛋白转移

C. 低密度脂蛋白

D. 供体膜和受体膜通过膜嵌入蛋白直接接触

13. 下列细胞器中，对胞吞大分子物质起分选作用的是（　　　）。

A. 胞内体　　　　B. 高尔基体　　　C. 光面内质网　　D. 糙面内质网

14. 下列不属于内质网功能的是（　　　）。

A. 参与蛋白质合成、折叠组装、运输　　B. 参与脂质代谢

C. 细胞内贮存钙离子的主要场所　　　　D. 蛋白酶的水解

15. 蛋白质糖基化通常有两种连接方式（N – 连接和 O – 连接），描述错误的是（　　　）。

A. N – 连接糖基化起始于 rER，而完成于高尔基体

B. O – 连接糖基化既可发生在高尔基体，也可发生在 rER

C. O – 连接糖基化只发生在高尔基体，由不同的糖基转移酶催化完成

D. N – 连接糖基化的寡糖链都含有一个共同的寡糖前体，然后再进一步加工

16. O – 连接糖基化的寡糖链连接在蛋白质的下列哪个氨基酸残基上（　　　）。

A. 天冬酰胺　　　B. 天冬氨酸　　　C. 谷氨酸　　　　D. 丝氨酸或苏氨酸

17. 质子泵存在于（　　　　）。

A. 内质网膜上　　　　　　　　　　B. 高尔基体膜上

C. 过氧化物酶体膜上　　　　　　　D. 溶酶体膜上

18. 在蛋白质 N – 连接糖基化过程中，连接在多肽链的第一个糖基通常是（　　　　）。

A. N – 乙酰氨基半乳糖　　　　　　B. N – 乙酰氨基葡糖胺

C. N – 乙酰氨基甘露糖　　　　　　D. N – 乙酰氨基木糖

19. 细胞中哪种结构不存在溶酶体酶的甘露糖 – 6 – 磷酸（M6P）受体（　　　　）。

A. 细胞质膜　　　　　　　　　　　B. 高尔基体反面膜囊

C. 次级溶酶体　　　　　　　　　　D. 初级溶酶体

20. 膜蛋白高度糖基化的细胞器是（　　　　）。

A. 溶酶体　　　B. 高尔基体　　　C. 过氧化物酶体　　　D. 线粒体

21. 有关过氧化物酶体的描述，不正确的是（　　　　）。

A. 过氧化物酶体来源于溶酶体

B. 过氧化物酶体的蛋白质是由核基因编码，在细胞质基质中游离核糖体上合成

C. 新的过氧化物酶体可以由成熟过氧化物酶体经分裂增殖产生

D. 不同生物细胞中过氧化物酶体所含酶的种类及其行使的功能可能不同

22. 经常接触粉尘的人容易患肺部疾病，如矽粉引起的矽肺，下列哪种细胞器和矽肺的形成有关（　　　　）。

A. 内质网　　　B. 线粒体　　　C. 高尔基体　　　D. 溶酶体

23. 下面哪种细胞器以分裂方式增殖（　　　　）。

A. 过氧化物酶体　　　B. 高尔基体　　　C. 溶酶体　　　D. 内质网

24. 植物细胞中类似于动物细胞溶酶体的结构是（　　　　）。

A. 液泡　　　B. 过氧化物酶体　　　C. 消化泡　　　D. 高尔基体

25. 在细胞代谢过程中，直接需氧的细胞器是（　　　　）。

A. 核糖体　　　B. 叶绿体　　　C. 溶酶体　　　D. 过氧化物体

（二）判断题

1. 细胞内膜系统包括内质网、高尔基复合体、溶酶体、过氧化物酶体、线粒体等膜包被的细胞器。（　　　）

2. 细胞质基质包括中间代谢有关的酶类、维持细胞形态和参与细胞内物质运输的胞质骨架结构。（　　　）

3. 用差速离心的方法分离细胞匀浆液，先后去除细胞核、线粒体、溶酶体、高尔基体等细胞器存留的上清液称为胞质溶胶。（　　　）

4. 细胞质基质中帮助变性或错误折叠的蛋白质重新折叠成正确分子构象的物质是拓扑异构酶。（　　　）

5. 细胞质基质中的蛋白质都以溶解状态存在。（　　　）

6. 蛋白酶体在降解蛋白质的过程中将连接的泛素也一起降解。（　　　）

7. 内质网中驻留的蛋白之所以不能向外转运主要是由于它们不能够正确折叠。（　　　）

8. 信号斑（signal patch）是一种特殊的信号肽，它通过形成三维结构来引导蛋白

质的转运。（　　）

9. 肌肉细胞膜上，由神经冲动引发的动作电位通过活化质膜上的电位敏感蛋白，进而引发并打开肌质网上与之偶联的钙通道，使 Ca^{2+} 从肌质网进入肌浆中。（　　）

10. 蛋白聚糖的核心蛋白是在糙面内质网合成的，并在内质网腔中发生了 O -连接的糖基化反应。（　　）

11. 糖基转移酶是内质网的标志酶，氧化酶是高尔基体的标志酶。（　　）

12. 合成磷脂的 3 种酶都定位在内质网膜上，其活性部位在膜的细胞质基质侧，所以磷脂是在 ER 的胞质面合成的。（　　）

13. 光面内质网上合成的磷脂只能通过磷脂交换蛋白运输到其他类型的膜相细胞器上。（　　）

14. 细胞中 N -连接的糖基化修饰起始于内质网中，一般完成于高尔基体。（　　）

15. 高尔基体中与糖基化相关的酶都是膜蛋白，其活性部位均位于腔面而不是胞质面。（　　）

16. 溶酶体只消化由胞吞作用摄入细胞的物质。（　　）

17. 溶酶体中成熟的水解酶分子带有独特的标记——M6P，在高尔基体它是溶酶体酶分选的重要信号。（　　）

18. 在动物细胞、植物细胞、原生动物和细菌中均有溶酶体结构。（　　）

19. 动物精子顶体实际上是特殊的溶酶体，里面包含酸性水解酶类。（　　）

20. 溶酶体膜上含有质子泵，可以利用 ATP 将质子泵进溶酶体，维持溶酶体腔内低的 pH。（　　）

21. 自噬溶酶体是一种次级溶酶体。（　　）

22. 微体（microbody）实际上是破碎的内质网形成的近似球形的囊泡结构。（　　）

（三）名词比对

1. N -连接糖基化（N-linked glycosylation）与 O -连接糖基化（O-linked glycosylation）

2. 微粒体（microsome）与微体（microbody）

3. 磷脂转位蛋白（phospholipid translocator）与磷脂交换蛋白（phospholipid exchange protein）

4. 蛋白酶体（proteasome）与溶酶体（lysosome）

5. 内质网（endoplasmic reticulum）与肌质网（sarcoplasmic reticulum）

6. 未折叠蛋白质应答反应（unfolded protein response，UPR）与内质网超负荷反应（ER overload response，EOR）

（四）分析与思考

1. 如何理解内膜系统作为一个结构与功能上连续、协调和整合（integrate）的系统？

2. Sec61 是内质网膜上的蛋白质通道（translocon）的重要组成部分，在 Sec61 发生突变的酵母中，正常定位在高尔基体上的蛋白将会发生怎样的变化？

3. 内质网驻留蛋白（如 Bip）上 KDEL 序列突变后会产生什么现象？KDEL 突变与 KDEL 的受体蛋白突变产生的后果是否相同？

4. 溶酶体中含有大量的水解酶，它们是如何在内质网上合成后经高尔基体转运至溶酶体中？这些水解酶为什么不会损害这些细胞器？

5. 将溶酶体定位信号（M6P）加到分泌蛋白上会有什么样的影响？Ⅰ细胞病主要病因是由于病人细胞中缺乏 N - 乙酰葡糖胺磷酸转移酶，你推测病人细胞中合成的溶酶体蛋白的命运如何？如果用碱性物质（如氨或氯奎）处理细胞将会使细胞器中的 pH 升高接近中性，请预测此时 M6P 受体蛋白位于何种细胞器的膜中，原因是什么？

6. 糖脂和鞘磷脂只分布于质膜磷脂双分子层的胞外半膜，它们是怎样合成、加工和运输的？

7. 在蛋白质合成与加工过程中，细胞内分子伴侣与泛素依赖性蛋白酶体降解途径的作用如何？

【参考答案】

（一）选择题

1. D　2. C　3. D　4. B　5. D　6. C　7. C　8. C　9. C　10. D　11. D　12. C　13. A　14. D　15. B　16. D　17. D　18. B　19. C　20. A　21. A　22. D　23. A　24. A　25. D

（二）判断题

1. ×　主要包括内质网、高尔基体、溶酶体、胞内体和分泌泡等。

2. √

3. √

4. ×　分子伴侣。

5. ×　在细胞质基质中的多数蛋白质包括水溶性蛋白质，并不是以溶解状态存在的，而是直接或间接与细胞质骨架结合或与生物膜结合。

6. ×　泛素分子只被切除，不被降解。

7. ×　因为有滞留信号（如 KDEL 信号）。

8. √

9. √

10. ×　蛋白聚糖在高尔基体完成组装。

11. ×　内质网标志酶是葡萄糖 - 6 - 磷酸酶，高尔基体标志酶是糖基转移酶。

12. √

13. ×　还可以通过膜泡转运、供体膜和受体膜通过膜嵌入蛋白直接接触来运输。

14. √

15. √

16. × 还有自噬。

17. × 前半句错误，溶酶体中成熟的溶酶体酶已经被去磷酸化，不具有 M6P 标志。在高尔基体 M6P 是溶酶体水解酶分选的重要识别信号。

18. × 植物细胞和细菌没有溶酶体结构。

19. ✓

20. ✓

21. ✓

22. × 微体又称过氧化物酶体，不同于微粒体。

（三）名词比对

1. N – 连接糖基化，在 rER 开始，在高尔基体完成。N – 乙酰葡萄糖胺与肽链 Asn 的—NH_2 连接。O – 连接糖基化，主要发生在高尔基体。N – 乙酰半乳糖胺与肽链 Ser 和 Thr 的—OH 连接。

2. 微粒体是在细胞匀浆和超速离心过程中，由破碎的内质网形成的近似球形的囊泡结构，包含内质网膜与核糖体两种基本组分。微体又称过氧化物酶体，是由单层膜围绕的内含一种或几种氧化酶类的细胞器。

3. 磷脂转位蛋白或称转位酶帮助内质网膜上合成的磷脂由细胞质基质侧转位到内质网腔面。磷脂交换蛋白，帮助内质网合成的磷脂向其他膜的转运。其转运模式首先是 PEP 与磷脂分子结合形成水溶性的复合物进入细胞质基质，通过自由扩散，直至遇到靶膜时，PEP 将磷脂卸载下来，并安插在膜上。

4. 蛋白酶体是细胞内降解蛋白质的大分子复合体，由约 50 种蛋白质亚基组成，富含 ATP 依赖的蛋白酶活性。26 S 蛋白酶体为多亚基复合物，呈中空桶状结构，中间为 20 S 催化核心；两端各结合一个 19 S 帽，起调节和识别作用。溶酶体是单层膜围绕、内含多种酸性水解酶类的囊泡状细胞器，其主要功能是行使细胞内的消化作用。

5. 内质网可分为两种基本类型：糙面内质网（rER）和光面内质网（sER）。肌质网是心肌细胞和骨骼肌细胞中含有发达的特化的光面内质网，膜上的 Ca^{2+} – ATP 酶将细胞质基质中的 Ca^{2+} 泵入肌质网腔中，是储存 Ca^{2+} 的细胞器。

6. UPR 是指错误折叠和/或未折叠蛋白质不能按正常途径从 ER 释放，从而在 ER 腔中聚集，引起相关分子伴侣和折叠酶表达上调，促进蛋白质正确折叠，防止其聚集，以提高细胞生存能力。EOR 是指正确折叠蛋白在 ER 过度积累，特别是膜蛋白异常堆积所引发的促进细胞存活或凋亡的反制 ER 压力的反应。二者均属于 ER 应激反应。

（四）分析与思考

1. ①内膜系统的组成和相互关系；②膜组分（膜脂与膜蛋白）的合成、加工修饰与分选；③膜流与膜泡运输。

2. Sec61 发生突变的情况下，正常定位于高尔基体的蛋白由于未进入内质网而停留在细胞质基质中。

3. 内质网驻留蛋白上 KDEL 序列发生突变将会导致部分蛋白不能由高尔基体向内质网逆向转运，会被细胞分泌出去；而 KDEL 受体蛋白的失活将会导致所有带有 KDEL

信号序列的内质网驻留蛋白都被分泌出去。

4.（1）带有信号肽的溶酶体多肽进入糙面内质网，在内质网中发生 N – 连接的糖基化，随后被运到到高尔基体，糖链进一步加工，形成甘露糖 – 6 – 磷酸，甘露糖 – 6 – 磷酸信号被高尔基体反面膜囊上的受体识别，通过膜泡运输将其转运至溶酶体。

（2）溶酶体水解酶是酸性水解酶，而在内质网、高尔基体的中性 pH 环境下这些水解酶的活性被抑制，在溶酶体的酸性环境中才被激活，同时，由于溶酶体膜蛋白的高度糖基化防止了自身膜蛋白的降解。

5.（1）正常的分泌蛋白加上溶酶体定位信号斑会使高尔基体上正常分泌的蛋白转运到溶酶体中。

（2）高尔基体中缺少 N – 乙酰葡糖胺磷酸转移酶时，溶酶体蛋白将会被分泌到细胞外。

（3）M6P 受体存在于高尔基体的 TGN 和前溶酶体（晚期胞内体）膜上，但不存在于溶酶体膜上。M6P 受体穿梭于高尔基体和前溶酶体之间。在高尔基体的中性环境中，M6P 受体与 M6P 结合，进入前溶酶体的酸性环境中后，M6P 受体与 M6P 分离，并返回高尔基体。如用弱碱性试剂处理体外培养细胞，则 M6P 受体从高尔基体的 TGN 上消失而仅存在于前溶酶体膜上。

6. 内质网上合成的脂质经膜泡转运到高尔基体，在高尔基体的胞质侧或腔面糖基或磷脂酰胆碱分别被与膜上的神经酰胺分子连接形成糖脂和鞘磷脂，其中胞质一侧的葡萄糖神经酰胺被翻转到高尔基体的腔面。经高尔基体出芽，膜泡转运，膜泡与质膜融合，位于小泡腔面一侧的糖脂和鞘磷脂就翻到了质膜双分子层的外侧。

7.（1）分子伴侣：在蛋白质折叠和组装过程中能够防止多肽链链内和链间的错误折叠或聚集作用；并且还可以破坏多肽链中已形成的错误结构，协助其折叠成正确的构象；还能协助多肽链的易位转运。

（2）泛素化 – 蛋白酶体降解途径：选择性地降解那些错误折叠或变性或不正常的蛋白质，防止其影响细胞正常的生命活动。

第八章

蛋白质分选与膜泡运输

【学习导航】

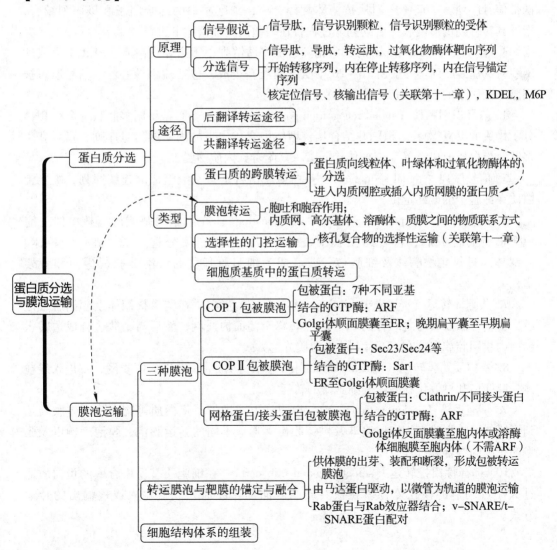

蛋白质分选与膜泡运输

- 蛋白质分选
  - 原理
    - 信号假说 —— 信号肽,信号识别颗粒,信号识别颗粒的受体
    - 分选信号
      - 信号肽,导肽,转运肽,过氧化物酶体靶向序列
      - 开始转移序列,内在停止转移序列,内在信号锚定序列
      - 核定位信号、核输出信号(关联第十一章),KDEL,M6P
  - 途径
    - 后翻译转运途径
    - 共翻译转运途径
  - 类型
    - 蛋白质的跨膜转运
      - 蛋白质向线粒体、叶绿体和过氧化物酶体的分选
      - 进入内质网腔或插入内质网膜的蛋白质
    - 膜泡转运 —— 胞吐和胞吞作用;内质网、高尔基体、溶酶体、质膜之间的物质联系方式
    - 选择性的门控运输 —— 核孔复合物的选择性运输(关联第十一章)
    - 细胞质基质中的蛋白质转运
- 膜泡运输
  - 三种膜泡
    - COP I 包被膜泡
      - 包被蛋白:7种不同亚基
      - 结合的GTP酶:ARF
      - Golgi体顺面膜囊至ER;晚期扁平囊至早期扁平囊
    - COP II 包被膜泡
      - 包被蛋白:Sec23/Sec24等
      - 结合的GTP酶:Sar1
      - ER至Golgi体顺面膜囊
    - 网格蛋白/接头蛋白包被膜泡
      - 包被蛋白:Clathrin/不同接头蛋白
      - 结合的GTP酶:ARF
      - Golgi体反面膜囊至胞内体或溶酶体细胞膜至胞内体(不需ARF)
  - 转运膜泡与靶膜的锚定与融合
    - 供体膜的出芽、装配和断裂,形成包被转运膜泡
    - 由马达蛋白驱动,以微管为轨道的膜泡运输
    - Rab蛋白与Rab效应器结合;v-SNARE/t-SNARE蛋白配对
  - 细胞结构体系的组装

【重点提要】

信号假说与蛋白质分选信号；细胞内蛋白质分选的基本途径与类型；膜泡的类型及其装配；膜泡运输及融合机制。

【基本概念】

1. 蛋白质分选（protein sorting）：依靠蛋白质自身信号序列，从蛋白质起始合成部位转运到其功能发挥部位的过程。核基因编码的蛋白质的分选大体可分后翻译转运途径和共翻译转运途径。

2. 信号假说（signal hypothesis）：1975 年由 Blobel 和 Sabatini 提出。分泌蛋白 N 端携带信号序列，一旦该序列从核糖体翻译合成，细胞质中的结合因子和该序列结合，指导其转移到内质网膜，后续翻译过程将在内质网膜核糖体上进行。

3. 信号肽（signal peptide）：常指新合成多肽链中用于指导蛋白质在 rER 上合成的 N 端的氨基酸序列。一般由 16~26 个氨基酸残基组成，包括疏水核心区。信号肽可被细胞质基质中的信号识别颗粒所识别。

4. 信号识别颗粒（signal recognition particle，SRP）：由 6 条不同多肽和一个小 RNA 分子构成的 RNP 颗粒。识别并结合从核糖体中合成出来的内质网信号序列，指导新生多肽及蛋白质合成装置（核糖体和 mRNA）附着到内质网膜上。

5. 信号序列（signal sequence）：蛋白质中由特定氨基酸组成的连续序列，决定蛋白质在细胞中的最终定位。

6. 后翻译转运（post-translational translocation）：在细胞质基质游离核糖体上完成多肽链的合成后，再转运至膜围绕的细胞器的蛋白质分选方式，如：线粒体、叶绿体、过氧化物酶体及细胞核，或者成为细胞质基质的可溶性驻留蛋白和骨架蛋白。

7. 共翻译转运（co-translational translocation）：蛋白质在游离核糖体上起始合成之后，由信号肽及其与之结合的 SRP 引导转移至糙面内质网，然后新生肽边合成边转入糙面内质网腔或定位在 ER 膜上的蛋白质分选方式。

8. 蛋白质跨膜转运（transmembrane transport）：新生肽链进入内质网，或进入线粒体、叶绿体和过氧化物酶体等细胞器的转运方式。

9. 膜泡运输（vesicular transport）：以膜泡形式携带着蛋白质等物质从供体膜转运到靶膜的运输方式。膜泡运输涉及供体膜出芽形成不同的转运膜泡、膜泡运输以及膜泡的靶膜的融合等过程。

10. 选择性门控转运（selective gated transport）：在细胞质基质中合成的蛋白质通过大小可调节的核孔复合体在核 – 质间双向选择性地完成核输入或核输出的转运方式。

【知识点解析】

（一）细胞内蛋白质的分选

真核细胞中除线粒体和植物细胞叶绿体中能合成少量蛋白质外，绝大多数蛋白质都是由核基因编码，在游离核糖体上起始合成，然后或在细胞质基质（游离核糖体）中完成翻译过程，或在糙面内质网膜结合核糖体上完成合成，再通过不同的机制转运至细胞的特定部位并组装成结构与功能的复合体，参与实现细胞的各种生命活动，这一过程称为蛋白质分选。

细胞内合成的蛋白质之所以能够定向转运到特定细胞器取决于两个方面：一是蛋白质自身包含特殊的信号序列，或称不同的靶向序列（targeting sequence）；二是靶细胞器上具有特定的信号识别装置（分选受体，sorting receptor）。

1. 信号假说与蛋白质分选信号

信号假说认为 N 端信号肽可指导分泌性蛋白质在糙面内质网膜上合成，并引导新生肽链边合成边通过内质网膜上的移位子蛋白复合体进入内质网腔，之后被信号肽酶切除。此过程还需要细胞质基质中的信号识别颗粒（SRP）和内质网膜上的信号识别颗粒的受体（docking protein，DP）等因子共同协助完成。

信号识别颗粒通常存在于细胞质基质中，它既能特异识别新生肽的信号肽，又能与核糖体的 A 位点结合，并与核糖体的 A 位点结合形成 SRP – 核糖体复合体，阻止了携带氨基酸的 tRNA 进入核糖体，核糖体的蛋白质合成暂停，直到 SRP – 核糖体复合体与内质网膜上的 SRP 受体结合为止。SRP 将核糖体引导到内质网膜上，与膜上的 SRP 受体结合，将合成的信号肽插入内质网腔内，SRP 解离，使多肽链合成又重新启动。如果合成的多肽是分泌蛋白，进入内质网腔的信号肽将被信号肽酶切除，并被释放到内质网腔。合成终止后，核糖体大、小亚基解离，重新加入"核糖体循环"。

蛋白质分选信号序列统称信号序列，其作用是指导蛋白质转运至细胞的特定部位。如引导新生肽链穿过内质网膜移位子的信号肽；引导蛋白质转运至线粒体、叶绿体以及过氧化物酶体中的导肽（leader peptide）。这些分选信号的氨基酸残基有时呈线性排列，有时折叠形成三维结构的信号斑（signal patch），如引导蛋白质定向运输到溶酶体的信号斑，是溶酶体酸性水解酶被高尔基体选择性加工的标识。

2. 蛋白质分选转运的基本途径与类型

蛋白质分选有两条基本途径，即共翻译转运途径和后翻译转运途径。

（1）后翻译转运途径　见"基本概念"中。

（2）共翻译转运途径　从蛋白质分选的转运方式或机制来看，蛋白质转运分为四类，即跨膜转运、膜泡运输、选择性门控转运和细胞质基质中的蛋白质转运。跨膜运输的蛋白质以解折叠的肽链进行转运；膜泡运输的蛋白以折叠或装配状态进行转运，且拓扑学方向不改变；门控转运的蛋白以折叠状态进行转运。

3. 蛋白质向线粒体、叶绿体和过氧化物酶体的分选

后翻译转运途径中，转运到线粒体、叶绿体和过氧化物酶体等细胞器的蛋白质分选是一个多步骤过程。这些蛋白最终是定位在细胞器不同膜上或者不同的基质空间，除需要线粒体蛋白 N 端的导肽、过氧化物酶体蛋白 C 端的内在靶向序列（SKL）和叶绿体前体蛋白 N 端转运肽（transit peptide）外，还需要其他空间定位信号序列。此外，进入线粒体、叶绿体和过氧化物酶体等细胞器的蛋白质必须在分子伴侣的帮助下解折叠或维持非折叠状态，而且蛋白质输入这些细胞器通常是需要能量的过程。

（二）细胞内膜泡运输

1. 3 种包被膜泡的装配与运输

膜泡运输主要强调了 3 种类型包被膜泡的运输作用和机制，包括 COPⅡ包被膜泡负责从内质网到高尔基体的物质运输（其中 Sar1 作为 GTP 酶而发挥启动膜泡形成作用）；COPⅠ包被膜泡负责从顺面高尔基体网状结构到内质网的运输，即回收内质网逃逸蛋白返回内质网（其中 ARF 作为 GTP 酶发挥启动膜泡形成作用）；网格蛋白包被膜泡介导蛋白质从高尔基体 TGN 向质膜、胞内体或溶酶体或植物液泡的运输，另外，在受体介导的胞吞作用中负责将物质从质膜运往细胞质，以及从胞内体到溶酶体的运输。

蛋白质转运中涉及的三种包被膜泡的比较特征：

膜泡类型	介导的转运途径	包被蛋白	结合的 GTPase
COPⅡ包被膜泡	ER→cis Golgi 体	Sec23/Sec24 和 Sec13/Sec31 复合体，Sec16	Sar1
COPⅠ包被膜泡	cis Golgi 体→ER，晚期高尔基扁平囊→早期扁平囊	包含 7 种不同 COP 亚基的包被蛋白	ARF
网格蛋白/接头蛋白包被膜泡	trans Golgi 体→胞内体	Clathrin + AP1 复合物	ARF
	trans Golgi 体→胞内体	Clathrin + GGA	ARF
	细胞膜→胞内体※	Clathrin + AP2 复合物	证据表明不需 ARF
	Golgi 体→溶酶体，黑（色）素体或血小板囊泡	AP3 复合物※※	ARF

注：※新近证据表明，在胞吞作用过程中，不需要 ARF 参与；※※每种类型 AP 复合物由 4 种不同亚基组成。AP3 复合物包被蛋白是否含有网格蛋白未知。

2. 膜泡运输的定向、融合机制

根据转运膜泡表面包被蛋白的不同，目前发现有 3 种不同类型：COPⅡ（coat protein Ⅱ）包被膜泡、COPⅠ（coat protein Ⅰ）包被膜泡和网格蛋白/接头蛋白（clathrin/adaptor protein）包被膜泡，它们分别介导不同的膜泡运输途径。

（1）COPⅡ包被膜泡的装配与运输　　COPⅡ包被膜泡介导细胞内顺向运输（anterograde transport），即负责从内质网到高尔基体的物质运输。COPⅡ包被膜泡是通过胞质可溶性 COPⅡ包被蛋白在供体膜（ER 膜）出芽时聚合形成的，包被装配的聚合过程受

小分子 GTP 结合蛋白 Sar1 调控，Sar1 隶属 GTPase 超家族成员，通过 GDP – Sar1/GTP – Sar1 的转换，起分子开关调控作用。

（2）COP I 包被膜泡的装配与运输　COP I 包被膜泡介导细胞内膜泡逆向运输（retrograde transport），负责从高尔基体反面膜囊到高尔基体顺面膜囊以及从高尔基体顺面网状区到内质网的膜泡转运，包括再循环的膜脂双层、内质网驻留的可溶性蛋白和膜蛋白，是内质网回收错误分选的逃逸蛋白（escaped protein）的重要途径。COP I 包被装配的聚合过程受小分子 GTP 结合蛋白 ARF 调控。ARF 也是一种结合 GDP/GTP 转换的分子开关调控蛋白。

（3）网格蛋白/接头蛋白包被膜泡的装配与运输　网格蛋白/接头蛋白包被膜泡介导的蛋白质分选途径包括从高尔基体 TGN 向胞内体或向溶酶体、黑（色）素体、血小板囊泡和植物细胞液泡的运输。在受体介导的胞吞途径中还负责将物质从细胞表面运往胞内体转而到溶酶体的运输。典型的网格蛋白/接头蛋白包被膜泡是一类双层包被的膜泡，外层由网格蛋白组成，内层由接头蛋白复合物组成。小分子 GTP 结合蛋白 ARF 参与了网格蛋白包被膜泡的装配调节。

膜泡运输的关键步骤至少涉及如下过程：①供体膜的出芽、装配和断裂，形成不同的包被转运膜泡；②在细胞内由马达蛋白驱动、以微管为轨道的膜泡运输；③转运膜泡与特定靶膜的锚定和融合。

各类转运膜泡之所以能够准确地识别并与靶膜融合，是因为转运膜泡表面的标志蛋白能被靶膜上的受体识别，其中涉及识别过程的两类关键性的蛋白质是 SNAREs（soluble NSF attachment protein receptor）和 Rabs（targeting GTPase）。SNARE 介导转运膜泡特异性停泊和融合，Rab 的作用是使转运膜泡靠近靶膜（见下图示意）。

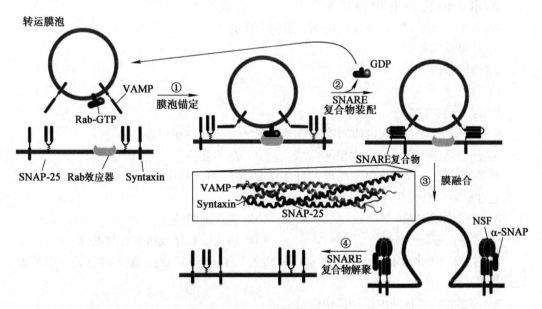

注：在供体膜和靶膜之间膜泡的锚定与融合模式图解。

【知识点自测】

（一）选择题

1. 下列哪种类型的细胞最适合作为细胞合成－分泌途径的研究材料（　　）。
   A. 肌细胞　　　　　　B. 酵母细胞　　　　　C. 上皮细胞　　　　　D. 胰腺细胞

2. 下列哪种实验技术最适合作为细胞合成－分泌动态的研究方法（　　）。
   A. 荧光漂白恢复技术　　　　　　　　　B. 扫描电镜技术
   C. 放射自显影技术　　　　　　　　　　D. 原位杂交技术

3. 引导新生肽链进入内质网并完成肽链合成的氨基酸序列被称为（　　）。
   A. 导肽　　　　　　B. 信号肽　　　　　C. 转运肽　　　　　D. 输入序列

4. 光面内质网不含下列哪种蛋白（　　）。
   A. 钙泵　　　　　　　　　　　　　　　B. 细胞色素 P450
   C. 类固醇激素合成酶　　　　　　　　　D. 信号肽酶

5. 信号识别颗粒（SRP）是一种（　　）。
   A. 核糖核蛋白复合体　　　　　　　　　B. 糖蛋白复合体
   C. 脂蛋白复合体　　　　　　　　　　　D. 蛋白酶体

6. 下面哪些多肽在合成之初都没有信号肽（　　）。
   A. 血红蛋白和核糖体蛋白
   B. 抗体、胶原和酸性磷酸酶
   C. 血红蛋白、血型糖蛋白和核糖体蛋白
   D. 肌动蛋白、液泡蛋白和胶原

7. 不参与分泌蛋白在糙面内质网上最初合成的是（　　）。
   A. 信号识别颗粒
   B. 停泊蛋白
   C. 移位子
   D. 停止转移序列

8. 引导新生肽链进入内质网腔的信号肽在（　　）中被切除。
   A. 细胞质基质　　　B. 内质网　　　　C. 高尔基体　　　　D. 溶酶体

9. 在蛋白质分选过程中，如果一种多肽只有 N 端信号序列而没有停止转移序列，那么它合成后一般（　　）。
   A. 进入内质网腔　　　　　　　　　　　B. 进入细胞核
   C. 成为跨膜蛋白　　　　　　　　　　　D. 进入线粒体或过氧化物酶体

10. 如果一个多肽有多个起始转移序列和多个停止转移序列，那么以下说法中最确切的是（　　）。
   A. 该多肽将转移到内质网腔中继续合成
   B. 该多肽合成结束后最终将定位于内质网膜上
   C. 该多肽最终将成为多次跨膜的膜蛋白

D. 该多肽将被转移至溶酶体中降解

11. 细胞质基质中合成的蛋白输入到细胞核是通过（　　）方式进行转运的。

A. 选择性门控运输　B. 跨膜转运　　　　C. 膜泡运输　　　　　D. 共翻译转运

12. 下列蛋白中不属于包被蛋白的是（　　）。

A. COPⅠ　　　　　　B. COPⅡ　　　　　C. Rab蛋白　　　　　D. 网格蛋白

13. 负责从内质网到高尔基体物质运输的膜泡类型是（　　）。

A. 网格蛋白包被膜泡　　　　　　　　　B. COPⅡ包被膜泡

C. COPⅠ包被膜泡　　　　　　　　　　D. 胞内体

14. 从高尔基体TGN出芽后，包被膜泡上由外向内的分子排列顺序为（　　）。

A. 网格蛋白→受体→接头蛋白→配体分子

B. 网格蛋白→接头蛋白→受体→配体分子

C. 配体分子→接头蛋白→受体→网格蛋白

D. 网格蛋白→配体分子→受体→接头蛋白

15. 在用放射性同位素标记的氨基酸示踪培养细胞的分泌蛋白合成分泌过程中，不同时间点取样，显示细胞内放射性标记同位素所处位置的先后顺序是（　　）。

Ⅰ. 分泌泡　　　Ⅱ. 高尔基体　　　Ⅲ. 糙面内质网　　　Ⅳ. 光面内质网　　　Ⅴ. 细胞核

A. Ⅲ→Ⅱ→Ⅰ→细胞外　　　　　　　B. Ⅲ→Ⅱ→Ⅳ→Ⅴ→细胞外

C. Ⅴ→Ⅲ→Ⅱ→Ⅰ→细胞外　　　　　D. Ⅳ→Ⅲ→Ⅱ→Ⅰ→细胞外

16. 利用非细胞体系研究蛋白质翻译进入微粒体的过程，发现蛋白进入微粒体的效率很低。请推测将下列哪种物质添加到该体系中可能提高蛋白质向微粒体转移的效率（　　）。

A. 结合蛋白　　　　　　　　　　　　B. 细胞质Hsp70

C. 游离核糖体　　　　　　　　　　　D. 信号识别颗粒

17. ARF是一种小分子单体G蛋白，它有一个GTP/GDP结合位点，当结合GDP时，没有活性。若ARF-GDP同（　　）结合，可引起GDP和GTP的交换。

A. GTP酶（GTPase）

B. GTP酶促进蛋白（GTPase-accelerating protein，GAP）

C. 钙泵

D. 鸟苷酸交换因子（guanine nucleotide exchange factor，GEF）

18. 以下哪个运输途径确定是COPⅠ包被膜泡参与的（　　）。

A. 质膜→胞内体　　　　　　　　　　B. 内质网→高尔基体

C. 高尔基体→内质网　　　　　　　　D. 高尔基体→溶酶体

19. 细胞内蛋白质转运过程中，需要GTP参与的是（　　）。

A. 信号肽-SRP介导的跨内质网膜共转运

B. 转运膜泡上COP包被的组装

C. 转运膜泡与靶膜的融合

D. 以上都对

20. 在膜泡靶向转运过程中，需要一类小分子单体GTP结合蛋白参与，下列蛋白除（　　）以外，均属于此类蛋白。

A. Sar1   B. ARF   C. Rab   D. Ran

21. 有关细胞结构的装配，下列说法错误的是（　　　　）。

A. 在细胞有丝分裂过程中，绝大多数细胞都经历装配与去装配的过程

B. 细胞骨架体系在整个细胞结构体系中起到了重要的组织作用

C. 决定新合成的多肽如何正确折叠的信息存在于蛋白质氨基端的一级结构中

D. 只要多肽一级结构完整，所有多肽蛋白自身都能正确折叠为有正常功能的蛋白质

（二）判断题

1. 通过重组 DNA 技术让溶酶体蛋白在 C 端加上 KDEL 序列，那么重组蛋白将从高尔基体返回内质网，不能进入溶酶体。（　　　　）

2. 膜泡运输不仅可以沿内质网到高尔基体方向进行顺向运输，也可以反方向进行逆向运输。（　　　　）

3. COP I 包被膜泡的逆向运输是负责回收、转运内质网逃逸蛋白的重要途径。（　　　　）

4. 细胞内新合成的多肽链如果带有信号肽，它就被运送到细胞外成为分泌蛋白；如果不带有信号肽，它就留在细胞内。（　　　　）

5. 在蛋白质分选过程中，如果一种多肽只有 N 端信号肽而没有停止转移序列，那么它合成后一般进入到细胞核。（　　　　）

6. 停泊蛋白（信号识别颗粒受体）是糙面内质网膜上的一种膜外在蛋白。（　　　　）

7. 信号识别颗粒（SRP）是糙面内质网膜上的一种膜外在蛋白。（　　　　）

8. 膜结合核糖体和游离核糖体在结构和功能上是相同的，只不过合成的蛋白不同。（　　　　）

9. 线粒体蛋白 N 端的导肽可以决定其最终定位是在膜上还是基质。（　　　　）

10. 一种蛋白 N 端含有 ER 信号肽，在其中间又有一段核定位序列，在细胞内合成过程中该蛋白将会转运至内质网。（　　　　）

11. 用药物阻止核糖体与 mRNA 的结合后，会导致细胞内的 rER 类似 sER，rER 上无核糖体附着。（　　　　）

12. 介导转运膜泡与靶膜融合的主要机制是 v-SNARE/t-SNARE 蛋白的配对。（　　　　）

13. 细胞网格蛋白包被膜泡（clathrin-coated vesicles）的发源地主要位于高尔基体的反面管网区（TGN）。（　　　　）

14. 转运膜泡的形成、运输及其与靶膜的融合是一个耗能的特异性过程，涉及多种蛋白间识别、装配、去装配的复杂调控。（　　　　）

15. KDEL 序列是 ER 可溶性蛋白的驻留信号，因此识别 KDEL 的受体只分布在 ER 膜上。（　　　　）

16. KDEL 信号与其受体的亲和力主要受到内环境 pH 高低的影响，低 pH 促进结合，高 pH 利于释放。（　　　　）

17. 甘露糖-6-磷酸（M6P）是可溶性溶酶体酶的分选标签，它的识别受体只分布在高尔基体反面膜囊。（　　　　）

18. 新生肽链的跨膜取向主要受到跨膜片段侧翼氨基酸残基的电荷分布，一般而言，带正电荷氨基酸残基一侧朝向细胞质基质一侧。（　　　）

19. 膜泡运输只能通过膜受体识别并转运可溶性蛋白，而不能转运膜结合蛋白。（　　　）

20. 网格蛋白/接头蛋白（clathrin/AP）包被膜泡只发生在高尔基体 TGN 和质膜处。（　　　）

（三）名词比对

1. 信号肽（signal peptide）与信号斑（signal patch）

2. 共翻译转运（co-translational translocation）与后翻译转运（post-translational translocation）

3. 导肽（leader peptide）与核定位信号（nuclear localization signal）

4. COP I 包被膜泡与 COP II 包被膜泡

5. Rab 蛋白与 Ras 蛋白

（四）分析与思考

1. G 蛋白偶联受体多肽的七次跨膜结构是如何形成的？在细胞的哪种结构装置中形成？又是如何转运到质膜上的？

2. 有人声称从松果体中分离到了一种叫遗忘素（forgettin）的蛋白，他认为这种蛋白 C 端可能有一段疏水的 ER 信号肽，这段信号序列能够被 SRP 蛋白所识别，帮助该蛋白向 ER 转运。遗忘素蛋白应是从松果体细胞分泌到细胞外发挥生物学效应的。根据所学知识，你觉得他的推测正确吗？

3. 为了研究蛋白质输入线粒体的机制，用能够阻止核糖体沿着 mRNA 移动的放线菌酮处理酵母细胞，然后用电子显微镜检查处理过的细胞，可惊奇地发现核糖体附着在线粒体表面！在没有用放线菌酮处理时，从未见过这种情况的发生。为进一步研究，研究者分离了用放线菌酮处理的线粒体及其附着的核糖体，接着分离了相连的 mRNA，并且进行了离体翻译，纯化蛋白质后与正常合成的蛋白质进行比较，结果显示用放线菌酮处理后的细胞合成的蛋白质与未用放线菌酮处理的细胞合成的蛋白质之间没有差别。请解释是何原因导致核糖体附着到线粒体的膜上。

4. （1）你学过的蛋白质分选信号有哪些？（2）分别以微管蛋白、核基因编码的线粒体基质蛋白、核纤层蛋白、内质网驻留蛋白（如 Bip、PDI）、溶酶体水解酶和胶原蛋白为例，试述细胞内蛋白质合成、加工、分选的不同类型和途径。

5. 抗胰蛋白酶是由肝细胞分泌进入血液循环的。抗胰蛋白酶缺乏症病人血液中缺乏这种蛋白。体外翻译实验发现，病人的抗胰蛋白酶发生了单个氨基酸突变，但活性正常。试提出一种以上可能性解释单个氨基酸的突变如何导致病人血液中缺乏抗胰蛋白酶。如何设计实验来鉴别到底是哪一种可能性呢？

6. 催乳素（prolactin）是由脑垂体分泌的一种激素。这是一种单链激素，由 199 个氨基酸组成。假设你在体外非细胞蛋白合成体系（cell-free protein synthesizing system）中翻译其 mRNA，这种非细胞体系中包括核糖体、氨基酸、tRNAs、氨酰 tRNA 合成酶、ATP、

GTP 以及与翻译起始、延长、终止相关的因子，你会得到一条 227 个氨基酸长的多肽链。

（1）你如何解释在非细胞蛋白合成体系中合成的这条多肽链长度和其真实长度之间的差异？

（2）假如向非细胞蛋白合成体系中加入信号识别颗粒（SRP），发现当翻译的多肽链长 70 个氨基酸时，翻译停止。如何解释这一现象？这一现象对细胞而言有何意义？

（3）若向非细胞蛋白合成体系中同时加入 SRP 和微粒体（来源于 ER 膜），发现催乳素 mRNA 翻译的多肽链长度是 199 个氨基酸。如何解释这一结果？你估计能在什么地方找到这条多肽链？

7. 志贺毒素是由 A 和 B 两个亚基组成的异源二聚体蛋白，其中 A 亚基作为催化亚基，B 亚基通过与细胞表面受体（糖脂 Gb3）结合介导毒素的内吞。含有志贺毒素的内吞小泡与胞内体融合，然后由胞内体转运至高尔基体，并由高尔基体经逆向运输至内质网，在内质网腔中志贺毒素的 A 亚基和 B 亚基分离，其中 A 亚基通过 Sec61 蛋白移位子（translocon）由内质网腔中转运到细胞质基质中。A 亚基是 N–糖苷酶，可以特异性地切割 28 S 核糖体 RNA，因此它可以抑制靶细胞内蛋白质的合成，仅需一分子的 A 亚基就足以杀死一个细胞。其他一些蛋白毒素，如假单胞菌毒素和蓖麻毒素等也有类似机制。

（1）为探讨假单胞菌毒素和志贺毒素由高尔基体向内质网逆向转运机制，研究者设计了一系列实验。首先分别测定了两种蛋白毒素的氨基酸序列。假单胞菌毒素和志贺毒素 B 亚基的 C 端 24 个氨基酸序列分别如下：

假单胞菌毒素 B 亚基 C 端 24 个氨基酸序列：KEQAISALPD YASQPGKPPR KDEL

志贺毒素 B 亚基 C 端 24 个氨基酸序列：TGMTVTIKTN ACHNGGGFSE VIFR

由以上序列可知，假单胞菌毒素从高尔基体向内质网逆向转运的靶向受体可能是什么？

（2）为探讨这两种毒素在细胞内的逆向运输过程中 COPI 包被蛋白和 KDEL 受体是否参与，研究者设计了如下实验：将胞质显微注射有抗 COPI 包被蛋白或者抗 KDEL 受体胞质部分结构域的特异性抗体的细胞，分别在含假单胞菌毒素和志贺毒素的培养基中培养 4 h，用含 ^{35}S 的甲硫氨酸进行脉冲标记，每隔 30 min 取样检测细胞内蛋白质的合成情况，以未注射抗体、同样在含毒素的培养基中培养的细胞为对照，结果如下图所示。

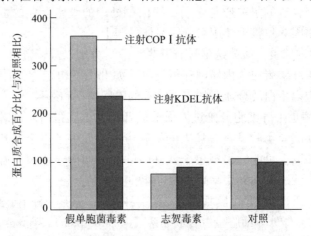

注：显微注射抗 COPI 包被蛋白或抗 KDEL 受体抗体，对假单胞菌毒素和志贺毒素抑制细胞蛋白质合成的影响。

上述实验结果是如何支持你所推测的假单胞菌毒素从高尔基体向内质网逆向转运的靶向受体？COP I 包被蛋白在此过程中发挥什么作用？你能提出什么样的假说解释志贺毒素逆向转运方式与假单胞菌毒素不一样？

（3）为进一步探讨志贺毒素由高尔基体向内质网逆向转运过程中是否依赖 COP I 包被蛋白，研究者用荧光素 Cy3 分别偶联志贺毒素 B 亚基（Cy3－B）和经改造后 C 端加上了 KDEL 4 个氨基酸的 B 亚基（Cy3－B－KDEL）设计了两组实验，将胞质显微注射有抗 COP I 包被蛋白抗体和未注射的细胞分别在含 Cy3－B 和 Cy3－B－KDEL 的培养基中培养，不同时间点取样，观察荧光标记的 B 亚基到达 ER 的细胞百分比，结果如下图所示：

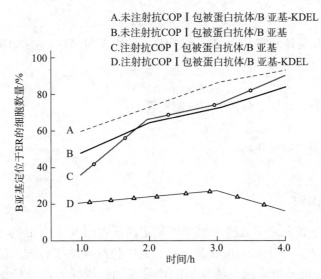

注：COP I 包被蛋白抗体对志贺毒素 B 亚基由高尔基体向内质网逆向运输的影响。

上述结果是否支持志贺毒素通过 COP I 包被膜泡由高尔基体向内质网进行逆向转运？

【参考答案】

（一）选择题

1. D 2. C 3. B 4. D 5. A 6. A 7. D 8. B 9. A 10. C 11. A 12. C 13. B 14. B 15. A 16. D 17. D 18. C 19. D 20. D 21. D

（二）判断题

1. √

2. √

3. √

4. ×　带有信号肽的蛋白不一定被运送到细胞外，如内膜系统驻留蛋白。

5. ×　一般进入内质网腔中。

6. ×　膜整合蛋白。

7. ×　未结合信号肽的 SRP 蛋白是细胞质基质中的游离蛋白。

8. ✓

9. ×　除 N 端前导肽外，还需要其他空间定位信号。

10. ✓

11. ✓

12. ✓

13. ✓

14. ✓

15. ×　KDEL 受体还定位在高尔基 CGN、COP I 包被膜泡与 COP II 包被膜泡的膜上。

16. ✓

17. ×　还分布在初级溶酶体膜和细胞质膜上。

18. ✓

19. ×　两类蛋白均可转运。

20. ✓

（三）名词比对

1. 信号肽常指新合成多肽链中用于指导蛋白质在 rER 上合成的 N - 末端的氨基酸序列。一般由 16 ~ 26 个氨基酸残基组成，其中包括疏水核心区、信号肽的 C 端和 N 端三部分。信号斑是指形成三维结构的信号序列，指导蛋白质转运至细胞的特定部位，如 GlcNAc - 磷酸转移酶识别溶酶体酶的信号斑，在每条寡糖链上形成多个 M6P 残基。

2. 共翻译转运是指蛋白质合成在游离核糖体上起始之后，由信号肽及其与之结合的 SRP 引导转移至糙面内质网，然后新生肽边合成边转入糙面内质网腔或定位在 ER 膜上。后翻译转运是指多肽链在细胞质基质游离核糖体上合成完成后转运至膜围绕的细胞器。

3. 导肽一般指在细胞质基质合成通过后翻译转运的线粒体基质蛋白 N 端靶向序列，输入线粒体基质后被基质蛋白酶切除。核定位信号是指存在于细胞质基质中合成的亲核蛋白内的一些短的氨基酸序列片段，富含碱性氨基酸残基，它可存在于亲核蛋白的不同部位，并且在指导亲核蛋白完成核输入后并不被切除。

4. COP I 包被膜泡：Golgi→ER（回收内质网逃逸蛋白）；在非选择性批量运输中行使功能；ARF 蛋白参与。COP II 包被膜泡：ER→Golgi；运输物质通过信号识别与受体介导，有选择性；Sar 蛋白参与。

5. Rab 蛋白是一类小分子 GTP 结合蛋白，属于开关调控蛋白 GTPase 超家族成员，通过 Rab - GDP 与 Rab - GTP 之间的相互转换，参与转运膜泡与靶膜之间的锚定与融合。Ras 蛋白也是一类单体 GTP 结合蛋白，同样属于开关调控蛋白 GTPase 超家族成员，是 RTK 介导的信号通路中的一种关键组分。

（四）分析与思考

1. G 蛋白偶联受体（膜蛋白）蛋白合成起始后转移至糙面内质网，由于多肽链中含有 7 个内在停止转移锚定序列（STA）和内在信号锚定序列（SA），所以会在内质网膜上形成 7 次跨膜蛋白结构，然后通过 COP Ⅱ 转运膜泡转运至高尔基体进行修饰和分选，再由高尔基体反面膜囊出泡通过膜泡运输转运到细胞膜表面。

2. ER 信号肽通常位于蛋白质的 N 端，C 端疏水序列只有当蛋白质翻译快结束时才会暴露，因此，遗忘素蛋白不可能通过信号肽 – SRP 机制向内质网腔转运，它可能在细胞质基质游离核糖体上完成翻译过程的。

3. 用放线菌酮可以阻止转肽过程，但在酵母细胞质体系中合成的线粒体蛋白有一些已经完成了前导肽的合成，在加入放线菌酮之后，后面的蛋白无法继续合成，带有前导肽的新生肽链与游离的核糖体结合在一起无法脱离，结果与前导肽一起被转运到线粒体膜上，所以在电镜下看会呈现核糖体附着在线粒体上的情况。

4.（1）学过的蛋白质分选信号有：信号肽；KDEL 信号；信号斑——甘露糖 – 6 – 磷酸（M6P）；核定位信号；（前）导肽信号等。

（2）细胞内蛋白质合成、转运的不同途径包括：①细胞质基质中游离核糖体上完成多肽链的合成然后转运至膜围绕的细胞器，如：核纤层蛋白入核（选择性门控运输）、核基因编码的线粒体基质蛋白通过跨膜转运进入线粒体、微管蛋白留在细胞质基质中；②游离核糖体上蛋白质合成起始后转移至 rER，新生肽链边合成边转移，然后经膜泡运输进行定向转运，如：内质网驻留蛋白（带有 KDEL 信号）、溶酶体酶（M6P 信号）、胶原蛋白（分泌到胞外）。

5.（1）可能的解释：①该突变影响了抗胰蛋白酶在血液中的稳定性，导致其在血液中的降解速度比正常蛋白快；②突变使 ER 信号序列不能被 SRP 所识别，阻止了该蛋白向 ER 的转运；③突变导致该蛋白上形成了 ER 驻留信号，使突变体蛋白在 ER 腔内积累。

（2）实验设计：①荧光标记的抗体——免疫荧光，检测其细胞内定位；②GFP 与该蛋白基因在细胞内融合表达。

6.（1）因为含有未被切除的 N – 端信号序列。

（2）SRP 与信号序列结合，会暂时终止肽链合成；这对确保合成分泌性蛋白的核糖体能被引导与内质网膜结合至关重要。

（3）因为 N – 端信号序列随着肽链延伸在进入内质网后被信号肽水解酶切除；199 个氨基酸的多肽可以在内质网腔、转运泡或细胞外找到。

7.（1）由假单胞菌毒素 B 亚基 C 端最后 4 个氨基酸残基为 KDEL 可知，假单胞菌毒素从高尔基体向内质网逆向转运的靶向受体应该为 KDEL 受体。

（2）由图可知，与对照组相比，显微注射有抗 KDEL 受体的细胞内蛋白质合成明显高出，即假单胞菌毒素未能正常逆向运输至细胞质基质，从而未能抑制细胞内蛋白质的合成。因此，实验结果支持假单胞菌毒素从高尔基体向内质网逆向转运的靶向受体为 KDEL 受体。同样，与对照组相比，显微注射有抗 COP Ⅰ 包被蛋白抗体的细胞内蛋白质合成也明显高出，说明此逆向运输有 COP I 包被膜泡来参与实现。注射两种抗体并未能阻止志贺毒素的逆向运输过程（蛋白质合成受抑制），说明志贺毒素从高尔基体向内质网逆向转运过程可能不是通过 KDEL 受体和 COP I 包被膜泡来实现。

（3）荧光素标记 B 亚基实验结果不支持志贺毒素通过 COP I 包被膜泡由高尔基体向内质网进行逆向转运。因为注射 COP I 抗体对 B 亚基的逆向转运几乎没有影响，却对 B – KDEL 的逆向运输有影响，可能是由于部分 B – KDEL 通过 KDEL 受体——COP I 包被膜泡来实现逆向转运所致。

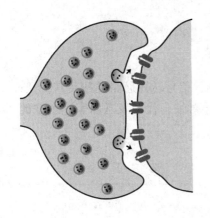

第九章

细胞信号转导

【学习导航】

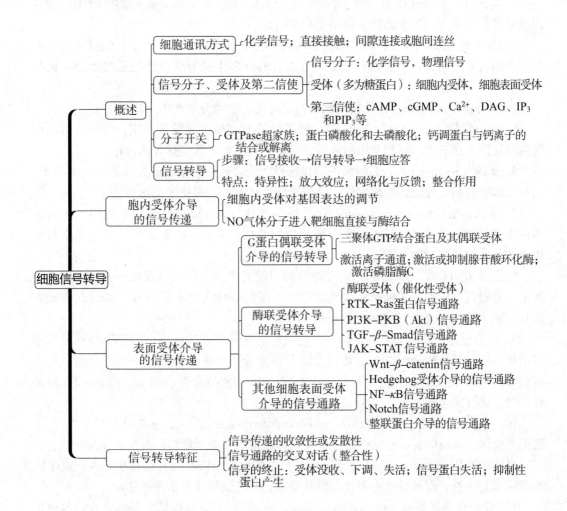

【重点提要】

细胞通讯方式；信号转导系统组成及分子开关机制；信号转导通路类型及其特征；细胞内信号蛋白之间相互作用、装配与基序；信号转导对细胞代谢及基因表达水平的调控机制。

【基本概念】

1. 细胞通讯（cell communication）：一个信号产生细胞发出的信息通过介质（又称配体）传递到另一个靶细胞与其相应的受体相互作用，然后通过细胞信号转导产生靶细胞内一系列生理生化变化，最终表现为靶细胞整体生物学效应的过程。

2. 内分泌（endocrine）：由内分泌细胞分泌信号分子（如激素）到血液中，通过血液循环运送到体内各个部位，作用于靶细胞。

3. 旁分泌（paracrine）：细胞通过分泌局部化学介质到细胞外液中，经过局部扩散作用于邻近靶细胞，在多细胞生物中调节发育的许多生长因子往往是通过短距离而起作用的。

4. 自分泌（autocrine）：是指细胞对自身分泌的信号分子产生反应。

5. 信号转导（signal transduction）：外界信号与细胞表面受体识别，转换并启动细胞信号通路，进而引起细胞基因的表达或产生各种生物学效应形成的过程。

6. 受体（receptor）：一类能够识别并选择性结合某种配体（信号分子）的大分子，当与配体结合后，通过信号传递作用将胞外信号转换为胞内化学或物理的信号。

7. 第二信使（second messenger）：是指信号分子与其受体结合后在胞内产生的非蛋白类小分子。可调节细胞内酶和非酶蛋白的活性，从而在细胞信号转导途径中行使携带和放大信号的功能。

8. 钙火花（Ca^{2+} spark）：钙火花是钙信号转导单元。Ca^{2+} 从发放源放出，向周围扩散，并通过不同的分子机制回收或清除，以恢复细胞质中正常的 Ca^{2+} 浓度，以此方式在细胞水平上形成了 Ca^{2+} 浓度的震荡。

9. 分子开关（molecular switches）：在细胞内信号级联传递中，有正负两种相辅相成的反馈机制进行精确调控，这类调控因子称为分子开关。一类是开关蛋白的活性由蛋白激酶磷酸化而开启；第二类主要开关蛋白由 GTP 结合蛋白组成，结合 GTP 而活化；第三类开关蛋白是 Ca^{2+} 依赖的钙调蛋白。

10. 离子通道偶联受体（ion channel-coupled receptor）：由多亚基组成的受体/离子通道复合体，本身既有信号结合位点，又是离子通道，并借此将信号传递至细胞内。

11. 酶联受体（enzyme-linked receptor）：受体胞内结构域具有潜在酶活性，或受体本身不具酶活性，而是受体胞内段与酶相联系，并将胞外信号传递到胞内。

12. G 蛋白偶联受体（G-protein coupled receptor）：是指配体-受体复合物与靶蛋白的作用要通过与 G 蛋白的偶联，在细胞内产生第二信使，从而将胞外信号跨膜传递到胞内，影响细胞的行为。

13. Ras 蛋白：是原癌基因的表达产物，为单体 G 蛋白，具有 GTP 酶活性，能够通过结合或水解 GTP 而开启或关闭自身活性。

14. SH2 结构域（src homology domain）：Src 产物同源区，SH2 结构域是一种可特异性结合氨基酸序列中的磷酸酪氨酸残基，由约 100 个氨基酸残基组成，蛋白家族中的每一个成员具有相似的三维结构。

15. 钙调蛋白（calmodulin，CaM）：真核细胞中普遍存在的 Ca^{2+} 应答蛋白，含有 4 个结构域，每个结构域可结合一个 Ca^{2+}。Ca^{2+} 与 CaM 结合形成 Ca^{2+} – CaM 复合物，然后再与靶酶结合将其活化。

16. Sos 蛋白（son of sevenless，Sos）：具有鸟苷酸交换因子活性，在细胞中可以被 Grb2 的 SH3 识别和活化。与 Ras 结合引起活化 Ras 的构象改变，使无活性的 Ras – GDP 转换成有活性的 Ras – GTP。

17. 蛋白激酶 A（protein kinase A，PKA）：由 2 个调节亚基和 2 个催化亚基组成。当 2 个调节亚基与 2 分子 cAMP 结合时，2 个催化亚基被释放而使激酶被激活，激活的 PKA 可入核磷酸化细胞核内转录因子而调控基因表达或直接磷酸化细胞质基质内蛋白而引发细胞生物学反应。

18. 蛋白激酶 C（protein kinase C，PKC）：是 Ca^{2+} 和磷脂酰丝氨酸依赖性的丝氨酸/苏氨酸蛋白激酶，在 DAG – PKC 的信号通路中广泛作用于底物，参与众多生理过程。

19. 蛋白激酶 B（protein kinase B，PKB）：是与 PKA 和 PKC 具有高度同源性的丝氨酸/苏氨酸蛋白激酶，又称为 PKA 与 PKC 的相关蛋白。N 端有一个 PH 结构域，能紧密结合 PI – 3,4 – P_2 和 PI – 3,4,5 – P_3 分子的 3 位磷酸基团。该激酶是反转录病毒癌基因 v – *akt* 的编码产物的同源物，又称 Akt。

20. STAT 蛋白（signal transducer and activator of transcription，STAT）：指在信号转导通路中，既是激酶的直接底物，又是基因转录调节因子的一类衔接子蛋白。STAT 蛋白 N 端具有 SH2 结构域和核定位信号（NLS），中间为 DNA 结合域，C 端有一个保守的、对其活化至关重要的酪氨酸残基。

【知识点解析】

（一）细胞信号转导概述

1. 细胞通讯

细胞通讯有 3 种方式：①细胞通过分泌化学信号进行胞间通讯；②细胞间接触依赖性通讯；③相邻动物细胞间形成间隙连接，植物细胞间则通过胞间连丝。

细胞通讯通常涉及的步骤：①信号细胞合成并释放信号分子；②转运信号分子至靶细胞；③信号分子与靶细胞表面受体特异性结合并导致受体激活；④活化受体启动靶细胞内一种或多种信号转导途径；⑤引发细胞代谢、功能或基因表达的改变；⑥信号的解除并导致细胞反应终止。

2. 信号分子与受体

信号分子通常可分为 3 类：①气体性信号分子，包括 NO、CO，可以自由扩散进入细胞直接激活效应酶。②疏水性信号分子，这类亲脂性分子可穿过细胞质膜进入细胞。③亲水性信号分子，不能透过靶细胞质膜，可与靶细胞表面受体结合。

受体可分为细胞内受体和细胞表面受体。细胞内受体位于细胞质基质或核基质中，主要识别和结合小的脂溶性信号分子。细胞表面受体主要识别和结合亲水性信号分子，包括分泌型信号分子或膜结合型信号分子。

第二信使学说（second messenger theory）：胞外化学信号（第一信使）不能进入细胞，它作用于细胞表面受体，导致产生胞内信号（第二信使），从而引发靶细胞内一系列生化反应，最后产生一定的生理效应，第二信使的降解使其信号作用终止。

3. G 蛋白

G 蛋白包括三聚体 GTP 结合蛋白和单体 GTP 结合蛋白。三聚体 GTP 结合蛋白由 G_α、G_β、G_γ 三个亚基组成。G_α 亚基本身具有 GTPase 活性，是分子开关蛋白。当配体与受体结合后，三聚体 G 蛋白解离，发生 GDP 与 GTP 交换，游离的 G_α–GTP 处于活化的开启状态，导致结合并激活效应器蛋白；当 G_α–GTP 水解形成 G_α–GDP 时，则处于失活的关闭状态恢复系统进入静息状态。单体 GTP 结合蛋白，仅有一条肽链如 Ras 蛋白，具有 GTPase 活性，同样在结合 GDP 处于关闭状态，结合 GTP 处于开启状态。

4. 信号转导系统及其特性

细胞内信号蛋白的相互作用是靠蛋白质模式结合域（modular binding domain）的特异性介导的。这些模式结合域不具酶活性，但能识别特定基序或蛋白质上的特定修饰位点。它们与识别对象的亲和性较弱，因而有利于快速和反复进行精细的组合式网络调控。这些模式结合域极大地拓展了细胞信号网络的多样性。

信号蛋白复合物装配的 3 种策略：①细胞表面受体和胞内信号蛋白通过支架蛋白预先形成胞内信号复合物，当受体被激活后，再依次激活胞内信号蛋白并向下游传递。②细胞表面受体被激活后装配信号蛋白复合物，即表面受体被胞外信号激活后，受体胞内段多个氨基酸残基位点发生自磷酸化作用，从而为细胞内不同的信号蛋白提供锚定位点，形成信号转导复合物介导下游事件。③受体被胞外信号激活后，在邻近质膜上形成修饰的肌醇磷脂分子，从而募集具有 PH 结构域的信号蛋白，装配形成信号复合物。

信号转导系统的主要特性：①特异性（specificity）：细胞受体与胞外配体通过结构互补机制以非共价键结合，形成受体–配体复合物。②放大效应（amplification）：信号传递至胞内效应器蛋白，引发细胞内信号放大的级联反应。③网络化与反馈调节机制：细胞信号系统网络化的相互作用是细胞生命活动的重要特征；反馈环路对于及时校正反应的速率和强度是最基本的调控机制。④整合作用（integration）：大量的信息以不同组合的方式调节细胞的行为；细胞整合不同的信息后，对细胞外信号分子的特异性组合作出程序性反应。

（二）细胞内受体介导的信号转导

1. 细胞内受体

细胞内受体超家族（intracellular receptor superfamily）的本质是依赖激素激活的基

因调控蛋白。一般都含有 3 个功能域：C 端的激素结合位点，中部的 DNA 或 Hsp90 结合位点，N 端的转录激活结构域。如：类固醇激素、视黄酸、维生素 D 和甲状腺素的受体在细胞核内。

2. NO 受体

NO 是由 NO 合酶以 L - 精氨酸为底物生成的一种自由基性质的脂溶性气体分子，可透过细胞膜快速扩散，激活靶细胞内具有鸟苷酸环化酶（G - cyclase，GC）活性的 NO 受体。鸟苷酸环化酶使胞内 cGMP 水平提高，活化蛋白激酶 G（PKG），抑制肌动 - 肌球蛋白复合物信号通路，导致血管平滑肌舒张。

（三）G 蛋白偶联受体介导的信号转导

1. G 蛋白偶联受体

G 蛋白偶联受体为 7 次跨膜结构，配体 - 受体复合物与靶蛋白的作用要通过三聚体 GTP 结合蛋白（G 蛋白），在细胞内产生第二信使。

2. G 蛋白偶联受体介导的信号通路

（1）激活离子通道的 G 蛋白偶联受体　当受体与配体结合被激活后，通过偶联 G 蛋白的分子开关作用，调控跨膜离子通道的开启与关闭，进而调节靶细胞的活性。例如：M 乙酰胆碱受体在心肌细胞膜上与 Gi 蛋白偶联，引发三聚体 Gi 蛋白解离，$G_{\beta\gamma}$ 亚基释放致使心肌细胞质膜上 K^+ 通道开启，引发细胞内 K^+ 外流；在视杆细胞中，光的吸收激活视蛋白，活化的视蛋白与无活性的 GDP - Gt 三聚体蛋白偶联，游离的 Gt_α 与 cGMP 磷酸二酯酶抑制性亚基结合导致 PDE 活化，cGMP 被降解，使得 cGMP 门控非选择性阳离子通道关闭。

（2）激活或抑制腺苷酸环化酶的 G 蛋白偶联受体　G_α 亚基的首要效应酶是腺苷酸环化酶，调节细胞内第二信使 cAMP 水平，进而影响信号通路的下游事件。这个调控系统涉及 5 种蛋白组分：①刺激性激素的受体（Rs），②抑制性激素的受体（Ri），③刺激性 G 蛋白（Gs），④抑制性 G 蛋白（Gi），⑤腺苷酸环化酶（AC）。

刺激性激素与相应刺激性激素受体（Rs）结合，偶联刺激性 G 蛋白，腺苷酸环化酶活化，提高靶细胞 cAMP 水平；抑制性激素与抑制性激素的受体（Ri）结合，与此相反，降低 cAMP 水平。胞内 cAMP 的作用是使无活性蛋白激酶 A 释放催化亚基，磷酸化细胞质中的靶蛋白，介导信号向下传递。当腺苷酸环化酶被激活后，产生快速应答，环腺苷酸磷酸二酯酶（PDE）可降解 cAMP 生成 5′ - AMP，终止信号反应。

该信号通路涉及的反应链可表示为：激素→G 蛋白偶联受体→G 蛋白→腺苷酸环化酶→cAMP→cAMP 依赖的蛋白激酶 A（PKA）→基因调控蛋白→基因转录。

（3）激活磷脂酶 C 的 G 蛋白偶联受体　G 蛋白开关机制引起质膜上磷脂酶 C 的 β 异构体（PLC_β）活化，使质膜上磷脂酰肌醇 - 4,5 - 二磷酸（PIP_2）被水解生成 IP_3 和 DAG 两个第二信使。

IP_3 - Ca^{2+} 信号通路：IP_3 引发内质网中 Ca^{2+} 转移到细胞质基质中，使胞质中游离 Ca^{2+} 浓度提高，Ca^{2+} 与钙调蛋白（CaM）结合活化靶酶。

DAG - PKC 信号通路：DAG 位于质膜，胞质中蛋白激酶 C（PKC）可与 Ca^{2+} 结合并移位至膜内表面。DAG 的积累可活化与质膜结合的 PKC，使不同底物蛋白的丝氨酸/

苏氨酸残基磷酸化。

（四）酶联受体介导的信号通路

酶联受体至少包含 5 类：①受体酪氨酸激酶；②受体丝氨酸/苏氨酸激酶；③受体酪氨酸磷酸酯酶；④受体鸟苷酸环化酶；⑤酪氨酸蛋白激酶偶联受体。

1. 受体酪氨酸激酶 RTK – Ras 蛋白信号通路

所有受体酪氨酸激酶都具有酪氨酸激酶结构域，配体的结合导致受体二聚化，激活受体的蛋白酪氨酸激酶活性，进而在二聚体内彼此交叉磷酸化，即所谓受体的自磷酸化。活化的 RTK 通过磷酸酪氨酸残基结合多种含有 SH2 结构域的蛋白，其中一类是接头蛋白，另一类是信号通路中有关的酶。Ras 是活化受体 RTK 下游的重要功能蛋白，二者之间通过接头蛋白和 Ras 蛋白 – 鸟苷酸交换因子（Ras – GEF）联系起来。活化的 Ras 蛋白与 Raf（MAPKKK）结合并使其激活，从而介导信号向下游传导。

RTK – Ras 可表示为：配体→RTK→Ras→Raf（MAPKKK）→MAPKK→MAPK→进入细胞核→其他激酶或基因调控蛋白（转录因子）的磷酸化修饰，对基因表达产生多种效应。

2. PI3K – PKB（Akt）信号通路

RTK 和细胞因子受体的活化可以产生磷酸化的酪氨酸残基，为募集 PI3K 转运至膜提供了锚定位点。PI3K 既具有 Ser/Thr 激酶活性，又具有磷脂酰肌醇激酶的活性。利用其磷脂酰肌醇激酶催化膜脂生成 PI – 3 – P，PKB 凭借 PH 结构域与 PI – 3 – P 的结合转位到膜上。PKB 转位到膜后经另两种激酶 PDK1 和 PDK2 活化，从质膜上解离，进入细胞质和细胞核磷酸化靶蛋白。

PI3K – PKB（Akt）信号通路的生物学作用：①对细胞生存具有促进作用；②促进胰岛素刺激的葡萄糖摄取与储存；③PI3K 是蛋白分选或内吞/内化过程中重要的调节因子。

3. TGF –β 受体及其 TGF –β – Smad 信号通路

TGF –β 受体分为 RⅠ、RⅡ和 RⅢ受体。TGF –β 受体在本质上属于受体 Ser/Thr 激酶。胞外 TGF –β 与 RⅢ受体结合后，RⅢ将 TGF –β 递交给 RⅡ受体。RⅡ受体募集并磷酸化 RⅠ受体胞内段 Ser/Thr 残基，使 RⅠ受体被激活。活化的 RⅠ受体磷酸化下游转录因子 Smad。

有 3 种 Smad 转录因子起调控作用，包括受体调节的 R – Smad（Smad2、Smad3）、辅助性 co – Smad（Smad4）和抑制性 I – Smad（imp –β）。R – Smad 是 RⅠ受体激酶的直接作用底物，非磷酸化时 NLS 被掩盖，处于非活化状态。当 RⅠ受体被激活后，磷酸化 R – Smad 使其 NLS 暴露，两个磷酸化的 R – Smad 与 co – Smad 和 imp –β 结合形成细胞质复合物，进入细胞核。在核内 Ran – GTP 作用下 imp –β 与 NLS 解离，Smad2/Smad4 或 Smad3/Smad4 复合物再与其他核内转录因子结合，激活特定靶基因的转录。

4. 细胞因子受体与 JAK – STAT 信号通路

细胞因子受体是细胞表面一类与酪氨酸蛋白激酶联系的受体。也就是说，其活性依赖于非受体酪氨酸蛋白激酶。JAK – STAT 信号通路：细胞因子与受体结合，导致受体二聚化；各自结合的 JAK 相互靠近发生交叉磷酸化；具有 SH2 的 STAT 与之结合，并被磷酸化；磷酸化的 STAT 从受体上解离下来，以二聚化的形式转位到核内与特异基因调控序列结合。

（五）其他细胞表面受体介导的信号通路

1. Wnt - β - catenin 信号通路

Wnt 是一组富含半胱氨酸的分泌性糖蛋白，β - catenin 是哺乳类中与果蝇 Arm 蛋白同源的转录调控蛋白。β - catenin 结合在由 Axin 介导形成的胞质复合物上，并被 GSK3 磷酸化，后被蛋白酶体识别和降解，维持细胞质中 β - catenin 低水平。当细胞外存在 Wnt 信号时，支架蛋白 Axin 与辅助受体 LRP 胞质域结合，导致含有 GSK3 和 β - catenin 的胞质蛋白复合物解离，β - catenin 不能被 GSK3 磷酸化，使 β - catenin 在细胞质中维持稳定。游离的 β - catenin 转位到核内，与核内转录因子 TCF 结合，调控特殊靶基因的表达。

Wnt - β - catenin 信号通路对多细胞生物体轴的形成和分化、组织器官建成、组织干细胞的更新与分化等至关重要。

2. Hedgehog 受体介导的信号通路

Hedgehog 在细胞内是以前体（precursor）形式合成与分泌的，作用范围小，一般不超过 20 个细胞。Hedgehog 的受体蛋白有 3 种：Ptc、Smo 和 iHog。静息状态下，受体 Ptc 蛋白抑制胞内膜泡上的 Smo 蛋白，胞质调节蛋白形成复合物并与微管结合。在复合物中转录因子 Ci 被各种激酶磷酸化，磷酸化的 Ci 水解形成 Ci75 片段，进入核内抑制靶基因表达。在有 Hh 信号时，Hh 与 Ptc 结合抑制 Ptc 的活性，使得 Smo 从抑制状态中被释放。Smo 通过膜泡融合移位到膜，胞质调节蛋白复合物中的 Cos2 和 Fu 蛋白被 PKA 和 CK1 超磷酸化，致使 Fu/Cos2/Ci 复合物从微管上解离下来，释放 Ci。Ci 进入核内并与 CREB 结合蛋白（CBP）结合，激活靶基因的转录。

Hedgehog 信号通路控制细胞命运、增殖与分化，该信号通路被异常激活时，会引起肿瘤的发生与发展。

3. NF - κB 信号通路

NF - κB 是一种核转录因子，能特异性结合免疫球蛋白 κ 轻链基因的上游增强子序列并激活基因转录。在细胞处于静息状态时，NF - κB 在细胞质中与一种抑制物 I - κBα 结合，处于非活化状态，同源区的 NLS 也因抑制物的结合被掩盖。当细胞受到刺激时，胞质中 I - κB 激酶被激活并磷酸化 I - κB。E3 泛素连接酶快速识别 I - κB 的磷酸化丝氨酸残基并泛素化，降解 I - κB。使 NF - κB 解除束缚并暴露 NLS。NF - κB 转位进入核内激活靶基因的转录。

NF - κB 信号通路可调控多种参与炎症反应的细胞因子、黏附因子和蛋白酶类基因的转录过程，产生免疫、炎症和应激反应，并影响细胞增殖、分化及发育。

4. Notch 信号通路

Notch 信号通路是一种细胞间接触依赖性的通讯方式。信号分子及其受体均是膜整合蛋白。Notch 受体蛋白的胞外区包含多个 EGF 样的重复序列及其与配体的结合位点，胞内区含多种功能序列。当配体（Delta）与之结合，效应细胞的 Notch 蛋白便发生两次蛋白切割过程，切割后释放 Notch 胞质片段，转移至核内与其他转录因子协同作用，调节基因表达，影响发育中细胞命运的决定。

5. 细胞表面整联蛋白介导的信号转导

整联蛋白不仅介导细胞与胞外基质黏附，更重要的是提供了一种信号途径，通过胞外环境调控细胞内活性。通过黏着斑由整联蛋白介导的信号通路有两条。①由细胞表面到细胞核的信号通路：细胞表面整联蛋白与胞外配体相互作用，导致整联蛋白簇集和定位在黏着斑结构中的酪氨酸激酶 Src 的活化。通过 MAPK 级联反应传递细胞成长促进信号到细胞核。②由细胞表面到胞质核糖体的信号通路：Src 磷酸化后，为 PI3K 的 SH2 提供位点，活化的 PI3K 通过 $p70^{s6k}$ 磷酸化核糖体小亚基 S_6 蛋白。能够翻译某些特定的 mRNA。

（六）细胞信号转导的整合与控制

1. 细胞应答反应的特征

收敛与发散：收敛体现在许多信号通路激活一个共同的效应器；发散表现在来自相同配体的信号，激活各种不同的效应器，导致多样性的细胞应答。

2. 蛋白激酶的网络整合信息

细胞信号转导最重要的特征之一是构成复杂的信号网络系统（signal network system），不同信号通路之间相互影响，具有高度的非线性特点。人们将信号网络系统中各种信号通路之间的交互关系形象地称为"交叉对话"（cross talk）。蛋白激酶的网络整合信息调控复杂的细胞行为是不同信号通路之间实现"交叉对话"的一种重要方式。

3. 受体的脱敏与下调

靶细胞对信号分子的脱敏机制有 5 种方式：①受体没收　细胞通过配体依赖性的受体介导的胞吞作用减少细胞表面可利用受体的数目。②受体下调　通过受体介导的胞吞作用，受体 – 配体被消化降解，受体数目减少和配体的清除导致细胞对信号敏感性下调。③受体失活　如 G 蛋白偶联受体激酶（GRK）使结合配体的受体磷酸化，再通过与胞质抑制蛋白 β – arrestin 结合而阻断与 G 蛋白的偶联作用。④信号蛋白失活　细胞内信号蛋白发生改变，从而使信号级联反应受阻，不能诱导正常细胞反应。⑤抑制性蛋白产生　下游反应产生抑制性蛋白并形成负反馈环从而降低或阻断信号转导。

【知识点自测】

（一）选择题

1. 具有磷酸化蛋白功能的酶属于下列哪一种酶（　　）。

A. 磷脂酶　　　　　B. 磷酸激酶　　　　　C. 磷酸酶　　　　　D. 磷酸化酶

2. G 蛋白具有自我调节活性的功能，下列哪种说法可以解释 G 蛋白活性丧失的原因（　　）。

A. α 亚基的 GTPase 活性　　　　　　B. 效应物的激活

C. 与受体的结合　　　　　　　　　　　D. 亚基的解离

3. 实现信号转导网络整合的最重要途径是下列哪种调节方式（　　）。

A. 通过 G 蛋白调节　　　　　　　　　　　B. 通过可逆性磷酸化调节

C. 通过配体调节　　　　　　　　　　　　　D. 通过受体数量调节

4. 霍乱毒素干扰细胞内信号转导过程的最直接环节是（　　　　）。

A. 刺激 Gs 生成　　　　　　　　　　　　　B. 使 Gs_α 处于不可逆激活状态

C. 使 Gs_α 处于不可逆失活状态　　　　　D. cAMP 生成增加

5. 下列哪种激酶能催化 PKB 磷酸化修饰（　　　　）。

A. PI3K　　　　　B. Raf　　　　　C. PDK　　　　　D. PKA

6. 能激活 PDK 的第二信使是（　　　　）。

A. PIP_2　　　　　B. DAG　　　　　C. Ca^{2+}　　　　　D. PIP_3

7. 下列信号转导蛋白中，哪种蛋白与基因转录调控直接相关（　　　　）。

A. Raf　　　　　B. STAT　　　　　C. MEK　　　　　D. Sos

8. PKA 与 PKC 的共同之处（　　　　）。

A. 均由 4 个亚基组成

B. 均有 10 多种同工酶

C. 调节亚基有 cAMP 结合位点

D. 均能催化效应蛋白的丝氨酸/苏氨酸残基磷酸化

9. 胞内受体介导的信号转导途径对代谢调控的主要方式是下列哪种（　　　　）。

A. 特异基因的表达调节　　　　　　　　　　B. 核糖体翻译速度的调节

C. 蛋白质降解的调节　　　　　　　　　　　D. 共价修饰调节

10. 三聚体 G 蛋白激活，其 $\beta\gamma$ 二聚体可参与下列哪种调节（　　　　）。

A. 可调节离子通道　　　　　　　　　　　　B. 可激活腺苷酸环化酶

C. 可激活磷脂酶 C　　　　　　　　　　　　D. 可调节受体与配体的亲和力

11. 下列哪种酶具有丝氨酸/苏氨酸磷酸化酶活性（　　　　）。

A. 磷酸酶　　　　　B. RTK　　　　　C. JAK　　　　　D. 蛋白激酶 A

12. 制备人类肝细胞匀浆液，然后通过离心技术分离细胞膜性成分和可溶性胞质。如在可溶胞质组分中加入肾上腺素，会发生下列何种情况（　　　　）。

A. cAMP 增加　　　　　　　　　　　　　　B. 肾上腺素与其胞内受体结合

C. 腺苷酸环化酶的激活　　　　　　　　　　D. cAMP 浓度不变

13. 胰高血糖素与肝细胞表面 G 蛋白偶联的受体结合，经信号转导，提高细胞中 cAMP 浓度，继而影响糖代谢。分析该信号转导过程中的：①转导蛋白→②效应物→③第一信使→④第二信使，分别是（　　　　）。

A. ①胰高血糖素→②cAMP→③G 蛋白→④GTP

B. ①G 蛋白→②腺苷酸环化酶→③胰高血糖素→④cAMP

C. ①G 蛋白→②GTP→③胰高血糖素→④cAMP

D. ①胰高血糖素→②GTP→③腺苷酸环化酶→④cAMP

14. SH2 结构域蛋白所识别的结构是出哪种酶催化产生的（　　　　）。

A. PKA　　　　　B. RTK　　　　　C. PKC　　　　　D. PKB

15. 在下列情况下，Ras 的哪种形式的突变会引发细胞癌变（　　　　）。

A. Ras 不能水解 GTP　　　　　　　　　　　B. Ras 不能与 GTP 结合

C. Ras 不能与 Grb2 或者 Sos 结合　　　　D. Ras 不能与 Raf 结合

16. 哪种成分整合了控制细胞复杂行为的信息（　　　）。

A. 特异的信号分子　　　　　　　　　B. 特异性受体

C. 细胞因子　　　　　　　　　　　　D. 蛋白激酶

17. 下列哪个信号与血压调控直接有关（　　　）。

A. cAMP　　　　B. NO　　　　C. CO　　　　D. IP_3

18. 1,4,5 - 三磷酸肌醇促进 Ca^{2+} 从细胞哪个部位释放进入细胞质（　　　）。

A. 线粒体　　　　　　　　　　　　　B. 内质网

C. 质膜（从胞外到胞内）　　　　　　D. Ca^{2+} - CaM 复合体细胞

19. 在 Ras 蛋白活性调节中，GEF 发挥哪种直接作用（　　　）。

A. 抑制 Ras 活性　　　　　　　　　　B. 激活 Ras 活性

C. 促进 GDP 与 Ras 结合　　　　　　D. 促进 GTP 与 Ras 结合

20. 与视觉信号转导有关的第二信使分子是下列哪种成分（　　　）。

A. 花生四烯酸　　　B. cAMP　　　C. Ca^{2+}　　　D. cGMP

（二）判断题

1. 类固醇激素、前列腺激素、视黄酸和甲状腺激素等脂溶性信号的受体在细胞内。（　　　）

2. 酶联受体是细胞表面受体中最大的多样性家族。（　　　）

3. 所有 G 蛋白偶联受体都含有 7 个疏水肽段形成的跨膜 α 螺旋区和相似的三维结构，C 端在细胞外侧，N 端在细胞胞质侧。（　　　）

4. 心肌细胞上 M 乙酰胆碱受体激活 G 蛋白引发 G_α 亚基活化并与 $G_{\beta\gamma}$ 解离，释放的 $G_{\beta\gamma}$ 亚基结合并打开钾离子通道。（　　　）

5. 所有 RTK 的 N 端位于细胞外，具有配体结合域，C 端位于胞内，具有酪氨酸激酶结构域，并具有自磷酸化位点。（　　　）

6. RTK 的主要功能是调控细胞中间代谢而不是控制细胞生长、分化。（　　　）

7. SH2 结构域选择性结合不同的富含脯氨酸的基序，SH3 选择性结合不同位点的磷酸酪氨酸残基。（　　　）

8. Ras 蛋白从失活态到活化态的转变时，GDP 的释放需要 GAP 参与；Ras 蛋白从活化态到失活态的转变则要 GEF 的促进。（　　　）

9. GRB2 和 Sos 蛋白在联系 RTK 与 Ras 蛋白的活化之间起关键作用。（　　　）

10. Raf 是酪氨酸激酶，它使靶蛋白上的酪氨酸残基磷酸化。（　　　）

11. MAPKK 是一种双重特异的蛋白激酶，它能磷酸化其唯一底物 MAPK 的苏氨酸和酪氨酸残基并使之激活。（　　　）

12. 丝氨酸/苏氨酸蛋白激酶是重要的信号转导分子，其 N 端含有一个 SH2 结构域，能紧密结合 $PI - 3,4 - P_2$ 和 $PI - 3,4,5 - P_3$ 分子的 3 位磷酸基团。（　　　）

13. PI3K 在防止细胞凋亡、促进细胞存活及影响糖代谢等方面有重要作用。（　　　）

14. TGF - β 超家族成员都是通过细胞表面酶联受体而发挥作用的。（　　　）

15. 与细胞因子受体相连的胞质酪氨酸蛋白激酶是一类新近发现的 JAK 家族，其成

员包括 Jak1、Jak2、Jak3 和 Tyk3。（　　　）

16. STAT 蛋白 N 端具有 SH2 结构域和核定位信号，中间为 DNA 结合域，C 端有一个保守的、对活化至关重要的丝氨酸/苏氨酸残基。（　　　）

17. 受体蛋白作为转导物，可把信号从一种物理形式转换成另一种物理形式。（　　　）

18. 人类眼睛视杆细胞和视锥细胞的光感应受体被称为光敏色素。（　　　）

19. TGF 信号转导通路中，Smad 通过 Ser/Thr 磷酸化，继而二聚化，入核调控基因表达。（　　　）

20. NF – κB 信号转导中，通过对复合体中抑制物去除，释放 NF – κB，转位进入核内激活靶基因的转录。（　　　）

（三）名词比对

1. SH2（Src homology domain）与 SH3

2. Gs（stimulatory G – protein）和 Gi（inhibitory G – protein）

3. PKA（protein kinase A）与 PKB（peotein kinase B）

4. GEF（GTP exchange factor）和 GAP（GTPase activating protein）

5. Ras 和 Rab

（四）分析与思考

1. 肌质网钙离子通道（RyR）释放 Ca^{2+} 是心肌细胞收缩的重要步骤，而 Ca^{2+} 从细胞质基质中快速移除是心肌细胞有效舒张必需的生理过程。这一生理变化受肌质网钙泵（sarcoplasmic reticulum Ca^{2+} ATPase，SERCA）调控。受磷蛋白（phospholamban，PLB）是对 SERCA 直接发挥调节作用的蛋白。PLB 的非磷酸化形式可以和 SERCA 结合发挥抑制作用，磷酸化后则从 SERCA 的结合位点上移开，抑制作用解除。PLB 磷酸化后，SERCA 对 Ca^{2+} 亲和性提高，加速肌质网对 Ca^{2+} 重吸收，从而调节心肌细胞钙火花的频率和强度，进而影响心肌收缩。β – 肾上腺素可使心肌收缩能力加强，是急救药品。为了研究其作用机制，研究人员设计 cAMP 对心肌细胞（经链球菌溶血素处理，以允许 cAMP 渗透）钙信号的影响，激光共聚焦检测 Ca^{2+} 火花频率（Ca^{2+} spark frequency）结果如下图[①]所示。

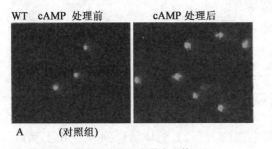
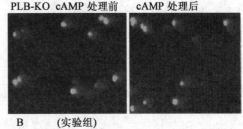

注：PLB – KO 是 *PLB* 基因的敲除突变体。

---

① Yanxia Li, Evangelia G Kranias, Gregory A Mignery, Donald M Bers. Protein Kinase A Phosphorylation of the Ryanodine Receptor Does not Affect Cacium Sparks in Mouse Ventricular Myocytes. Circulation Research, 2002；90：309 – 316.

试分析：

（1）实验中没有用直接采用肾上腺素处理，而采用 cAMP 处理，为什么？

（2）对照组中 cAMP 对细胞的 Ca^{2+} 火花频率有何影响？

（3）PLB 在 cAMP-PKA 信号通路与 Ca^{2+} 信号通路中作用？

（4）实验已证明肌质网钙离子通道 RyR 释放 Ca^{2+} 不受影响，试分析 β-肾上腺素可以急救心肌衰弱的信号转导机制。

2. 一种来源于人的细胞株可以表达血小板衍生生长因子（PDGF）和表皮生长因子（EGF）的受体。实验发现，向培养基中添加 PDGF 或 EGF，该细胞即进入 S 期并开始 DNA 的复制（处理 A）。假设你设计了一系列实验（处理 B 到处理 F），并且在处理后检测细胞中 DNA 的复制。

（1）将你的预期实验结果（Yes 或 No）写在下表的第三栏。

处理	添加	DNA 复制情况
A. 无	PDGF 或 EGF	Yes
B. 细胞内显微注射组成型活化的 Ras 蛋白	无	①
C. 显微注射生理盐水	PDGF 或 EGF	②
D. 显微注射生理盐水	无	③
E. 显微注射抗 Ras 抗体	PDGF 或 EGF	④
F. 显微注射抗 Ras 抗体	无	⑤

（2）如果使 Ras 基因发生点突变，其编码蛋白第 12 位甘氨酸（Gly）被缬氨酸（Val）替代，结果降低了该蛋白的 GTPase 活性并致使正常细胞转化为恶性细胞。请你对此作出解释。

3. 研究者设计了一系列突变的受体酪氨酸激酶基因，这些突变型比正常基因的表达量要高出许多。将这些突变型受体基因分别转染表达正常受体的细胞。请推测不同突变型受体对细胞信号转导有何影响。

（1）转染缺少受体胞外结构域的突变型基因。

（2）转染缺少受体胞内结构域的突变型基因。

4. 你正在研究单倍体真核细胞中一种称为 SF-R 的受体蛋白。下图是 SF-R 蛋白结构的示意图。

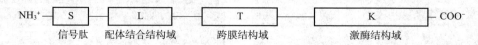

NH_3^+ — S — L — T — K — COO^-
信号肽　配体结合结构域　跨膜结构域　激酶结构域

（1）SF-R 已经被鉴定为一种受体酪氨酸激酶。当 SF 配体结合到 SF-R 上面后，信号转导级联反应被激活。通过 SF-R 进行的信号转导则导致使细胞具备正常大小所需蛋白质的表达。如果通过 SF-R 进行的信号转导被中断，细胞会变小。为了更详细地研究 SF-R 蛋白的结构域，你分离得到了 3 种 SF-R 的突变体，并在 SF 存在的条件下培养每一种突变体以测量 SF-R 的定位及细胞大小变化情况。请指出下表中所列出的各突变体所观察到的表型都对应哪种（些）SF－R 突变体（S，L，T，K，见下文描述）？

S：仅仅删除信号序列结构域　　　L：仅仅删除配体结合结构域

T：仅仅删除穿膜结构域　　　　　K：仅仅删除激酶结构域

株系	SF－R 定位	细胞大小	可能的突变体
野生型	质膜	正常	无
突变体 1	质膜	小	?
突变体 2	细胞基质	小	?
突变体 3	细胞外/分泌型	小	?

（2）你从另一个突变株系中分离得到了 DNA 并测定了其 SF－R 基因的序列，发现基因中发生了使胞内结构域中的两个酪氨酸（T）转变为丙氨酸的突变（假设这些突变没有影响 SF－R 的折叠与定位）。这种突变会给 SF－R 下游信号转导途径带来什么影响？

5. 现有胞内信号级联反应中的两种激酶 K1 和 K2。当这两种激酶中的任何一种突变失活时，细胞对胞外信号无任何应答。当 K1 发生永久激活突变时，即使无胞外信号，细胞也能产生相应的反应。据此请推测，当 K1 发生激活突变、K2 发生失活突变时，细胞在无胞外信号时有何反应？分析 K1、K2 在正常信号通路中上下游关系？

【参考答案】

（一）选择题

1. B　2. A　3. B　4. B　5. C　6. D　7. B　8. D　9. A　10. A　11. D　12. D　13. B　14. B　15. A　16. D　17. B　18. B　19. D　20. D

（二）判断题

1. ×　个别亲脂性小分子（如前列腺素），其受体在细胞质膜上。

2. ×　G 蛋白偶联受体是细胞表面受体中最大的多样性家族。

3. ×　所有 G 蛋白偶联受体都含有 7 个疏水肽段形成的跨膜 α 螺旋区和相似的三维结构，N 端在细胞外侧，C 端在细胞胞质侧。

4. √

5. √

6. ×　RTK 的主要功能是控制细胞生长、分化而不是调控细胞中间代谢。

7. ×　SH2 结构域选择性结合不同位点的磷酸酪氨酸残基，SH3 选择性结合不同的富含脯氨酸的基序。

8. ×　Ras 蛋白从失活态到活化态的转变，GDP 的释放需要 GEF 参与；Ras 蛋白从活化态到失活态的转变则要 GAP 的促进。

9. ✓

10. ×　Raf 是丝氨酸/苏氨酸激酶，它使靶蛋白上的丝氨酸/苏氨酸残基磷酸化。

11. ✓

12. ×　丝氨酸/苏氨酸蛋白激酶是重要的信号转导分子，其 N 端含有一个 PH 结构域，能紧密结合 PI – 3,4 – P_2 和 PI – 3,4,5 – P_3 分子的 3 位磷酸基团。

13. ✓

14. ✓

15. ×　与细胞因子受体相连的胞质酪氨酸蛋白激酶是一类新近发现的 JAK 家族，其成员包括 Jak1、Jak2、Jak3 和 Tyk2。

16. ×　STAT 蛋白 N 端具有 SH2 结构域和核定位信号，中间为 DNA 结合域，C 端有一个保守的、对活化至关重要的酪氨酸残基。

17. ✓

18. ×　视紫红质。

19. ✓

20. ✓

（三）名词比对

1. 均是 Src 同源区结构域。SH2 结构域识别磷酸化酪氨酸残基；SH3 结构域识别富含脯氨酸序列（PXXP）。

2. Gs 是激活型 G 蛋白，受活化后刺激腺苷酸环化酶的活性，提高细胞内 cAMP 水平；Gi 是抑制型 G 蛋白，受活化后抑制腺苷酸环化酶的活性，降低细胞内 cAMP 水平。

3. 都是丝氨酸/苏氨酸蛋白激酶。PKA 的活性受 cAMP 调控；PKB 是 v – akt 编码的同源物，又称 Akt。

4. GEF 为鸟苷酸交换因子，GAP 是 GTP 酶活化蛋白。

5. 都是单体 GTP 结合蛋白；Ras 参与 RTK 信号通路；而 Rab 参与膜泡靶向转运。

（四）分析与思考

1. （1）β – 肾上腺素通过是经典的 cAMP – PKA 信号通路。细胞已经渗透处理，cAMP 可进入细胞。

（2）升高，说明钙信号系统也受 cAMP – PKA 通路的调节。

（3）PLB – KO 组中无 Ca^{2+} 火花频率变化，说明 PLB 是 cAMP – PKA 靶分子，在二者信号通路中起桥梁作用。

（4）β – 肾上腺素与受体结合，激活 Gs，活化腺苷酸环化酶，升高 cAMP，cAMP 激活 PKA，PKA 磷酸化 PLB，解除对 SERCA 的抑制，加快肌质网重吸收 Ca^{2+} 速度，但不影响 RyR 释放 Ca^{2+}，因此可以加速钙火花频率，阻止心肌衰减，达到救命的效果。

2. （1）①Yes；②Yes；③No；④No；⑤No。

（2）Ras 蛋白是小的 GTP 结合蛋白，与 GTP 结合活化（开），与 GDP 结合失活（关），由于 Ras 突变，Ras 蛋白 GTPase 活性下降，Ras 再不失活（组成型活化），通过

MAPK级联反应不断向下游传递信号，致使转录、翻译、复制和由此而来的生长、增殖不受控制，结果细胞恶化。

3.（1）该突变酪氨酸激酶受体无活性，因为它缺少胞外配体结合域，突变受体无法活化；但对正常激酶受体的功能无影响。

（2）缺少受体胞内结构域的突变受体仍无活性，它的存在将通过正常的受体阻碍信号转导。当配体与任何一种受体结合，都将导致它们二聚体化。两个正常的受体结合在一起，通过磷酸化互相活化。但在存在过量突变受体的情况下，正常受体倾向于形成杂合二聚体，因此它们的胞内结构域无法活化。

4.（1）野生型无突变体；突变体1是L或K突变；突变体2是S突变；突变体3是T突变。

（2）信号转导终止。不能在酪氨酸位点发生磷酸化，继而影响信号传递。

5. 能产生应答。因为当K1存在永久激活突变时，不管K2是否突变，都能产生应答，说明K2在K1的上游。

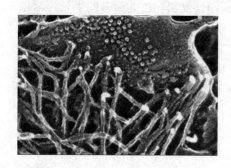

第十章

细胞骨架

【学习导航】

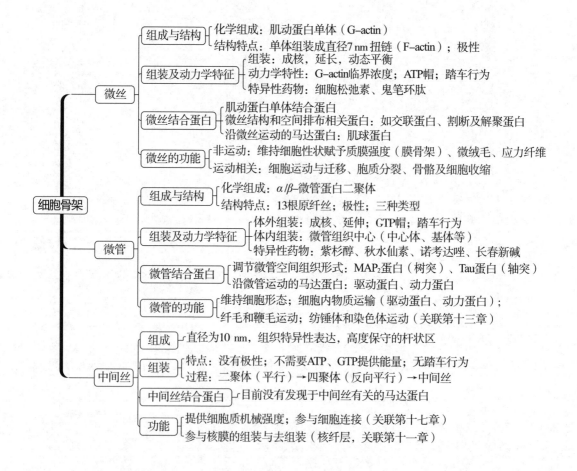

细胞骨架
├─ 微丝
│   ├─ 组成与结构
│   │   ├─ 化学组成：肌动蛋白单体（G-actin）
│   │   └─ 结构特点：单体组装成直径7 nm扭链（F-actin）；极性
│   ├─ 组装及动力学特征
│   │   ├─ 组装：成核，延长，动态平衡
│   │   ├─ 动力学特性：G-actin临界浓度；ATP帽；踏车行为
│   │   └─ 特异性药物：细胞松弛素、鬼笔环肽
│   ├─ 微丝结合蛋白
│   │   ├─ 肌动蛋白单体结合蛋白
│   │   ├─ 微丝结构和空间排布相关蛋白：如交联蛋白、割断及解聚蛋白
│   │   └─ 沿微丝运动的马达蛋白：肌球蛋白
│   └─ 微丝的功能
│   ├─ 非运动：维持细胞性状赋予质膜强度（膜骨架）、微绒毛、应力纤维
│   └─ 运动相关：细胞运动与迁移、胞质分裂、骨骼及细胞收缩
├─ 微管
│   ├─ 组成与结构
│   │   ├─ 化学组成：α/β-微管蛋白二聚体
│   │   └─ 结构特点：13根原纤丝；极性；三种类型
│   ├─ 组装及动力学特征
│   │   ├─ 体外组装：成核、延伸；GTP帽；踏车行为
│   │   ├─ 体内组装：微管组织中心（中心体、基体等）
│   │   └─ 特异性药物：紫杉醇、秋水仙素、诺考达唑、长春新碱
│   ├─ 微管结合蛋白
│   │   ├─ 调节微管空间组织形式：MAP_2蛋白（树突）、Tau蛋白（轴突）
│   │   └─ 沿微管运动的马达蛋白：驱动蛋白、动力蛋白
│   └─ 微管的功能
│   └─ 维持细胞形态；细胞内物质运输（驱动蛋白、动力蛋白）；纤毛和鞭毛运动；纺锤体和染色体运动（关联第十三章）
└─ 中间丝
    ├─ 组成 ── 直径为10 nm，组织特异性表达，高度保守的杆状区
    ├─ 组装
    │   ├─ 特点：没有极性；不需要ATP、GTP提供能量；无踏车行为
    │   └─ 过程：二聚体（平行）→四聚体（反向平行）→中间丝
    ├─ 中间丝结合蛋白 ── 目前没有发现于中间丝有关的马达蛋白
    └─ 功能
        ├─ 提供细胞质机械强度；参与细胞连接（关联第十七章）
        └─ 参与核膜的组装与去组装（核纤层，关联第十一章）

【重点提要】

细胞骨架概念；三种胞质骨架蛋白的单体成分、体内外动态装配过程与特点、纤维极性、相关结合蛋白、特异性药物；骨架蛋白的功能；3 种分子马达结构及其功能；细胞形态维持、细胞运动和细胞内膜泡运输。

【基本概念】

1. 细胞骨架（cytokeleton）：由微管、微丝和中间丝组成的纤维状网架结构。它是一种高度动态的结构体系，具有为细胞提供结构支架、维持细胞形态、负责细胞内物质和细胞器转运和细胞运动等功能。

2. 微丝（microfilament）：又称肌动蛋白丝（actin filament），或纤维状肌动蛋白（fibrous actin，F - actin），由肌动蛋白单体组装而成的直径为 7 nm 细胞骨架纤维，有极性，存在于所有真核细胞中，其空间结构与功能取决于与之相结合的微丝结合蛋白。

3. 肌动蛋白（actin）：微丝的主要结构成分，在细胞内有两种存在形式，即肌动蛋白单体（又称球状肌动蛋白，G - actin）和由单体组装而成的纤维状肌动蛋白。肌动蛋白单体由单个肽链折叠而成，呈球状，一个裂缝将肌动蛋白分成两瓣，内部有一个核苷酸（ATP 或 ADP）和一个二价阳离子（Mg^{2+} 或 Ca^{2+}）的结合位点，具有裂缝的一端为负极，而相反一端为正极。在生物进化过程中高度保守。

4. 细胞皮层（cell cortex）：是指在紧贴细胞质膜的细胞质区域，细胞内大部分微丝集中在此并由微丝结合蛋白交联成的凝胶状三维网络结构。主要功能包括限制膜蛋白的流动性、维持细胞形状和参与细胞多种运动。

5. 应力纤维（stress fiber）：真核细胞中广泛存在的一种微丝束结构，由大量平行排列的肌动蛋白丝组成，还含有肌球蛋白 II、原肌球蛋白、细丝蛋白和 α - 辅肌动蛋白等结构成分。培养的成纤维细胞含有丰富的应力纤维，通过黏着斑与细胞外基质相连，应当还可以产生张力。可能还在细胞形态发生、细胞分化和组织建成等方面发挥作用。

6. 胞质分裂环（contractile ring）：又称收缩环。指分裂末期在两个即将分裂的子细胞之间的质膜内侧形成的一个起收缩作用的环形结构。由大量平行排列，但极性相反的微丝组成，其动力来源于肌球蛋白所介导的极性相反的微丝之间的滑动。胞质分裂完成后，收缩环即消失。

7. 马达蛋白（motor protein）：主要是指在细胞内参与物质运输的 3 类蛋白，即沿微丝运动的肌球蛋白、沿微管运动的驱动蛋白（kinesin）和动力蛋白（dynein）。它们既有与微丝或微管结合的马达结构域，又有与膜性细胞器或大分子复合物特异结合的"货物"结构域，利用水解 ATP 所提供的能量有规则地沿微管或微丝等细胞骨架纤维运动。

8. 肌球蛋白（myosin）：是沿微丝运动的马达蛋白。肌球蛋白超家族成员至少可分成 18 种家族，通常含有 3 个功能结构域，即马达结构域、调控结构域与尾部结构域。

其中马达结构域位于头部，包含一个肌动蛋白亚基结合位点和一个具有ATP酶活性的ATP结合位点。主要功能包括在粗肌丝中作为一种收缩蛋白参与肌肉收缩活动；在非肌细胞中，为细胞质流动、细胞器运动、物质运输、胞质分裂等提供所需的力。

9. 微管（microtubule）：一种外径为24 nm，内径为15 nm中空管状结构的细胞骨架纤维。由α-与β-微管蛋白亚基形成的异二聚体组装而成。α-微管蛋白上有一个不可交换的GTP结合位点，β-微管蛋白上的GTP结合位点是可交换位点。有极性，组装较快的一端称为正极，另一端称为负极。参与细胞形态的发生和维持、细胞内物质运输、细胞运动和细胞分裂等过程。

10. 微管组织中心（microtubule organizing center，MTOC）：在细胞中微管起始组装的地方，如中心体、基体等部位。γ-微管蛋白对微管的起始组装有重要作用。MTOC决定了微管的极性，负极指向微管组织中心，正极背向微管组织中心。

11. 中心体（centrosome）：含有一对彼此垂直分布的桶状中心粒，外面被外周物质包围，含γ-微管蛋白。每个中心粒含有9组三联体微管，A管为完整微管，B管和C管为不完整微管。细胞间期时位于细胞核附近，有丝分裂期位于纺锤体的两极。动物细胞的间期微管通常都是从中心体开始装配。

12. 基体（basal body）：位于鞭毛和纤毛根部，在结构上与中心粒基本一致，其外围由9组三联体微管构成，A管为完全微管，B管和C管为不完全微管。中心粒和基粒是同源的，在某些时候可以相互转变，且都具有自我复制能力。

13. 驱动蛋白（kinesin）：由2条具有马达结构域的重链和2条与具有货物结合功能的轻链组成，其中马达结构域具有ATP结合位点和微管结合位点。能利用ATP水解所释放的能量驱动自身及所携带的货物分子沿微管运动。驱动蛋白的行为与其马达结构域位置有关，大部分驱动蛋白家族成员的马达结构域在肽链N端（N-驱动蛋白），它们从微管的负极向正极移动；马达结构域位于多肽链中部（M-驱动蛋白）的驱动蛋白结合在微管的正极端或负极端，使微管处于不稳定状态；马达结构域位于肽链C端（C-驱动蛋白）的驱动蛋白从微管的正极端向负极端移动。

14. 动力蛋白（dynein）：包括细胞质动力蛋白和轴丝动力蛋白。细胞质动力蛋白含多个多肽亚单位，两条具有ATP酶活性重链，两条中间链，四条中间轻链和一些轻链。重链含有ATP结合部位和微管结合部位，通过水解ATP从微管的正极端向负极端移动。轴丝动力蛋白分为内侧动力蛋白臂和外侧动力蛋白臂，构成外侧臂的动力蛋白具有2个或3个马达结构域，而内侧臂动力蛋白含有1个或2个马达结构域。

15. 微管结合蛋白（microtubule associated proteins，MAPs）：结合在微管表面的一类蛋白质。具有一个或数个带正电荷的微管结合域，与带负电荷的微管表面相互作用，具有稳定微管的作用。其余结构域突出于微管表面与相邻的微管或细胞结构相作用，对微管网络的结构和功能进行调节。根据MAP电泳时所显示相对分子质量的不同，依次命名为MAP1、MAP2、MAP3、MAP4、tau蛋白等。

16. 踏车行为（treadmilling）：在微丝、微管组装过程中，由于微管、微丝存在极性，即"+"端不断组装，"-"端不断解聚，当二者速度相等时，微丝、微管的长度不变，称为踏车行为。

17. 中间丝（intermediate filament，IF）：又称中间纤维，是存在于绝大多数动物细胞内，直径约 10 nm 的致密索状的细胞骨架纤维。组成中间丝的蛋白亚基的种类具有组织特异性，但不同种类的中间丝蛋白有非常相似的二级结构，即中部是高度保守的杆状区，两侧是高度多变的头部和尾部。中间丝为组织和细胞提供了机械稳定性。

【知识点解析】

（一）微丝与细胞运动

1. 微丝的组成及其组装

（1）结构与成分　肌动蛋白是微丝的结构成分，以单体和多聚体两种形式存在。单体肌动蛋白又叫球状肌动蛋白（G-actin），G-actin 的多聚体形成肌动蛋白丝，称为纤维状肌动蛋白（F-actin），在电镜下微丝是一条直径为 7 nm 的扭链，呈双股螺旋状。肌动蛋白单体具有极性，装配时呈头尾相接，故微丝也具有极性，即正极与负极之别。

（2）微丝的组装及动力学特征

① 微丝是由 G-actin 单体形成的多聚体，具有极性。

② 在体外，微丝的组装/去组装与溶液中所含肌动蛋白单体的状态（结合 ATP 或 ADP）、离子的种类及浓度等参数相关联。溶液中适当浓度 Ca^{2+} 时，F-actin→G-actin；含有 ATP、Mg^{2+} 以及较高浓度 Na^+、K^+ 时，G-actin→F-actin。

③ 微丝组装的几个阶段：第一阶段是成核反应，即形成至少有 2~3 个肌动蛋白单体组成的寡聚体。第二个阶段是纤维的延长。肌动蛋白单体结合 ATP 后才能组装到微丝，组装后单体具有 ATPase 活性，将 ATP 水解成 ADP。在体外，由于微丝在正极端装配延长，负极端去装配而缩短，从而表现为踏车行为。

（3）影响微丝组装的特异性药物

① 细胞松弛素（cytochalasin）：是一种真菌产物，可以切断微丝，并结合在微丝正极端阻抑肌动蛋白聚合，可破坏微丝的网络结构，并阻止细胞运动。

② 鬼笔环肽（philloidin）：是由一种毒草产生的双环杆肽，与微丝有强亲和作用，使肌动蛋白纤维稳定，防止微丝解聚，且只与 F 肌动蛋白结合。

2. 微丝网络结构的调节与细胞运动

（1）非肌细胞内微丝的结合蛋白　在大多数非肌细胞中，微丝是一种动态结构，它们持续地组装与去组装。体内肌动蛋白的组装在两个水平上受微丝结合蛋白的调节：①可溶性肌动蛋白的状态；②微丝结合蛋白的种类及其存在状态。已知的微丝结合蛋白有 100 多种。部分微丝结合蛋白使微丝保持相对稳定状态，另外一些微丝结合蛋白使微丝网络解聚来调节微丝网络的状态。

（2）细胞皮层　主要功能：限制质膜的流动性、维持细胞形状和参与细胞的多种运动。

（3）应力纤维　应力纤维与细胞贴壁和黏着斑的形成相关。

（4）细胞伪足的形成与迁移运动　细胞的迁移运动并不直接涉及肌球蛋白的活动，

而仅仅是通过肌动蛋白的聚合以及和其他细胞结构组分的相互作用来实现。细胞片状伪足和丝状伪足的形成有赖于肌动蛋白的聚合，产生细胞运动的力。

（5）微绒毛（microvillus）　微绒毛中心的微丝束起维持微绒毛形状的作用，其中不含肌球蛋白、原肌球蛋白和 α-辅肌动蛋白，因而无收缩功能。它代表了非肌肉细胞中高度有序的微丝束，呈同向平行排布，下端终止于端网结构。

（6）胞质分裂环　参与动物细胞胞质分裂。

3. 肌球蛋白：依赖于微丝的马达蛋白

肌球蛋白的共同特征是都含有一个作为马达结构域的头部。其马达结构域包含一个微丝结合位点和一个具有 ATP 酶活性的 ATP 结合位点。

（1）Ⅱ型肌球蛋白　存在于多种细胞，包含 2 条重链和 4 条轻链。头部即马达结构域，尾部主要起结构作用。E 型肌球蛋白尾尾相接所构成的双极纤维能介导相邻的微丝相互滑动。

（2）非传统类型的肌球蛋白　Ⅰ型肌球蛋白头部亦为马达结构域，在 ATP 存在时可沿微丝运动。其尾部结构域具有多样性，能与多种细胞组分结合，通过头部驱动或细胞质膜作相对于微丝的运动。Ⅴ型肌球蛋白是二聚体马达蛋白，具有两个头部，交替与微丝结合可以确保整个分子以及所运载的"货物"始终不与微丝脱离。

4. 肌细胞的收缩运动

（1）肌纤维的结构　骨骼肌（肌纤维）由肌原纤维组成，肌原纤维由肌节的收缩单元呈线性重复排列而成。肌原纤维包括粗肌丝和细肌丝，粗肌丝主要成分是肌球蛋白，细肌丝的主要成分是肌动蛋白，辅以原肌球蛋白和肌钙蛋白。

原肌球蛋白（tropomyosin）：位于肌动蛋白螺旋沟内，结合于细肌丝，调节肌动蛋白与肌球蛋白头部的结合。

肌钙蛋白（troponin, Tn）包括 3 个亚基：①Tn-C（Ca^{2+} 敏感性蛋白），能特异与 Ca^{2+} 结合；②Tn-T（与原肌球蛋白结合）；③Tn-I（抑制肌球蛋白 ATPase 活性）。

（2）肌肉收缩的滑动模型　肌肉收缩系由肌动蛋白丝与肌球蛋白丝的相对滑动所致，由神经冲动诱发的肌肉收缩基本过程包括：

① 动作电位的产生：来自脊髓运动神经元的神经冲动经轴突传至神经肌肉接点——运动终板，使肌肉细胞膜去极化，经 T 小管传至肌质网。

② Ca^{2+} 的释放：肌质网去极化后释放 Ca^{2+} 至肌浆中，有效触发收缩周期的 Ca^{2+} 阈浓度约为 10^{-6} mol/L。

③ 原肌球蛋白位移：Ca^{2+} 与 Tn-C 结合，引起构象变化，Tn-C 与 Tn-I、Tn-T 结合力增强，Tn-I 与肌动蛋白结合力削弱并脱离变成应力状态；同时，Tn-T 使原肌球蛋白移动到肌动蛋白双螺旋沟的深处，消除肌动蛋白与肌球蛋白结合的障碍。

④ 肌动蛋白丝与肌球蛋白丝的相对滑动：肌球蛋白头部是一种 ATP 酶，与肌动蛋白结合后朝着肌球蛋白细丝弯曲，释放 ADP + Pi 和能量。肌球蛋白头部又结合 ATP，与肌动蛋白分开。肌球蛋白一旦释放即恢复原来的构型，结果造成细丝与粗丝之间的滑动表现为 ATP 的水解和肌肉收缩。

⑤ Ca^{2+} 的回收：到达肌肉细胞的一系列冲动一经停止，肌质网就通过主动运输重吸收 Ca^{2+}，于是收缩周期停止。

（二）微管及其功能

1. 微管的结构组成与极性

微管由两种类型的微管蛋白亚基 α、β 异二聚体构成，平均外径 24 nm，内径 15 nm。微管蛋白在进化上具有高度的保守性。α – 微管蛋白结合的 GTP 从不发生水解或交换。β – 微管蛋白结合的 GTP 可发生水解，结合的 GDP 可交换为 GTP。

α/β – 微管蛋白二聚体纵向排列→原纤丝→13 根原纤丝合拢后构成微管管壁。每一根原纤丝的一端是 α – 微管蛋白，另一端是 β – 微管蛋白，因此微管在结构上呈极性状态。微管有 3 种结构类型：单管（细胞质微管或纺锤体微管）、二联管（纤毛和鞭毛中）和三联管（中心粒和基体中）。

2. 微管的组装和去组装

（1）微管的动态不稳定性与踏车行为　在体内，微管负极定位于中心体，而正极伸向四周，处于动态不稳定状态，即生长与解聚。微管的动态不稳定性依赖微管末端 β – 微管蛋白上有无 GTP 帽。有 GTP 帽时，微管表现为生长，否则，就解聚。在体外，微管和微丝一样具有踏车行为。细胞中由微管构成的亚细胞结构也是有极性的。

细胞内微管的组装与去组装在时间和空间上是高度有序的。间期处于平衡状态；有丝分裂前期，胞质内微管解聚，组装成纺锤体微管。纺锤体微管大都起源于中心体，纤毛和鞭毛微管起源于基体。

（2）作用于微管的特异性药物

① 秋水仙素（colchicine）：结合到未聚合的微管蛋白二聚体上，阻断微管蛋白组装成微管，可破坏纺锤体结构。

② 紫杉醇（taxol）：能促进微管的装配，并使已形成的微管稳定。它只结合到聚合的微管上，不与未聚合的微管蛋白二聚体反应。

3. 微管组织中心

微管在生理状态或实验处理解聚后重新装配的发生处称为微管组织中心。如鞭毛基体、动物细胞中的中心体。微管组织中心决定了细胞微管的极性，微管的负极指向微管组织中心，正极背向微管组织中心。

微管的体内装配需要 γ – 微管蛋白，它位于中心体周围的基质中，可以成环形结构，为 α/β – 微管蛋白二聚体提供起始组装位点，所以又叫成核位点。基体只含有一个中心粒而不是一对中心粒，中心粒和基体均具有自我复制性质。

4. 微管结合蛋白对微管网络结构的调节

微管结合蛋白（MAPs）至少包含一个结合微管的结构域和一个向外突出的结构域，与骨架纤维间的连接有关。突出部位伸到微管外与其他细胞组分（如微管束、中间丝、质膜）结合。主要功能：①促进微管组装；②增加微管稳定性；③促进微管聚集成束。

5. 微管对细胞结构的组织作用

真核细胞内部是高度区域化的体系，微管与生物大分子、细胞器在细胞内的分布，以及细胞形态的维持具有密切关系，参与细胞形态的发生和维持、细胞内物质运输、细胞运动和细胞分裂等过程。

秋水仙素处理细胞后，微管解聚，细胞变圆，内质网缩回，高尔基体解体，物质运输系统瘫痪。体外培养的神经细胞神经突起停止生长。去除秋水仙素等药物，微管重新组装，细胞形态恢复，内质网铺展，高尔基体重新形成。

6. 细胞内依赖于微管的物质运输

细胞内依赖于微管的膜泡运输是需要能量的定向运输，与分子马达有关。沿微管运输货物的分子马达主要有驱动蛋白和胞质动力蛋白，它们既能与微管结合，又能与膜泡特异性结合。

（1）驱动蛋白　驱动蛋白的马达结构域具有两个重要的功能位点：①ATP 结合位点；②微管结合位点。有关驱动蛋白沿微管运动的分子模型有两种，即步行模型和尺蠖爬行模型。大多数学者承认步行模型，认为驱动蛋白的两个球状头部交替向前，每水解一分子 ATP，落在后面的那个马达结构域将移动两步的距离，即 16 nm，并循环该过程。

（2）胞质动力蛋白及其功能　动力蛋白是马达蛋白中最大、移动速度最快的成员，包括①轴丝动力蛋白，在纤毛与鞭毛中发现，与纤毛和鞭毛的运动相关；②胞质动力蛋白，在真核细胞胞质内发现，与细胞内介导从微管正极端向负极端的膜泡运输以及有丝分裂动粒和纺锤体的共定位有关。

7. 纤毛和鞭毛的结构与功能

纤毛（cilia）和鞭毛（flagellae）是真核细胞表面的具有运动功能特化结构。

（1）纤毛和鞭毛的结构　是细胞质膜所包被的细长突起，内部由微管构成轴丝结构，由基体和纤毛轴丝两部分组成。纤毛轴轴丝为"9 + 2"排列微管，即外周 9 组二联体微管加上中央鞘包围的 2 根中央单体微管。外周二联体微管由 A、B 亚纤维组成，A 亚纤维为完全微管，而 B 亚纤维仅由 10 个亚基构成。中央微管均为完全微管。基体的微管组成为"9 + 0"，无中央微管。

（2）纤毛和鞭毛的运动机制　滑动学说被普遍认可，该学说认为纤毛运动由轴丝介导的相邻二联体间相互滑动所致。由一个二联体的 A 管伸出的动力蛋白臂的马达结构域在相邻的二联体的 B 管上"行走"。

8. 纺锤体和染色体运动

间期胞质微管网络解聚为游离的 α/β - 微管蛋白二聚体，再重装配形成纺锤体，介导染色体的运动。分裂末期纺锤体解聚重装配形成胞质微管网络。

（三）中间丝

1. 中间丝的主要类型和组成成分

中间丝几乎存在于绝大多数动物细胞，其直径 10 nm，介于粗肌丝与细肌丝之间，故名中间丝。

组成成分比微丝和微管复杂，具有组织特异性，不同类型细胞含有不同中间丝。分为 6 种主要类型，在人类基因组中至少包含 67 种不同的中间丝蛋白基因。中间丝的多样性与人体内 200 多种细胞类型相关，它为每种细胞类型提供了独特的细胞质环境，被认为是区分细胞类型的身份证。

2. 中间丝的组装与表达

与微丝、微管的组装过程不同，中间丝蛋白在合适的缓冲体系中能自我组装成

10 nm 的丝状结构，而且不消耗能量。组装过程：两条中间丝多肽链形成超螺旋二聚体；两个二聚体反向平行并以半交叠形式构成四聚体；四聚体首尾相连形成原纤维；8 根原纤维构成圆柱状的 10 nm 纤维。

与微丝和微管完全不同，中间丝不仅可以从头装配，而且新的中间丝蛋白可通过交换的方式掺入到原有的纤维中去。处于有丝分裂周期的细胞内，胞质中中间丝网格在细胞分裂前解体，分裂结束后又重新组装。在细胞分化过程中，细胞内中间丝的类型随着细胞分化的过程而发生变化。

3. 中间丝与其他细胞结构的联系

细胞质中间丝在结构上往往起源于核膜的周围，伸向细胞周缘，并于细胞质膜上的特殊结构如桥粒、半桥粒结构相连。核纤层存在于细胞核膜的内侧，并通过核纤层蛋白受体与内层核膜相连，参与核膜的组装与去组装等过程。中间丝与其他细胞结构联系增强了细胞抗机械应力的能力，并参与维持组织的整体功能。

【知识点自测】

（一）选择题

1. 能够稳定微丝（MF）的特异性药物是（　　　）。
A. 秋水仙素　　　　　B. 细胞松弛素　　　　C. 鬼笔环肽　　　　　D. 紫杉醇
2. 较稳定、分布具组织特异性的细胞质骨架成分是（　　　）。
A. MT　　　　　　　B. IF　　　　　　　　C. MF　　　　　　　　D. 以上都不是
3. 细胞骨架分子装配中没有极性的是（　　　）。
A. 微丝　　　　　　　B. 微管　　　　　　　C. 中间纤维　　　　　D. 以上全是
4. 用细胞松弛素处理细胞可以阻断下列哪种小泡的形成（　　　）。
A. 胞内体　　　　　　B. 吞噬泡　　　　　　C. 分泌小泡　　　　　D. 包被膜泡
5. 下列属于微管永久结构的是（　　　）。
A. 收缩环　　　　　　B. 纤毛　　　　　　　C. 微绒毛　　　　　　D. 伪足
6. 肌动蛋白踏车行为需要消耗能量，由下列哪项水解提供（　　　）。
A. ATP　　　　　　　B. GTP　　　　　　　C. CTP　　　　　　　D. TTP
7. 下列细胞骨架中，具有 9＋0 结构的是（　　　）。
A. 鞭毛　　　　　　　B. 中心体　　　　　　C. 中间丝　　　　　　D. 纤毛
8. 用适当浓度的秋水仙素处理分裂期细胞，可导致（　　　）。
A. 姐妹染色单体分开，细胞停滞在有丝分裂中期
B. 姐妹染色单体分开，但不向两极运动
C. 微管破坏，纺锤体消失
D. 微管和微丝都破坏，使细胞不能分裂
9. 下列蛋白分子中没有核苷酸结合位点的是（　　　）。
A. α - 微管蛋白　　B. β - 微管蛋白　　C. 肌动蛋白　　　　　D. 中间丝蛋白

10. 下列分子没有马达蛋白功能的是（　　　）。

A. 胞质动力蛋白　　B. 驱动蛋白　　　　C. 肌球蛋白　　　　D. MAP2

11. 下列药物能抑制胞质环流的是（　　　）。

A. 细胞松弛素　　　B. 紫杉醇　　　　　C. 秋水仙素　　　　D. 长春花碱

12. 下列物质中，（　　　）抑制微管的解聚。

A. 秋水仙碱　　　　B. 紫杉醇　　　　　C. 鬼笔环肽　　　　D. 细胞松弛素 B

13. 微管全是以三联管的形式存在的结构是（　　　）。

A. 纤毛　　　　　　B. 中心粒　　　　　C. 鞭毛　　　　　　D. 动粒微管

14. 在下列微管中对秋水仙素最敏感的是（　　　）。

A. 细胞质微管　　　B. 纤毛微管　　　　C. 中心粒微管　　　D. 鞭毛微管

15. 微管蛋白的异二聚体上有哪种核苷三磷酸的结合位点（　　　）。

A. UTP　　　　　　B. CTP　　　　　　C. GTP　　　　　　D. ATP

16. 下列药物中仅与已聚合微丝结合的药物是（　　　）。

A. 秋水仙碱　　　　B. 长春花碱　　　　C. 鬼笔环肽　　　　D. 紫杉醇

17. 当肌肉收缩时，会发生下面哪一种变化（　　　）。

A. I 带加宽　　　　　　　　　　　　　B. 肌动蛋白纤维发生收缩

C. 肌球蛋白纤维收缩　　　　　　　　　D. 肌节变短

18. 若在显微镜下比较收缩的肌节和松弛的肌节，下列哪些区域宽度是不变的
（　　　）。

A. A 带　　　　　　B. I 带　　　　　　C. H 带　　　　　　D. 整个肌节

19. 当用秋水仙素处理细胞以后，下面哪种说法不正确（　　　）。

A. 有丝分裂与减数分裂将不能正常进行

B. 肌动蛋白纤维装配受到抑制

C. 细胞器在胞内的位置将改变

D. 细胞形状将改变

20. 下列哪个不是微管组织中心（　　　）。

A. 中心体　　　　　　　　　　　　　　B. 基体

C. 微管蛋白二聚体　　　　　　　　　　D. 高尔基体的反面膜囊区域

21. 下列关于微丝描述错误的是（　　　）。

A. 存在于小肠上皮细胞微绒毛内　　　　B. 由微管蛋白组装而成

C. 特定情况下，能快速组装和去组装　　D. 存在于胞质分裂收缩环

22. 依赖于微丝的分子马达是（　　　）。

A. 驱动蛋白　　　　B. 马达蛋白　　　　C. 肌球蛋白　　　　D. A 和 B 都是

（二）判断题

1. 细胞中的所有微丝均为动态结构。（　　　）

2. 胞质骨架的 3 种结构都具有极性和踏车行为。（　　　）

3. 微管的极性是指其正、负两端带分别有不同的电荷。（　　　）

4. 胞质分裂时，收缩环是由微管形成的。（　　　）

5. 驱动蛋白家族中，既有介导转运膜泡向微管（＋）端运动的成员，也有介导转运膜泡向微管（－）端运动的成员。（　　）

6. 微管蛋白单体和肌动蛋白单体都有一个 GTP 结合位点。（　　）

7. 中间丝是一个杆状结构，其头尾是不可变的，中间杆部是可变的。（　　）

8. 微管蛋白由 α、β 微管蛋白两个亚基组成。在这两个亚基上各有一个 GTP 结合位点，但 α 亚基上的 GTP 不可交换，β 亚基上的 GTP 是可以交换的。（　　）

9. 动物皮肤和鳞片中含有色素细胞，它改变皮肤颜色的原理是：细胞内的色素颗粒沿微管在细胞内转运，由于色素颗粒分布不同导致颜色的变化。（　　）

10. 应力纤维由大量平行的微丝组成，主要在胞质分裂方面起作用。（　　）

11. 细胞伪足的形成依赖于肌动蛋白的聚合，并由此产生推动细胞运动的力。（　　）

12. 真核细胞与原核细胞都具有鞭毛这一特化结构，真核细胞的鞭毛结构复杂，而原核细胞的鞭毛相对简单。（　　）

13. 秋水仙素可同微丝的（＋）端结合，并阻止新的单体加入。（　　）

14. 微管的负极指向 MTOC，正极背向 MTOC。（　　）

15. 抗有丝分裂的药物秋水仙碱与微管蛋白单体结合后，可以阻止二聚体的形成。（　　）

16. 纤毛的运动是微管收缩的结果。（　　）

17. 细胞松弛素 B 是从真菌中分离的一种生物碱，它可以与微丝的末端结合，并阻止新的单体聚合。（　　）

18. 微管在体外组装时，受离子的影响很大，所以要尽量除去 Mg^{2+} 和 Ca^{2+}。（　　）

19. 紫杉醇只结合到聚合的微管上，不与未聚合的微管蛋白二聚体反应。接触紫杉醇后细胞内会积累大量微管，可使细胞分裂停止于有丝分裂期。（　　）

20. 与微丝及微管一样，细胞质中间丝存在于所有的真核细胞。（　　）

21. 微丝末端肌动蛋白亚基 ATP 水解和微管末端 β-微管蛋白上 GTP 水解导致自由能和聚合物构象变化，更容易发生解聚。（　　）

22. 在有丝分裂过程中，核膜的解体主要涉及核纤层蛋白的去磷酸化，核膜重建涉及核纤层蛋白的磷酸化。（　　）

23. 向微管正极端行走的马达蛋白将货物往细胞内部运输。（　　）

（三）名词比对

1. 中心体（centrosome）与基体（basal body）

2. 微管组织中心（microtubule organizing center）与核仁组织区（nucleolar organizing region）

3. 肌球蛋白（myosin）与驱动蛋白（kinesin）

4. 微管蛋白（microtubule）与微管结合蛋白（microtubule associated protein，MAP）

5. 应力纤维（stress fiber）与中间丝（intermediate filament）

（四）分析与思考

1. 用细胞松弛素 B 处理培养的动物细胞，能观察到什么现象？如何解释？

2. 单细胞绿藻的运动缺陷型或突变株，其鞭毛精细结构中可能因缺失哪些部分导致运动缺陷或异常？原因何在？

3. 微管装配过程中的动态不稳定性造成微管快速伸长或缩短。请设想一条正处于缩短状态的微管：

（1）如果要停止缩短并进入伸长状态，其末端必须发生什么变化？

（2）发生这一转换后微管蛋白的浓度有什么变化？

（3）如果溶液中只有 GDP 而没有 GTP，将会发生什么情况？

（4）如果溶液中存在不能被水解的 GTP 类似物，将会发生什么情况？发生这些变化的理论依据是什么？

4. 小鼠驱动蛋白 *KIF 1B* 基因缺陷的纯合子在出生时就会死亡。这种基因缺陷的杂合子小鼠虽然能够存活下来，但却表现出进行性肌无力。人类的 2A 型 Charcot-Marie-Tooth 疾病患者也有一个 *KIF 1B* 基因拷贝缺失。存活下来的基因缺陷小鼠和人类的疾病患者具有相似的进行性神经性疾病。请你推测驱动蛋白一个基因拷贝的缺失为什么能对神经系统功能产生如此重大的影响？

5. 在细胞骨架蛋白研究过程中，（1）分别有哪些脊椎动物组织适于分离微管蛋白、肌动蛋白和角蛋白？（2）你推测哪种蛋白溶解度低较难分离？（3）在分离微管蛋白和肌动蛋白的过程中，分别容易混入细胞内的哪些蛋白？

6. 基因组序列分析表明，某些植物细胞缺乏胞质动力蛋白（如拟南芥），然而在另一些植物细胞中又是存在的（如水稻）。

（1）可以设计哪些实验来证实这一分析？（2）你推测没有胞质动力蛋白的植物细胞如何实现向微管负极的膜泡运输？

【参考答案】

（一）选择题

1. C 2. B 3. C 4. B 5. B 6. A 7. B 8. C 9. D 10. D 11. A 12. B 13. B 14. A 15. C 16. C 17. D 18. A 19. B 20. C 21. B 22. C

（二）判断题

1. ×　大多数非肌细胞中，微丝是一种动态结构。

2. ×　中间丝没有。

3. ×　微管蛋白二聚体在两端聚合速度不同，组装较快的一端称为正极，而另一端称为负极。

4. ×　胞质收缩环有肌动蛋白/肌球蛋白 Ⅱ 组装而成。

5. √

6. ×　肌动蛋白单体有一个 ATP 结合位点。

7. ×　细胞质中间丝蛋白分子中部杆状区氨基酸残基组成高度保守，两侧头部和尾部高度多变。

8. √

9. √

10. ×　应力纤维通过黏着斑与细胞外基质相连。

11. √

12. √

13. ×　秋水仙素与微管蛋白亚基结合，具有抑制微管组装的作用。

14. √

15. ×　结合秋水仙素的微管蛋白亚基组装到微管末端后，阻止其他微管蛋白亚基的组装，但并不影响微管的去组装，从而导致细胞内微管网络的解体。

16. ×　纤毛运动本质是由轴丝动力蛋白所介导的相邻二联体微管之间的相互滑动。

17. √

18. ×　要尽量除去 Ca^{2+}。

19. √

20. ×　中间丝并不是所有真核细胞必需的结构组分。

21. √

22. ×　解体涉及核纤层蛋白磷酸化，重建涉及去磷酸化。

23. ×　负极端。

（三）名词比对

1. 二者都是动物细胞中的微管组织中心，同源，在某些时候可以相互转变，且都具有自我复制能力。中心体细胞间期位于细胞核附近，有丝分裂期位于纺锤体的两极。含有一对彼此垂直分布的中心粒，外面被中心粒外周物质所包围。基体位于鞭毛和纤毛根部，在结构上与中心粒基本一致。

2. 微管组织中心是细胞中微管起始组装的地方，如中心体、基体等部位。MTOC 决定了微管的极性，负极指向微管组织中心，正极背向微管组织中心。核仁组织区位于染色体的次缢痕部位，是 rRNA 基因所在部位（5 S rRNA 基因除外），与间期细胞核仁形成有关。

3. 肌球蛋白是沿微丝运动的马达蛋白。通常含有 3 个功能结构域：马达结构域、调控结构域与尾部结构域，其中马达结构域位于头部，包含一个肌动蛋白亚基结合位点和一个具有 ATP 酶活性的 ATP 结合位点。驱动蛋白是沿微管运动的马达蛋白。由 2 条具有马达结构域的重链和 2 条与具有"货物"结合功能的轻链组成，其中马达结构域具有 ATP 结合位点和微管结合位点。

4. 微管蛋白都是由 α/β – 微管蛋白两亚基结合而成的异二聚体。是微管组装的基本结构单位。微管结合蛋白是结合在微管表面的一类蛋白质，具有稳定微管，对微管网络的结构和功能进行调节的作用。

5. 应力纤维由肌动蛋白丝组成，还含有肌球蛋白 II、原肌球蛋白、细丝蛋白和 α-辅肌动蛋白等结构成分。中间丝是直径约 10 nm 的致密索状的细胞骨架纤维。

（四）分析与思考

1. 出现双核细胞，抑制微丝聚合，不能形成正常收缩环，细胞质分裂受阻或不能分裂。

2.（1）缺失轴丝中的中央鞘或中央微管，缺失放射辐，缺失动力蛋白臂，缺失外周微管。

（2）原因是中央微管与外周微管或外周微管间的相互滑动受阻。

3.（1）由于失去了 GTP 帽，即末端的微管蛋白亚基都以结合 GDP 的形式存在，微管因而缩短。溶液中带有 GTP 的微管蛋白亚基仍会添加到末端，但是寿命很短，因为 GTP 可能被水解，或者围绕着的微管解体使其脱落下来。但是如果足够的带有 GTP 的亚基以足够快的速度添加上去并覆盖了微管末端带有 GDP 的微管蛋白亚基，这时可产生一个新的 GTP 帽，微管就可重新开始生长。

（2）当微管蛋白浓度较高时，GTP 亚基的添加速率会比较高，因而缩短微管转变为增长微管的频率也会随微管蛋白浓度的升高而增加。这种调节机制使该系统达到自主平衡：较多微管的缩短可造成高浓度的游离微管蛋白，转为增长的微管也就增多；反之，增长的微管多了，游离微管蛋白浓度下降从而 GTP 亚基的添加速率也下降，在某些部位 GTP 水解的速率会超过添加速率，造成 GTP 帽破坏，微管开始进入缩短状态。

（3）如果只有 GDP 存在，微管会持续短缩，并最终消失，因为结合有 GDP 的微管蛋白二聚体之间的亲和力十分低，不能被稳定地添加到微管上。

（4）如果有 GTP 类似物存在但不能被水解，那么微管将持续增长，直到所有游离的微管蛋白亚基被装配完为止。

4. KIF 1B 除了运输突触小泡前体以外，很可能还运输一些和神经元生存和神经传递有关的物质，如离子通道蛋白，神经生长因子，或神经生长因子受体等[①]。

5.（1）大脑、肌肉、皮肤。（2）角蛋白。（3）微管结合蛋白、原肌球蛋白、肌钙蛋白或其他肌动蛋白结合蛋白。

6.（1）设计阴性和阳性对照，分别检测细胞内是否有胞质动力蛋白 mRNA 转录或蛋白表达。

（2）可能由向负端运动的驱动蛋白来实现相关膜泡的运输。

---

① Zhao C，J Takita，et al.（2001）．"Charcot-Marie-Tooth disease type 2A caused by mutation in a microtubule motor KIF1Bbeta."Cell 105（5）：587－597.

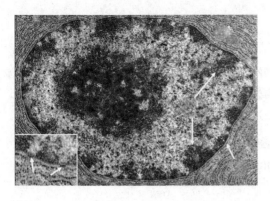

第十一章

细胞核与染色质

【学习导航】

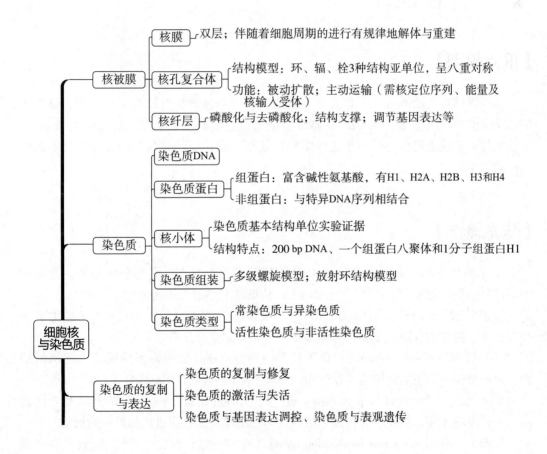

細胞核与染色质

- 核被膜
  - 核膜 — 双层；伴随着细胞周期的进行有规律地解体与重建
  - 核孔复合体
    - 结构模型：环、辐、栓3种结构亚单位，呈八重对称
    - 功能：被动扩散；主动运输（需核定位序列、能量及核输入受体）
  - 核纤层 — 磷酸化与去磷酸化；结构支撑；调节基因表达等
- 染色质
  - 染色质DNA
  - 染色质蛋白
    - 组蛋白：富含碱性氨基酸，有H1、H2A、H2B、H3和H4
    - 非组蛋白：与特异DNA序列相结合
  - 核小体
    - 染色质基本结构单位实验证据
    - 结构特点：200 bp DNA、一个组蛋白八聚体和1分子组蛋白H1
  - 染色质组装 — 多级螺旋模型；放射环结构模型
  - 染色质类型
    - 常染色质与异染色质
    - 活性染色质与非活性染色质
- 染色质的复制与表达
  - 染色质的复制与修复
  - 染色质的激活与失活
  - 染色质与基因表达调控、染色质与表观遗传

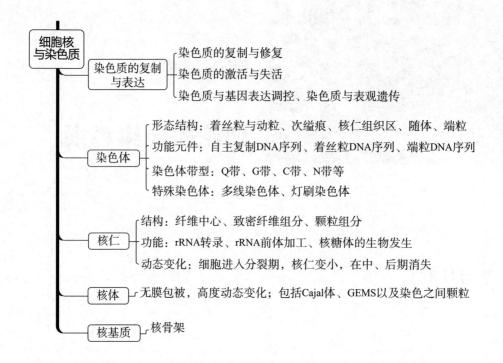

【重点提要】

核被膜结构与动态变化；核孔复合体物质转运功能；核纤层结构与功能；染色质DNA 及蛋白质类型；核小体的结构特征；染色质组装模型、类型；染色体形态结构、功能元件；多线染色体与灯刷染色体结构特征与功能；核仁结构、动态变化及核糖体的生物发生。

【基本概念】

1. 细胞核（nucleus）：真核细胞中由双层膜包被，含有染色质的细胞器，是遗传物质储存、基因组复制、RNA 合成和加工、核糖体大小亚组装的场所。

2. 核被膜（nuclear envelope）：由内外核膜构成，在双层核膜相互融合的地方有核孔复合体，将细胞分隔成细胞核与细胞质两个相对独立而又有联系的空间。

3. 核纤层（nuclear lamina）：位于核膜内侧，由核纤层蛋白组成的纤维状网络结构，对核被膜、染色质起结构支撑作用，并调节基因表达、DNA 修复等。

4. 核孔复合体（nuclear pore complex，NPC）：镶嵌在内外核膜上的篮状复合体结构，主要由胞质环、核质环、核篮等结构亚单位组成，是物质进出细胞核的通道。

5. 核定位信号（nuclear localization signal，NLS）：富含碱性氨基酸，存在于亲核蛋白中的一段或几段氨基酸序列，能指导蛋白完成核输入。

6. 染色质（chromatin）：在间期细胞中由 DNA、组蛋白、非组蛋白及少量 RNA 形成的线性复合物结构，是间期细胞遗传物质存在的形式。

7. 常染色质（euchromatin）：间期核中处于分散状态，压缩程度相对较低，着色较浅的染色质。

8. 异染色质（heterochromatin）：在细胞间期保持高度凝聚状态，染色较深，不具有转录活性的染色质。

9. 兼性异染色质（facultative heterochromatin）：在某些细胞或一定发育阶段，原来的常染色质凝缩并丧失基因转录活性的染色质。

10. 结构异染色质（constitutive heterochromatin）：在各种类型细胞的整个细胞周期中均保持凝聚状态的染色质，主要由高度重复序列 DNA 构成。

11. 组蛋白（histone）：参与 DNA 组装成染色质，富含精氨酸和赖氨酸的碱性蛋白，是染色质的基本结构蛋白，包括 H1、H2A、H2B、H3 以及 H4 共 5 种蛋白。

12. 核小体（nucleosome）：由 DNA 和组蛋白形成的染色质基本结构单位。每个核小体由 147 bp 的 DNA 缠绕组蛋白八聚体 1.75 圈形成。核小体核心颗粒之间通过 60 bp 左右的连接 DNA 相连。

13. X 染色体失活（X chromosome inactivation）：雌性哺乳动物体细胞中一条 X 染色体变成异染色质而关闭其基因表达活性，这一过程依赖于 Xist RNA 的调控。

14. 染色体（chromosome）：细胞分裂中期由 DNA 及其结合蛋白组成的高度压缩的棒状结构，由染色质包装形成。染色体的形成有助于子细胞获得等量的遗传物质。

15. 着丝粒（centromere）：将姐妹染色单体连接在一起形成有丝分裂染色体的主缢痕部位，是动粒形成及微管与动粒结合的区域。

16. 动粒（kinetochore）：位于着丝粒外表面、由蛋白质形成的结构，是纺锤体微管的附着位点。

17. 端粒（telomere）：位于染色体末端高度保守的重复序列，对染色体结构稳定、末端复制等有重要作用。端粒常在每条染色体末端形成一顶"帽子"结构。

18. 端粒酶（telomerase）：含有 RNA 的反转录酶，能以自身 RNA 为模板，对 DNA 端粒序列进行延长而解决线性染色体末端复制问题。

19. 多线染色体（polytene chromosome）：来源于核内有丝分裂，染色体 DNA 经多次复制而不分开、呈规则并排的巨大染色体。昆虫中的巨大染色体形态特征最为典型。

20. 灯刷染色体（lampbrush chromosome）：停留于动物卵母细胞第一次减数分裂双线期，为卵子发生过程中营养物储备而 RNA 转录活跃，形态类似灯刷的特殊巨大染色体。

21. 核仁（nucleolus）：细胞核内 rRNA 转录及加工产生核糖体亚基的结构，包括纤维中心、致密纤维组分和颗粒组分。

22. 核仁组织者区（nucleolar organizing region，NOR）：位于中期染色体次缢痕部位，由 rRNA 基因组成，参与间期核仁形成的区域。

【知识点解析】

（一）核被膜

1. 核膜结构与动态变化

核被膜位于细胞核的最外层，是细胞核与细胞质之间的界膜，是核、质之间的天然选择性屏障。核被膜主要有 3 种结构组分：双层核膜、核孔复合体与核纤层。

核被膜由内、外两层平行的单位膜构成，即内核膜和外核膜。内、外核膜之间的空隙称为核周间隙。内、外核膜特点：外核膜表面常附有核糖体颗粒，且常常与糙面内质网相连续，使核周间隙与内质网腔彼此相通；而内核膜表面光滑，无核糖体颗粒附着，但紧贴其内表面是核纤层。

核膜伴随着细胞周期的进行有规律地解体与重建。^{3}H－胆碱标记实验证明旧核膜参与了新核膜的构建。

2. 核孔复合体

核孔复合体是一个双功能、双向性的亲水性核质交换通道，既能执行被动扩散，又能执行主动运输，既介导蛋白质的入核转运，又介导 RNA、核糖核蛋白颗粒（RNP）的出核转运。

（1）通过核孔复合体的被动扩散　核孔复合体形成被动扩散的亲水通道，允许离子、小分子以及直径在 10 nm 以下的物质自由通过。但有些小分子蛋白因为带有核定位信号序列，因此，这些蛋白往往以主动运输的方式进入细胞核。

（2）核孔复合体的主动运输　亲核蛋白的核输入、RNA 分子及核糖核蛋白颗粒（RNP）的核输出是以主动运输方式完成，需要存在于蛋白自身的核定位信号序列，在转运过程中需要消耗 ATP 能量。不管是核输入还是核输出，这种对转运底物选择性的运输方式保证了核质间物质分配的不均等。

通过对核质蛋白核输入的研究发现，亲核蛋白一般都含有特殊的氨基酸序列——核定位序列（NLS）。第一个被确定序列的 NLS 来自猴肾病毒（SV40）的 T 抗原。NLS富含碱性氨基酸残基，有些可以是蛋白自身一段连续的序列，也有些分成两段存在于亲核蛋白的氨基酸序列中。与 ER 信号序列不同的是，NLS 在指导亲核蛋白完成核输入后并不被切除。这可能与细胞周期中细胞核重建时可重复利用亲核蛋白有关。

亲核蛋白的核输入除了需要 NLS 和能量外，还需要核输入受体。整个转运过程有以下几个步骤：亲核蛋白通过 NLS 识别 importin α，与 importin α/improtin β 异二聚体结合形成转运复合物。在 importin β 的介导下，转运复合物与核孔复合体的胞质纤维结合。转运复合物通过改变构象的核孔复合体从胞质被转移到核内，然后在核内与 Ran－GTP 结合，并导致复合物解离，亲核蛋白释放。受体的亚基与结合的 Ran 返回胞质，在胞质内 Ran－GTP 水解形成 Ran－GDP 并与 importin β 解离，Ran－GDP 返回核内再转换成 Ran－GTP 状态。

对于 RNA 及核糖体亚基的核输出机制了解较少。由于 RNA 的出核转运实际上是RNA－蛋白质复合体的转运，人们相信与 RNA 结合的蛋白因子本身含有出核信号。

3. 核纤层

核纤层位于内核膜下，呈纤维状网络结构，是一类特殊的中间丝蛋白，起结构支撑、调节基因表达等作用。

（二）染色质

染色质是间期细胞遗传物质存在的形式。其中组蛋白与 DNA 含量之比（质量比）约 1:1，非组蛋白与 DNA 之比是 0.6:1，RNA/DNA 比为 0.1:1。在真核细胞的细胞周期中，遗传物质大部分时间以染色质的形式存在。

1. 染色质 DNA

真核生物基因组 DNA 的含量比原核生物高，而且基因组更加复杂。在人类基因组中，蛋白编码序列仅 1%～1.5%，编码 rRNA、tRNA、snRNA 和组蛋白的串联重复序列约 0.3%。

2. 染色质蛋白

与 DNA 结合的蛋白包括组蛋白与非组蛋白两类。前者与 DNA 结合，没有序列特异性，而后者与特定 DNA 序列或组蛋白相结合。

（1）组蛋白　是构成真核生物染色体的基本结构蛋白，富含正电荷 Arg 和 Lys 等碱性氨基酸。在功能上分为两类：核小体组蛋白，包括 H2A、H2B、H3 和 H4，与 DNA 分子结合构成核小体的核心颗粒，帮助 DNA 卷曲形成核小体的稳定结构，在进化上十分保守，H3 和 H4 是所有已知蛋白质中最保守的蛋白；H1 组蛋白，在进化上不如核小体组蛋白那么保守，有的生物如芽殖酵母缺少 H1。

（2）非组蛋白　主要是指与特异 DNA 序列相结合的蛋白质，所以又称序列特异性 DNA 结合蛋白。其与 DNA 进行结合的特性可通过凝胶延滞实验检测。相比于组蛋白，非组蛋白占染色质蛋白的 60%～70%，不仅类型和功能多，如 DNA 聚合酶和 RNA 聚合酶等，而且识别特异的 DNA 序列。

3. 核小体

核小体是染色质组装的基本结构单位。

（1）主要实验证据

① 用温和方法裂解细胞核后发现未经处理的染色质自然结构为 30 nm 纤丝，经盐溶液处理后解聚的染色质呈现一系列核小体彼此连接的串珠状结构，串珠的直径为 11 nm。

② 非特异性微球菌核酸酶消化染色质，结合蔗糖梯度离心及琼脂糖凝胶电泳分析，发现 DNA 被降解成大约 200 bp 或其倍数的片段。如果用同样方法处理裸露的 DNA，则产生随机大小的片段群体。

③ X 线衍射、中子散射和电镜三维重建技术研究染色质结晶颗粒发现核小体颗粒是直径为 11 nm、高 6 nm 的扁圆柱体。

④ SV40 微小染色体分析发现其形成的核小体的数量与预期基本一致，证明每个单位核小体 DNA 长约 200 bp。

（2）核小体结构　每个核小体单位包括 200 bp 左右的 DNA 和一个组蛋白八聚体以及一分子的组蛋白 H1。组蛋白八聚体构成核小体的盘状核心颗粒，包括两个 H2A·

H2B 和两个 H3·H4。长 146 bp 的 DNA 分子盘绕组蛋白八聚体 1.75 圈。组蛋白 H1 在核心颗粒外结合额外 20 bp DNA，锁住核小体 DNA 的进出端，有助于核小体稳定。两个相邻核小体之间以连接 DNA 相连，典型长度为 60 bp。核小体沿 DNA 的定位受非组蛋白、DNA 自身 AT 和 GC 的分布情况等影响。

4. 染色质组装

人的染色质 DNA 组装成染色体，要压缩近万倍。染色质组装的前期过程，即从裸露 DNA 组装成直径 30 nm 的螺线管已被绝大多数学者认可。而染色质如何进一步组装成更高级结构染色体的过程尚不清楚。目前有关染色质包装模型有两种。

（1）多级螺旋模型 首先是染色质组装的一级结构，即 DNA 与组蛋白组装成核小体，在组蛋白 H1 的介导下核小体彼此连接形成直径约 11 nm 的核小体串珠结构；然后形成染色质的二级结构，即 11 nm 的核小体串珠结构螺旋盘绕，每圈 6 个核小体，形成 30 nm 的螺线管；螺线管再进一步螺旋化形成直径为 0.4 μm 的圆筒状超螺线管三级结构；最后再螺旋形成长 2～10 μm 的染色单体四级结构。DNA 长度共压缩了 8 400 倍左右。

（2）放射环结构模型 其一级结构、二级结构组装与多级螺旋模型一致。不同的是，30 nm 的染色线折叠成袢环，结合在染色体骨架蛋白上，沿染色体纵轴、由中央向四周伸出构成放射环；此结构再进一步包装形成染色体。

两种模型相比，前者强调螺旋化，后者强调环化与折叠，都有一定的实验证据支撑。

5. 染色质类型

间期染色质按其形态特征、活性状态和染色性能区分为两种类型：常染色质和异染色质。

（1）常染色质与异染色质 具有转录活性的染色质往往是常染色质。而异染色质又分结构异染色质或组成型异染色质和兼性异染色质。结构异染色质常位于着丝粒、端粒等部位，由相对简单、高度重复的 DNA 序列构成，不转录也不编码蛋白，在复制行为上与常染色质相比表现为晚复制、早聚缩等特征。兼性异染色质由常染色质聚缩而成，可能是关闭基因活性的一种途径，如哺乳动物 X 染色体失活。

（2）常染色质与异染色质间的转变 异染色质和常染色质之间可随着发育时期或细胞周期的变化而相互转化。这种转变常常伴随着一些组蛋白与 DNA 修饰。

（3）活性染色质与非活性染色质 按功能状态的不同可将染色质分为活性染色质（active chromatin）和非活性染色质（inactive chromatin）。活性染色质具有转录活性，而非活性染色质没有转录活性。活性染色质对 DNase Ⅰ 敏感。因此，用 DNase Ⅰ 消化时，可将活性染色质降解成酸溶性的 DNA 小片段。若用很低浓度的 DNase Ⅰ 处理活性染色质，切割将首先发生在少数特异性位点上，这些特异性位点叫做 DNase Ⅰ 超敏感位点。超敏感位点实际上是一段长 100～200 bp 的 DNA 序列特异暴露的染色质区域。该位点可能在于超敏感序列首先与其他蛋白质结合而阻止核小体的组装，从而呈暴露状态，更有利于 DNase Ⅰ 的降解。

生化分析发现，活性染色质很少与组蛋白 H1 结合，而且其余 4 种组蛋白乙酰化程度高，H2B 磷酸化程度低，H2A 变异少，H3 的变种 H3.3 只在活跃转录的染色质中出现，HMG14 和 HMG17 只存在于活性染色质中。

一些组蛋白的修饰直接影响染色质的活性。这些修饰包括甲基化、乙酰化和磷酸化。乙酰化一般是活性染色质的标志。

（三）染色体

染色体是细胞在有丝分裂或减数分裂时遗传物质存在的特定形式，是间期细胞染色质紧密组装的结果。

1. 染色体的形态结构

根据着丝粒在染色体上所处的位置，可将中期染色体分为 4 种类型：中着丝粒、亚中着丝粒、亚端着丝粒以及端着丝粒染色体。

（1）着丝粒与动粒　着丝粒也叫主缢痕，是一种高度有序的整合结构，包括 3 种不同的结构域：即着丝粒外表面的动粒结构域（kinetochore domain），由串联重复的卫星 DNA 组成的中央结构域以及位于着丝粒内表面的配对结构域。配对结构域代表中期姐妹染色单体相互作用的位点。这 3 种结构域虽然具有不同的功能，但并不能独自发挥作用，只有共同作用，才能确保细胞在有丝分裂过程中染色体与纺锤体的结合，保证染色体的有序分离。

（2）次缢痕（secondary constriction）　除主缢痕外，染色体上的浅染缢缩部位称次缢痕，也可以作为鉴定染色体的标记。

（3）核仁组织区（NOR）　位于染色体的次缢痕部位。染色体 NOR 是 rRNA 基因所在部位（5 S rRNA 基因除外），与间期细胞核仁形成有关。

（4）随体（satellite）　位于染色体末端的球形染色体节段，通过次缢痕区与染色体主体部分相连，是识别染色体的重要形态特征之一。

（5）端粒　是线性染色体两个末端特化结构，常由富含鸟嘌呤核苷酸（G）的短的串联重复序列 DNA 组成。端粒序列高度保守，哺乳动物端粒序列是 TTAGGG。端粒的生物学作用是维持染色体的完整性和独立性。

2. 染色体的功能元件

为了确保细胞世代中染色体的复制和稳定传递，一条染色体至少含有 3 种功能元件：至少一个 DNA 复制起点，确保染色体在细胞周期中能够自我复制，维持染色体的连续性；一个着丝粒，使已复制的染色体能准确分配到子细胞中；染色体的两个末端必须有端粒，以保持染色体的独立性和稳定性。

（1）自主复制 DNA 序列　绝大多数真核细胞染色体含有多个复制起点，以确保染色体快速复制。通过遗传分析发现自主复制 DNA 序列（autonomously replicating DNA sequence，ARS）都有一段 11 ~ 14 bp 的同源性很高的富含 AT 的共有序列。自主复制 DNA 序列与染色体复制起点共定位。

（2）着丝粒 DNA 序列（centromere DNA sequence，CEN）　有两个彼此相邻的核心区，一个是 80 ~ 90 bp 的 AT 区，另一个是 11 bp 的保守区。着丝粒保证细胞分裂时染色体分配到子细胞中。

（3）端粒 DNA 序列（telomere DNA sequence，TEL）　如果将含有自主复制序列 ARS 和着丝粒 CEN 序列的环状重组质粒 DNA 线性化，形成一个具有两个游离端的线性 DNA 分子，尽管可以在酵母细胞中复制并附着在有丝分裂纺锤体上，但最终将从子细胞中丢失，细胞也无法生长。其原因就是质粒人工线性化后缺少端粒序列，无法解决

"末端复制问题"，即新合成的 DNA 链 5′末端因 RNA 引物被切除后变短的问题。

真核细胞解决线性染色体"末端复制问题"依赖端粒和端粒酶。端粒酶是一种反转录酶，以自身 RNA 为模板，合成端粒重复序列并添加到染色体的 3′端，从而避免线性染色体因复制而变短的问题。人的生殖系细胞和部分干细胞里有端粒酶活性，而体细胞则无。端粒重复序列的长度与细胞分裂次数和细胞的衰老有关。不幸的是，肿瘤细胞具有表达端粒酶活性的能力。

3. 染色体带型

核型（karyotype）是指染色体组在有丝分裂中期的表型，是染色体数目、大小、形态特征的总和。核型分析有 3 项技术起了关键作用：一是低渗处理技术，使中期细胞的染色体分散良好，便于观察；二是秋水仙素处理细胞，便于富集中期细胞分裂相；三是植物凝集素（PHA）刺激血淋巴细胞转化、分裂，使以血培养方法观察动物及人的染色体成为可能。核型分析对于探讨人类遗传病的机制、物种亲缘关系、远缘杂种的鉴定等都有重要意义。

普通核型分析在染色体大小、着丝粒位置特别是染色体畸变等情况下往往不准确，需要借助染色体显带技术对染色体进行显带。染色体显带最重要的应用就是能明确鉴别一个核型中的任何一条染色体，乃至某一个易位片段。目前对于不少物种染色体都有标准的带型。

4. 特殊染色体

（1）多线染色体 这是一种体积很大的染色体，发现于双翅目摇蚊幼虫的唾腺细胞。多线染色体来源于核内有丝分裂（endomitosis），即 DNA 多次复制而细胞不分裂，产生的子染色体并行排列，且体细胞内同源染色体配对，形成体积很大的多线染色体，细胞处于间期。在果蝇唾腺细胞中，染色体可连续进行 10 次 DNA 复制，因而形成 $2^{10} = 1\ 024$ 条同源 DNA 拷贝。

（2）灯刷染色体 灯刷染色体几乎普遍存在于动物卵母细胞中，在两栖类卵母细胞中最为典型。灯刷染色体形态与卵子发生过程中营养物储备密切相关。灯刷染色体侧环是 RNA 活跃转录的区域，转录的 RNA 副本 3′端借助 RNA 聚合酶固定在侧环染色质轴丝上，游离的 5′端捕获大量蛋白质形成核糖核蛋白复合。灯刷染色体合成的 RNA 主要为前体 mRNA，部分翻译成蛋白质，而部分与蛋白质结合不翻译而储存在卵母细胞中。

（四）核仁与核体

核仁是真核细胞间期核中最显著的结构，负责 rRNA 合成、加工和核糖体亚单位的组装。核仁数量、大小和形状随生物的种类、细胞类型和细胞代谢状态不同而有变化。蛋白质合成越旺盛的细胞，核仁越大。

1. 核仁的结构

（1）纤维中心（fibrillar center，FC） 是包埋在颗粒组分内部一个或几个浅染的低电子密度的圆形结构，是 rDNA 所在部位。目前认为纤维中心代表染色体 NOR 在间期核的副本。

（2）致密纤维组分（dense fibrillar component，DFC） 是核仁超微结构中电子密度最高的部分，呈环形或半月形包围 FC，用 ^{3}H 标记 RNA 合成前体物，发现 DFC 区域主要是 rRNA。

（3）颗粒组分（granular component，GC）　颗粒组分是核仁的主要结构，由 RNP 构成，可被蛋白酶和 RNase 消化。这些颗粒是正在加工、成熟的核糖体亚单位前体颗粒。

2. 核仁的功能

核仁的主要功能是核糖体的生物发生。这是一个向量过程，从核仁纤维组分开始，再向颗粒组分延续，包括 rRNA 的合成、加工和核糖体亚单位的组装。

（1）rRNA 的转录　真核生物核糖体有 5.8 S rRNA、18 S rRNA、28 S rRNA 以及 5 S rRNA，前 3 种 rRNA 的基因形成一个转录单位，5 S rRNA 基因与其他三种 rRNA 基因不在同一条染色体上，它是由核仁以外的染色体基因编码、RNA 聚合酶 Ⅲ 转录的，然后运输到核仁内参与核糖体装配。电镜观察发现，rRNA 基因在染色质轴丝上呈串联重复排列，沿转录方向，新生的 rRNA 链逐渐延长，形成"圣诞树"样结构。转录产物的纤维游离端（5′端）首先形成 RNP 颗粒。串联重复排列的 rRNA 基因被组织在很小的核仁区域，由 RNA 聚合酶 Ⅰ 连续转录成 rRNA 前体，大大提高了转录效率。

（2）rRNA 前体的加工　不同生物由 RNA 聚合酶 Ⅰ 转录生成的 rRNA 前体大小不一样，哺乳类为 45 S rRNA，酵母为 37 S rRNA。前体 rRNA 经过加工后，生成 18 S，28 S 和 5.8 S rRNA。

3. 核仁的动态周期变化

核仁是一种高度动态的结构，其形态和功能随着细胞周期的进行发生很大的变化。当细胞进入分裂期，核仁变小，在中、后期消失，rRNA 合成相应停止；有丝分裂末期，rRNA 开始合成，核仁开始重建。

【知识点自测】

（一）选择题

1. 以下哪种染色体其基因不表达（　　　）。

A. 灯刷染色体　　　　B. 中期染色体　　　　C. 多线染色体　　　　D. 都不是

2. 维持细胞核正常形状与大小的结构是（　　　）。

A. 核被膜　　　　　　B. 核孔复合体　　　　C. 核纤层　　　　　　D. 核小体

3. 染色质的化学组成是（　　　）。

A. DNA、RNA、组蛋白及非组蛋白　　　　B. DNA、组蛋白及非组蛋白

C. DNA、RNA 及组蛋白　　　　　　　　　D. DNA 及组蛋白

4. 核仁的大小随细胞代谢状态而变化，以下 4 种细胞中，核仁最大的是（　　　）。

A. 肌细胞　　　　　　B. 肝细胞　　　　　　C. 浆细胞　　　　　　D. 上皮细胞

5. 关于果蝇多线染色体的描述，错误的是（　　　）。

A. 多线染色体源于核内有丝分裂　　　　B. 多线化的细胞处于有丝分裂中期

C. 其同源染色体配对　　　　　　　　　D. 多线染色体带和间带都含有基因

6. DNase Ⅰ 超敏感位点的存在是下列哪种物质的显著特征（　　　）。

A. 异染色质　　　　　B. 游离 DNA　　　　　C. 组蛋白　　　　　　D. 活性染色质

7. 利用染色体的功能元件可构建人造染色体。如果要确保酵母人工染色体（YAC）在酵母细胞世代中的稳定性，下列哪种序列并非必需（　　　）。

A. 自主复制 DNA 序列　　　　　　　　B. NOR 序列

C. 着丝粒 DNA 序列　　　　　　　　　D. 端粒 DNA 序列

8. 关于端粒酶的叙述，最恰当的是（　　　）。

A. 端粒酶能通过无模板合成的方式完成 DNA 链 5′ 末端的延伸

B. 端粒酶能完成 DNA 链 3′ 末端的延伸

C. 端粒酶以自身 RNA 为模板，完成模板链 5′ 末端的延伸

D. 端粒酶以自身 RNA 为模板，完成子链 5′ 末端的延伸

9. 在核仁组分中，rRNA 基因活跃转录的位点是（　　　）。

A. FC　　　　　　B. DFC　　　　　　C. GC　　　　　　D. 核仁周边染色质

10. 真核细胞中单独转录的 rRNA 是（　　　）。

A. 28 S rRNA　　　　　　　　　　　　B. 18 S rRNA

C. 5.8 S rRNA　　　　　　　　　　　　D. 5 S rRNA

11. 能够进出核孔复合体的物质是（　　　）。

A. 蛋白质　　　　　　B. DNA　　　　　　C. 糖　　　　　　D. 脂

12. 哺乳动物着丝粒 DNA 是（　　　）。

A. 兼性异染色质　　　B. 结构异染色质　　　C. 常染色质　　　D. 折叠压缩程度低

13. 以下哪一项不是端粒的功能（　　　）。

A. 保护染色体免遭核酸酶降解　　　　　B. 保护染色体的独立性

C. 帮助染色体末端复制　　　　　　　　D. 起始 DNA 复制

14. 有关组蛋白的描述，错误的是（　　　）。

A. 进化上保守　　　　　　　　　　　　B. 每一个组蛋白由一个拷贝基因编码

C. 富含碱性氨基酸　　　　　　　　　　D. 能与 DNA 产生静电作用力

15. 用非特异性微球菌核酸酶处理染色质，产生的 DNA 长度为（　　　）。

A. 随机长度　　　　　B. 200 bp　　　　　C. 60 bp　　　　　D. 146 bp

16. 核小体沿 DNA 的定位受多种因素影响，以下哪种情况不影响核小体沿 DNA 的定位（　　　）。

A. 非组蛋白的结合　　　　　　　　　　B. DNA 的弯曲性

C. AT 或 CG 的分布情况　　　　　　　　D. 组蛋白 H1

17. 哺乳动物 X 染色体失活直接依赖于下列哪种分子的作用（　　　）。

A. rRNA　　　　　　B. Xist RNA　　　　　C. microRNA　　　　D. tRNA

18. 当细胞进入有丝分裂时，核仁将发生什么变化（　　　）。

A. 变大　　　　　　　　　　　　　　　B. 变小但不会消失

C. 变小直至消失　　　　　　　　　　　D. 不发生变化

19. 有关蛋白质合成旺盛细胞的描述，错误的是（　　　）。

A. 其组蛋白需求越多　　　　　　　　　B. 其核仁越大

C. 其核糖体越多　　　　　　　　　　　D. 其常染色质越多

20. 能刺激淋巴细胞转化分裂的是（　　　）。

A. 低渗 　　　　　　　　　　　 B. 秋水仙素

C. 植物凝集素 PHA 　　　　　　 D. 胎牛血清

（二）判断题

1. 生物大分子通过核孔复合体具有高度的选择性，而且是双向的。（　　　）

2. 同内质网信号序列一样，亲核蛋白完成核输入后其核定位信号序列也要被切除。（　　　）

3. 核纤层蛋白是一类中间丝蛋白，位于细胞核内，它通过核孔复合体与细胞质基质中的中间丝产生结构与功能上的联系。（　　　）

4. 真核细胞内遗传物质 DNA 常以染色质的形式存在，染色质仅仅由 DNA 和组蛋白组成。（　　　）

5. 组蛋白八聚体是构成真核生物染色质的基本结构单位。（　　　）

6. 真核细胞染色质常以 30 nm 的纤维存在于细胞核中。（　　　）

7. 每 200 bp 左右的 DNA 上就有一个核小体，核小体沿 DNA 的定位不受非组蛋白等的影响。（　　　）

8. 常染色质是指间期细胞中折叠程度低，并且具有转录活性的染色质。（　　　）

9. 常染色质可以通过异染色质化关闭其基因表达活性。（　　　）

10. 核仁组织区域常位于染色体的次缢痕部位，是 5 S、5.8 S、18 S 以及 28 S rRNA 基因所在部位。（　　　）

11. 如果细胞内端粒酶功能正常，那么线性染色体复制后，新生链将会与模板链一样长，甚至更长。（　　　）

12. 一条染色体只有一个 DNA 复制起点。（　　　）

13. 每个物种有丝分裂染色体标准带型都非常稳定而且具有特征性，因此可以用来分析物种间的亲缘关系。（　　　）

14. 多线染色体常见于双翅目昆虫的幼虫组织细胞内，其形成于细胞有丝分裂过程中 DNA 多次复制而细胞质并不分裂。（　　　）

15. 灯刷染色体与有丝分裂中期染色体一样，基因没有表达活性。（　　　）

16. 核仁是一个动态结构，其大小、形态甚至数目会随着细胞代谢状态不同而发生变化。（　　　）

17. 核糖体大小亚基的发生、成熟与装配部位起始于核仁，完成于细胞核。（　　　）

18. 角质化的上皮细胞核仁结构不明显。（　　　）

19. 当用 DNase Ⅰ 消化时，发现不管活性染色质还是非活性染色质 DNA 都同样对 DNase Ⅰ敏感。（　　　）

20. 端粒酶是一种反转录酶，催化真核细胞染色体端粒序列的合成。（　　　）

21. 尽管染色质包装形成染色体有不同的解释模型，但同一物种染色体带型比较稳定的现象说明染色体包装高度有序。（　　　）

（三）名词比对

1. 染色质（chromatin）与染色体（chromosome）
2. 组蛋白（histone）与非组蛋白（non-histone）
3. 灯刷染色体（lampbrush chromosome）与多线染色体（polytene chromosome）
4. 常染色质（euchromatin）与异染色质（heterochromatin）
5. 着丝粒（centromere）与动粒（kinetochore）

（四）分析与思考

1. 在细胞周期中，核被膜将伴随着细胞周期有规律地解体与重建。关于子细胞的核被膜是来自于旧核膜碎片还是来自于其他膜结构，一直有两种不同的意见。研究发现，将变形虫培养在含有^{3}H－胆碱的培养基中标记其核被膜，然后将带有放射性标记的核取出移植到正常的去核变形虫中，追踪观察一个细胞周期，结果子代细胞形成后，原有的放射性标记全部平均分配到子细胞的核被膜中。

（1）为什么^{3}H－胆碱可以标记核被膜？

（2）根据上述结果，你认为核被膜是来自于旧核膜碎片还是来自于其他膜结构？

（3）假设子代细胞的核被膜全来自旧核膜，那么随着细胞分裂次数的增多，子代细胞核被膜面积将越来越小、细胞核将变小，而事实并非如此，请解释。

（4）实验还发现，在 M 期，放射性标记颗粒分散于细胞质之中，如下图所示。根据此结果，你对细胞进入分裂期核被膜的变化能得出什么结论？

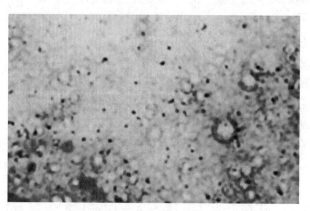

注：处于前中期的变形虫细胞放射自显影[1]。

2. 核质蛋白（nucleoplasmin）具有头尾两个不同的结构域。通过研究核质蛋白的入核转运，人们发现了指导其进入细胞核的信号序列。如图所示，将完整核质蛋白显微注射到细胞质基质中，免疫荧光观察发现该蛋白很快进入细胞核，而将其头部和尾部分别显微注射到细胞质基质中，只有尾部能够进入细胞核。

---

[1] Maruta H & Goldstein L. The fate and origin of the nuclear envelope during and after mitosis in *Amoeba Proteus*. The Journal of Cell Biology, 1975, 65: 631－645.

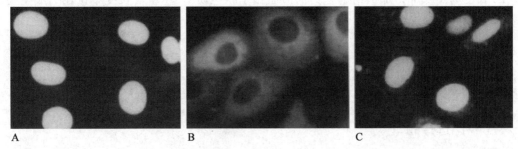

注：显微注射到细胞质基质中于37 ℃、1 h后核质蛋白及其头尾部的亚细胞定位免疫荧光照片①。A为显微注射完整核质蛋白到细胞质基质中；B为显微注射核质蛋白头部到细胞质基质中；C为显微注射核质蛋白尾部到细胞质基质中。

（1）根据上图结果，推测核质蛋白核定位信号序列位于头部还是尾部？

（2）如何简单证明亲核蛋白进入细胞核是一个主动转运过程？

（3）如果将编码核质蛋白尾部与编码内质网信号序列的DNA融合在一起，然后转染到细胞中表达，那么该融合蛋白是进入细胞核还是进入内质网？

（4）如果要观察核质蛋白通过什么部位进入细胞核，用什么样实验手段可以达到此目的②？

3. 如果一条真核细胞的染色体（长度大约150 Mb）出现以下情况，请推测其后果。

（1）该染色体只有一个复制起点。假设DNA复制速度为150 bp/s，且该细胞S期只有12 h。

（2）该染色体只有一个末端具有端粒序列。

（3）该染色体没有着丝粒。

4. 通过体细胞克隆技术，1996年人类首次成功克隆哺乳动物"多莉"羊。"多莉"羊很快成为全球最著名的"羊星"。"多莉"羊来自一头成年羊的乳腺上皮细胞，通过核移植的方式将乳腺上皮细胞与去核的卵细胞融合后在体内发育而成。但2003年2月，年仅6岁的"多莉"羊因出现老年性疾病而被安乐死。人们对此议论纷纷，有人认为"多莉"羊出现早衰乃因其来自于体细胞克隆。

（1）请从端粒和端粒酶的角度探讨这一观点是否有道理？

（2）为什么动物克隆常借助卵细胞的细胞质才能实现，试分析其可能原因？

5. 为了研究海胆精子是否有核小体结构，科学家用微球菌核酸酶短暂消化染色质，然后去除染色质蛋白并将其DNA凝胶电泳分析，发现消化得到的DNA片段长度为240 bp的整倍数。

（1）消化后海胆精子DNA长度为240 bp的整倍数，这一结果与200 bp整倍数的主流研究结果不一致。请问，海胆精子的遗传物质是否以核小体形式存在？

（2）如果用微球菌核酸酶较长时间消化染色质，去除染色质蛋白后电泳，得到的

① Dingwall C，Robbins J，Dilworth S M，et al. The nucleoplasmin nuclear localization sequence is larger and more complex than that of SV – 40 large T antigen. The Journal of Cell Biology，1988，107：841 – 849.

② Panté N and Aebi U. Science，1996，273：1 729 – 1 732.

DNA 长度为 146 bp，那么请解释为何海胆精子染色质 DNA 重复长度单位比一般生物要长。

【参考答案】

（一）选择题

1. B 2. C 3. A 4. C 5. B 6. D 7. B 8. B 9. B 10. D 11. A 12. B 13. D 14. B 15. B 16. D 17. B 18. C 19. A 20. C

（二）判断题

1. ✓
2. × 核定位信号序列不被切除。
3. × 无联系。
4. × 还有 RNA 及非组蛋白组成。
5. × 核小体是构成真核生物染色质的基本结构单位。
6. ✓
7. × 受非组蛋白等的影响。
8. × 常染色质不一定具有转录活性。
9. ✓
10. × 5 S rRNA 基因不在 NOR 部位。
11. × 新生链还是比模板链短。
12. × 一条染色体至少有一个 DNA 复制起点。
13. ✓
14. × 多线染色体形成于核内有丝分裂。
15. × 灯刷染色体上很多基因有表达活性。
16. ✓
17. × 完成于细胞质基质。
18. ✓
19. × 活性染色质对 DNase Ⅰ 敏感，而非活性染色质不敏感。
20. ✓
21. ✓

（三）名词比对

1. 染色质是间期细胞遗传物质存在的形式，而染色体是指细胞在有丝分裂或减数分裂期，遗传物质染色质聚缩而成的结构。二者主要区别在于空间包装程度不同。

2. 非组蛋白与组蛋白不同，能与特异 DNA 序列结合，种类和功能多，参与基因表达调控等。

3. 二者都是巨大染色体，多线染色体来源于核内有丝分裂，主要存在于双翅目昆虫的唾腺细胞中；灯刷染色体是停留于动物卵母细胞第一次减数分裂双线期的染色体，与卵子发生过程中营养物储备有关。

4. 具有转录活性的染色质往往是常染色质，而异染色质不具有转录活性，常染色质异染色质化可以关闭基因表达活性。

5. 动粒是着丝粒的一部分，位于着丝粒表面，是纺锤体微管的附着部位；着丝粒是姐妹染色单体连接的部位。

（四）分析与思考

1. （1）因为^{3}H–胆碱被内质网利用合成磷脂酰胆碱，而内质网与外核膜连续，因此可以标记核被膜。

（2）实验提供的信息表明新核膜来自于旧核膜碎片。

（3）子代细胞核被膜面积不变小，原因在于内质网能合成新的膜脂，增大膜面积。

（4）说明细胞进入分裂期后核被膜崩解成小泡并分散于细胞质之中。

2. （1）核质蛋白核定位信号序列位于尾部。

（2）将环境温度变成4 ℃，运输过程被抑制。

（3）该融合蛋白进入内质网，因为内质网信号序列先发挥作用。

（4）免疫胶体金电子显微镜技术。

3. （1）染色体中只有一个复制起点，复制此染色体需要10^6 s，远远超过12 h。

（2）染色体只有一个末端具有端粒序列，随着复制次数的增多，另一末端会越来越短，甚至引起细胞死亡。

（3）若染色体没有着丝粒，遗传物质复制后不能准确分配到子细胞。

4. （1）因为成年羊个体的体细胞端粒变短，核移植后发育成的"多莉"羊在此基础上继续变短，因此衰老快。如果此观点成立，那么人们认为"多莉"羊出现早衰乃因其来自于体细胞克隆还是有一定道理。

（2）卵细胞的细胞质储存有早期胚胎发育所需的营养物，以及决定细胞命运的特殊信号物质等。

5. （1）有核小体存在。

（2）连接 DNA（linker DNA）长的缘故。

第十二章

核糖体

【学习导航】

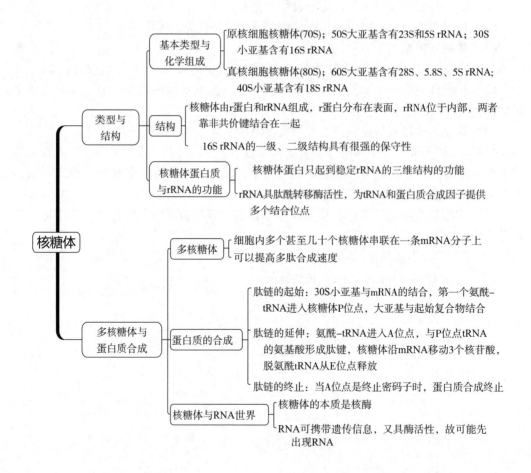

核糖体

├─ 类型与结构
│ ├─ 基本类型与化学组成
│ │ ├─ 原核细胞核糖体(70S)；50S大亚基含有23S和5S rRNA；30S小亚基含有16S rRNA
│ │ └─ 真核细胞核糖体(80S)；60S大亚基含有28S、5.8S、5S rRNA；40S小亚基含有18S rRNA
│ ├─ 结构
│ │ ├─ 核糖体由r蛋白和rRNA组成，r蛋白分布在表面，rRNA位于内部，两者靠非共价键结合在一起
│ │ └─ 16S rRNA的一级、二级结构具有很强的保守性
│ └─ 核糖体蛋白质与rRNA的功能
│   ├─ 核糖体蛋白只起到稳定rRNA的三维结构的功能
│   └─ rRNA具肽酰转移酶活性，为tRNA和蛋白质合成因子提供多个结合位点
└─ 多核糖体与蛋白质合成
   ├─ 多核糖体
   │ └─ 细胞内多个甚至几十个核糖体串联在一条mRNA分子上可以提高多肽合成速度
   ├─ 蛋白质的合成
   │ ├─ 肽链的起始：30S小亚基与mRNA的结合，第一个氨酰-tRNA进入核糖体P位点，大亚基与起始复合物结合
   │ ├─ 肽链的延伸：氨酰-tRNA进入A位点，与P位点tRNA的氨基酸形成肽键，核糖体沿mRNA移动3个核苷酸，脱氨酰tRNA从E位点释放
   │ └─ 肽链的终止：当A位点是终止密码子时，蛋白质合成终止
   └─ 核糖体与RNA世界
      ├─ 核糖体的本质是核酶
      └─ RNA可携带遗传信息，又具酶活性，故可能先出现RNA

【重点提要】

原核与真核细胞核糖体的结构组分、功能及其异同点；核糖体上与蛋白质合成有关的结合位点与催化位点；多核糖体与蛋白质翻译；RNA 催化功能及其与生命起源关系。

【基本概念】

1. **核糖体**（ribosome）：由核糖体 RNA 和蛋白质组成的大分子复合物，具有一个大亚基和一个小亚基，是细胞内合成蛋白质的细胞器。其功能是按照 mRNA 的信息将氨基酸高效精确地合成多肽链。

2. **核糖体蛋白质**（ribosomal protein）：构成核糖体的蛋白组分的统称，简称 r 蛋白。大多数核糖体蛋白由一个球形结构域和伸展的尾部组成，球形结构域分布在核糖体表面，伸展的多肽链尾部填充于 rRNA 之间的缝隙。r 蛋白不参与合成多肽链的催化反应，只起到稳定 rRNA 三级结构和蛋白质合成时调节核糖体构象的作用。

3. **SD 序列**（Shine – Dalgarno sequence）：原核生物 mRNA 位于起始密码子上游 5 ~ 10 bp 处的一段特殊序列，能够与核糖体小亚基 16 S rRNA 的 3′端序列互补结合，从而起始蛋白质的合成。

4. **核酶**（ribozyme）：一类具有多种催化活性的 RNA 分子，可催化 RNA 和 DNA 水解、连接以及 mRNA 的拼接。1982 年 Cech 等以四膜虫为材料发现 RNA 具有催化 RNA 自我剪接的功能，因此将具有催化功能的 RNA 定义为核酶。

5. **多核糖体**（polyribosome）：核糖体在细胞内不是单独地执行功能，而是由多个甚至几十个核糖体串联在一条 mRNA 分子上进行肽链的合成，这种核糖体与 mRNA 的聚合体称为多核糖体。

6. **RNA 世界假说**（RNA world hypothesis）：在生命起源之初，最早出现的生物大分子是 RNA，它既可以像 DNA 一样传递遗传信息，也可以像蛋白质一样进行催化反应，DNA 和蛋白质是进化的产物。

【知识点解析】

（一）核糖体的类型与结构

1. **核糖体的基本类型与化学组成**　原核细胞核糖体的沉降系数为 70 S，真核细胞的沉降系数为 80 S。真核细胞线粒体与叶绿体中也有核糖体，其沉降系数近似于 70 S。原核细胞与真核细胞核糖体成分比较见下表：

类型	大小	亚基	亚基蛋白数	亚基 RNA 大小
原核细胞核糖体	70 S	50 S 大亚基	34（L 蛋白）	23 S、5 S
		30 S 小亚基	21（S 蛋白）	16 S
真核细胞核糖体	80 S	60 S 大亚基	~49	25~28 S、5.8 S、5 S
		40 S 小亚基	~33	18 S

2. 核糖体的结构

（1）X 线衍射分析核糖体的三维结构　①每个核糖体含有 1 个供 mRNA 结合的位点，3 个横跨核糖体大小亚基的供 tRNA 分子结合的位点，分别称为 A 位点、P 位点和 E 位点；②在核糖体大小亚基结合面无核糖体蛋白的分布；③催化肽键形成的活性位点由 RNA 组成；④大多数核糖体蛋白有一个球形结构域和伸展的尾部，球形结构域分布于核糖体表面，尾部则伸入核糖体内折叠的 rRNA 分子中。核糖体蛋白并不参与合成多肽链的反应，只起到稳定 rRNA 和帮助 RNA 催化蛋白合成时自身构象的改变。

（2）16 S rRNA 的结构　①16 S rRNA 的一级结构在进化上非常保守；②16 S rRNA 的二级结构——茎环结构具有更高的保守性；③rRNA 三级结构的稳定涉及多种作用力，如 rRNA 螺旋间的相互作用以及腺嘌呤插入螺旋小沟的作用力。

（3）核糖体上与蛋白质合成有关的结合位点与催化位点

与 mRNA 结合的位点：原核生物中，16 S rRNA 的 3′端与 mRNA 起始密码子上游的 SD 序列结合；真核生物中，核糖体小亚基准确识别 mRNA 5′端的甲基化帽子结构。

A 位点：与新掺入的氨酰 – tRNA 结合的位点——氨酰基位点。

P 位点：与延伸中的肽酰 – tRNA 结合的位点——肽酰基位点。

E 位点：脱氨酰 tRNA 的离开 A 位点到完全释放的一个位点。

与肽酰 tRNA 从 A 位点转移到 P 位点有关的转移酶（即延伸因子 EF – G）的结合位点。肽酰转移酶的催化位点。

与蛋白质合成有关的其他起始因子、延伸因子和终止因子的结合位点。

3. rRNA 与 r 蛋白功能

（1）rRNA 的功能　rRNA 是核糖体中起主要作用的结构成分，其主要功能有：①具有肽酰转移酶的活性；②为 tRNA 提供结合位点（A 位点、P 位点和 E 位点）；③为多种蛋白质合成因子提供结合位点；④在蛋白质合成起始时参与同 mRNA 选择性地结合以及在肽链的延伸中与 mRNA 结合；⑤核糖体大小亚基的结合、校正阅读、无意义链或框架漂移的校正以及抗生素的作用。

（2）r 蛋白的功能推测　①对 rRNA 折叠成有功能的三维结构是十分重要的；②在蛋白质合成中，核糖体的空间构象发生一系列的变化，某些 r 蛋白可能对核糖体的构象起"微调"作用。

（二）多核糖体与蛋白质的合成

1. 多核糖体合成蛋白的意义

真核细胞中，蛋白质的合成以多核糖体的形式进行，可大大提高多肽合成速度。

合成速度的提高倍数与结合在 mRNA 上核糖体的数目成正比。细胞中 mRNA 的种类与浓度在细胞周期的不同阶段不断发生变化，以多核糖体的形式进行多肽合成，这对 mRNA 的利用及对其数量的调控更为经济和有效。

原核细胞中，多核糖体结合到 mRNA 上合成多肽链，是与 DNA 转录为 mRNA 同时进行的。

2. 蛋白质的合成

以原核细胞为例，蛋白质合成包括肽链的起始、肽链的延伸和肽链的终止 3 个主要阶段。

（1）肽链的起始

① 30 S 小亚基与 mRNA 的结合：核糖体 30 S 小亚基的 16 S rRNA 3′端与 mRNA 起始密码子 AUG 上游的 SD 序列结合，从而保证 30 S 小亚基与起始密码子的特异结合。30 S 小亚基与 mRNA 的结合还需要 IF1、IF2 和 IF3 三种起始因子：IF1 与 30 S 亚基 A 位点结合，协助 30 S 亚基与 mRNA 的结合，并防止氨酰 – tRNA 错误进入核糖体的 A 位点；IF2 是一种 GTP 结合蛋白，协助第一个氨酰 – tRNA 进入核糖体；IF3 能防止核糖体 50 S 大亚基提前与小亚基结合，并有助于第一个氨酰 – tRNA 进入核糖体。

② 第一个氨酰 – tRNA 进入核糖体：mRNA 与小亚基结合后，携带有甲酰甲硫氨酸的起始 tRNA（tRNAi^{Met}）识别 mRNA 上的 AUG 进入核糖体 P 位点。

③ 完整起始复合物的装配：核糖体大亚基与起始复合物结合，形成完整 70 S 核糖体——mRNA 起始复合物，同时伴随起始因子释放。

（2）肽链的延伸

① 氨酰 – tRNA 进入核糖体 A 位点的选择：起始 tRNAi^{Met} 占据 P 位点，核糖体接受反密码子能与 A 位点的 mRNA 密码子匹配的氨酰 – tRNA 进入 A 位点，此过程还需要氨酰 – tRNA 与有 GTP 的延伸因子 EF – Tu 结合形成复合物。

② 肽键的形成：A 位点氨酰 – tRNA 氨基酸的氨基与 P 位点 tRNA 上氨基酸的羧基形成肽键，由位于大亚基 23 S rRNA 上的肽酰转移酶催化。

③ 转位：核糖体沿着 mRNA 分子的 5′→3′方向移动 3 个核苷酸，携带二肽的 tRNA 从 A 位点移位到 P 位点，而没有携带任何氨基酸的 tRNA 从 P 位点移位到 E 位点。

④ 脱氨酰 – tRNA 的释放：脱氨酰 – tRNA 离开核糖体 E 位点，新的氨酰 – tRNA 进入 A 位点，开始新的肽链延伸循环。

（3）肽链的终止　如果 A 位点 mRNA 是 UAA、UGA 或 UAG 终止密码子，由于没有与之匹配的反密码子，氨酰 – tRNA 不能结合到核糖体上，释放因子促使肽酰转移酶催化水分子添加到肽酰 – tRNA 上，使得多肽链末端的羧基游离出来，肽链延伸终止形成完整的蛋白链。释放因子 RF1 可识别 UAA 或 UAG，RF2 识别 UAA 或 UGA。新生肽链通过大亚基上肽通道进入细胞质基质。

（三）核糖体与 RNA 世界

1. 核酶

（1）核酶的发现　Cech 等发现四膜虫的 26 S 前体 rRNA 加工去除内含子时是由 rRNA 自身催化的，这说明 RNA 分子具有催化活性，因此被命名为核酶，Cech 因为首次发现核酶而获得1989年诺贝尔化学奖。

（2）核糖体本质是核酶　一是核糖体由含量大约2/3的RNA和1/3的蛋白质组成，rRNA负责核糖体整体结构的确定、tRNA在mRNA上的定位；二是肽酰转移酶中心仅由23 S rRNA组成；三是核糖体的3个结合位点，即A位点、P位点和E位点也主要是由核糖体RNA组成。

2. RNA世界与生命起源

（1）RNA世界假说　最早出现的生物大分子很可能是RNA，它兼具了DNA与蛋白质的功能，不但可以像DNA一样储存遗传信息，而且还像蛋白质一样进行催化反应，DNA和蛋白质则是进化的产物。

（2）蛋白质合成的进化　①原始蛋白质的合成不需要mRNA，直接通过RNA分子催化完成，在进化过程中具有催化功能的RNA逐渐与蛋白质一起形成核糖体；②特异性不高的肽酰转移酶在进化过程中逐渐获得了将氨酰-tRNA精确定位到模板RNA分子上的功能，最终出现了现有的核糖体；③蛋白质由于自身的多样性，更能有效地催化多种生化反应，从而接管了RNA分子的绝大多数催化与结构功能，成为结构和功能复杂的细胞进化的基础。

（3）RNA与生命起源　生命的最早形式可能是由膜包裹的一套具有自我复制能力的分子体系和简单的物质与能量供应体系组成，其遗传物质的载体是RNA（原始RNA）而不是DNA，构成核酸的基本成分是核糖。在进化过程中，由RNA催化产生了蛋白质，核糖还原产生了脱氧核糖，从而形成更稳定的DNA，于是DNA代替了RNA的遗传信息功能，蛋白质取代了RNA分子的绝大多数催化功能，从而演化成今天遗传信息流的模式——中心法则。

【知识点自测】

（一）选择题

1. 在细菌翻译起始阶段中，下列哪种成分最先与30 S核糖体亚单位分离（　　　）。
A. IF1　　　　　　B. IF2　　　　　　C. IF3　　　　　　D. GTP

2. 绝大多数真核细胞80 S核糖体和原核细胞70 S核糖体大小亚基的沉降系数分别是（　　　）。

A. 60 S、40 S和50 S、30 S　　　　　　B. 60 S、40 S和40 S、30 S

C. 50 S、40 S和50 S、30 S　　　　　　D. 80 S、70 S和60 S、50 S

3. 下列有关核糖体的研究结论正确的是（　　　）。

A. 真核细胞核糖体大亚基的rRNA都是由5 S、5.8 S、28 S组成的

B. 在体外实验中，随着溶液中Mg^{2+}浓度升高，核糖体易解聚为大小亚基

C. 在体外实验中，随着溶液中Mg^{2+}浓度降低，核糖体易形成二聚体

D. rRNA中的某些核苷酸残基被甲基化修饰，甲基化常发生在rRNA序列较为保守的区域

4. 核糖体的大亚基和小亚基组装成为完整的核糖体结构是在哪里完成的（　　　）。

A. 核仁   B. 核质   C. 细胞质基质   D. 高尔基体

5. 美国科学家 V. Ramakrishnan、T. A. Steitz 以及以色列科学家 Yonath 因为对核糖体三维结构和功能研究做出了突出贡献而获得 2009 年诺贝尔化学奖,那么他们是通过何种技术得到核糖体的三维图谱的( )。

     A. 电子显微镜技术   B. X 线衍射分析

     C. 激光扫描共焦显微镜技术   D. 分子杂交技术

6. 下列关于核糖体 rRNA 和 r 蛋白的在进化上的特点,哪种说法是正确的( )。

     A. 不同物种 rRNA 的一级结构非常保守,但空间构象有差异

     B. 16 S rRNA 二级结构在进化上具有更高的保守性,都是由多个茎环所组成的结构

     C. 不同物种同一种类 r 蛋白进化较快

     D. 在整个进化过程中,rRNA 的结构不如 r 蛋白的保守性高

7. 在肽链合成过程中,核糖体中哪个部位不能结合 tRNA( )。

     A. A 位点   B. P 位点

     C. E 位点   D. 肽酰转移酶的催化位点

8. 原核细胞蛋白质合成起始时模板 mRNA 首先结合于核糖体上的位点是( )。

     A. 30 S 小亚基 rRNA   B. 30 S 小亚基 r 蛋白

     C. 50 S 大亚基 rRNA   D. 50 S 大亚基 r 蛋白

9. 真核细胞中蛋白质合成的第一步是( )。

     A. 核糖体小亚基单位识别并结合 mRNA 5′端的起始密码 AUG

     B. 核糖体大亚基单位识别并结合 mRNA 5′端的 cap 识别并结合在一起

     C. 核糖体小亚基单位识别并结合 mRNA 5′端的起始密码 AUG 上游的核糖体结合序列

     D. 核糖体小亚基单位识别并结合 mRNA 5′端的 cap 识别并结合在一起

10. 原核细胞蛋白质合成的初始阶段,当 mRNA 与小亚基结合后,携带甲酰甲硫氨酸的起始 tRNA(tRNAi^{Met})进入核糖体的部位是( )。

     A. A 位点   B. P 位点   C. E 位点   D. SD 序列

11. 药用氯霉素可以阻断蛋白翻译的哪个阶段( )。

     A. 翻译起始复合物装配   B. 翻译终止释放因子

     C. 多肽链的延伸   D. 多肽链的起始

12. 原核细胞新生肽链的 N - 末端氨基酸是哪种氨基酸( )。

     A. 甲硫氨酸   B. 乙酰甲硫氨酸   C. 甲酰甲硫氨酸   D. 甲基甲硫氨酸

13. 真核细胞核糖体 rRNA 中哪些组分是在核仁中合成的( )。

     A. 28 S,18 S,5.8 S   B. 28 S,18 S,5 S

     C. 28 S,5 S,5.8 S   D. 18 S,5 S,5.8 S

14. 下列分子中,被称为核酶的生物大分子的成分是( )。

     A. RNA   B. DNA   C. r 蛋白   D. 多糖

15. 最早生命体遗传物质的载体最有可能是( )。

     A. DNA   B. 蛋白质   C. RNA   D. 多糖

（二）判断题

1. 核糖体亚单位是在核仁中完成组装的，因此细胞核中存在完整的核糖体。（　　）

2. 原核细胞与真核细胞相比，一个重要的特点是原核细胞没有糙面内质网等细胞器，因此不能合成分泌蛋白。（　　）

3. 核糖体存在于所有细胞中。（　　）

4. 真核细胞 rRNA 前体在细胞核内转录加工后，被输送到细胞质基质中与核糖体蛋白组成核糖体。（　　）

5. 真核细胞线粒体和叶绿体中也有自身的核糖体，其沉降系数近似于 70 S。（　　）

6. 真核细胞中，只有附着在内质网上的核糖体才以多核糖体的形式合成多肽链。（　　）

7. 蛋白质生物合成时所需的能量都是由 ATP 直接供给。（　　）

8. 与 rRNA 相比，r 蛋白仅仅作为核糖体的结构骨架，在蛋白质合成中没有直接的催化作用。（　　）

9. 核糖体上与蛋白质合成有关的结合位点 A 和 P 均位于小亚基上。（　　）

（三）名词比对

1. A 位点（aminoacyl site）与 P 位点（peptidyl site）
2. 起始因子（initiation factor）与延伸因子（elongation factor）
3. 70 S 与 80 S 核糖体
4. 核糖体大亚基与小亚基
5. 附着核糖体（attached ribosome）与游离核糖体（free ribosome）

（四）分析与思考

1. 研究发现核糖体 16 S rRNA 的 3 个完全保守的碱基——G530、A1492 和 A1493（数字指 rRNA 核苷酸序号，英文字母代表碱基种类）的空间位置非常重要，是与 tRNA 反密码子区域结合最强的 3 个碱基。A1493 与第一个密码子 - 反密码子碱基对形成氢键，G530、A1492 与第二个密码子 - 反密码子碱基对形成氢键，而与第三个密码子 - 反密码子碱基对却没有形成类似的氢键。

试分析：

（1）结构中 rRNA 与密码子 - 反密码子碱基对之间形成的氢键有何作用？

（2）如果 G530 突变为 U530，氢键的监视作用会变弱还是变强？为什么？

（3）若存在碱基 X，能与第三个密码子 - 反密码子形成氢键，那么翻译过程中第三碱基的摇摆性会发生什么样的变化？

2. 核糖体晶体结构显示，在大亚基的肽基转移反应中心周围只有 rRNA（23 S rRNA），离肽基转移反应中心最近的是 L3 蛋白，距离为 1.84 nm。用蛋白酶等试剂处理大肠杆菌 50 S 的大亚基，发现得到的混合物仍具有肽酰转移酶活性。用对肽酰转移酶敏感的抗生素处理可抑制其合成多肽的活性，但用阻断蛋白质合成其他步骤的抗生素处理，则肽酰转移酶活性不受影响。试分析：

（1）蛋白酶等试剂处理后所得混合物的主要成分是什么？

（2）核糖体中具有肽酰转移酶活性的成分是什么？

（3）蛋白酶等试剂处理后的混合物中常会残存 5% 的 r 蛋白，若是完全去除，所得物质肽酰转移酶活性是否受影响？为什么？

3. 科学家通过观察网织红细胞内血红蛋白分子的合成过程来研究核糖体如何动态实现其翻译职能。已知血红蛋白 mRNA 长 150 nm，有 5 个核糖体结合 mRNA 上，间距为 30～35 nm。试问：

（1）此蛋白质翻译过程有何生物学意义是什么？

（2）如果有一 mRNA 分子长 600 nm，在单位时间内合成的多肽链数目会发生变化吗？为什么？

4. 目前已证明 DNA 和 RNA 都可以作为遗传物质，试问哪种分子在进化中可能最先出现？

5. 核糖体 rRNA 基因在进化上是高度保守的，在基因组中拷贝数多，怎样理解？

【参考答案】

（一）选择题

1. C 2. A 3. A 4. C 5. B 6. B 7. D 8. A 9. D 10. B 11. C 12. C 13. A 14. A 15. C

（二）判断题

1. × 核仁负责加工形成核糖体小亚基和大亚基，完整的核糖体是在细胞质基质中组装形成的。

2. × 原核细胞可以合成分泌蛋白。

3. × 哺乳动物成熟的红细胞等极个别高度分化的细胞内没有核糖体。

4. × rRNA 前体在核仁中与蛋白质结合被加工成核糖体的大小亚基后才转运至细胞质基质。

5. √

6. × 真核细胞中，多核糖体或附着在内质网上，或游离在细胞质基质中。

7. × GTP

8. √

9. × 在 23 S rRNA 和 16 S rRNA 上都有与 A 位点和 P 位点有关的碱基。因此，大小亚基都与 A 位点和 P 位点有关。

（三）名词比对

1. A 位点为与新掺入的氨酰 – tRNA 结合的位点，P 位点为与延伸中的肽酰 – tRNA 结合的位点。

2. 30 S 小亚基与 mRNA 的结合需要起始因子的帮助。新的氨酰－tRNA 有效的结合 A 位点，需要与有 GTP 的延伸因子 EF－Tu 结合形成复合物氨酰－tRNA·EF－Tu·GTP。

3. 70 S 是细菌核糖体，80 S 核糖体存在真核细胞中。

4. 大亚基由 28 S、5.8 S、5 S RNA 及蛋白组成，真核细胞为 60 S；小亚基由 18 S RNA 及蛋白组成，真核细胞为 40 S。

5. 附着在真核细胞内质网的膜表面，原核细胞质膜内侧的核糖体；游离核糖体则分布在细胞质基质中，呈游离状态。

（四）分析与思考

1. （1）监视 mRNA 的密码子是否与正确的反密码子配对，允许第三碱基的摇摆。（2）变弱。G 可以形成 3 对氢键，U 形成 2 对氢键，突变后 U 也可能不与第一个密码子－反密码子对形成氢键，所以形成的氢键数目减少，监视减弱。（3）摇摆性降低或消失。

2. （1）rRNA。（2）rRNA。（3）是，活性降低，因为这些蛋白是维持肽基转移反应中心 rRNA 构象所必需的。

3. （1）以多核糖体的形式进行多肽合成，对 mRNA 的利用及对其数量的调控更为经济和有效。（2）不改变，因为以多核糖体进行翻译。

4. RNA 可能是最早出现。（1）实验室中 RNA 容易合成；（2）目前已知 RNA 具有模板和催化功能；（3）目前已知的具有催化功能的 RNA 进化上非常保守；（4）多种类型的 RNA 在许多生命活动中起重要作用（RNA 世界）。

5. 核糖体是蛋白质翻译机器，蛋白质是生命活动执行者，对于每种有机体都很重要。多拷贝可提高合成核糖体的能力，因为核糖体决定蛋白质更新的速度，核糖体也是易耗损的结构。

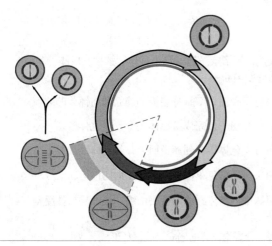

第十三章

细胞周期与细胞分裂

【学习导航】

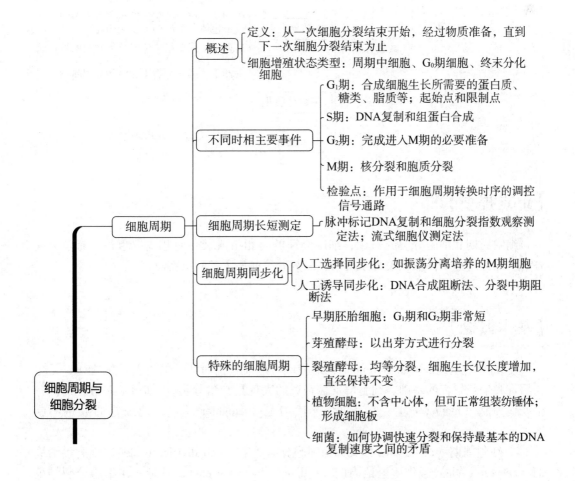

细胞周期与细胞分裂
- 细胞周期
  - 概述
    - 定义：从一次细胞分裂结束开始，经过物质准备，直到下一次细胞分裂结束为止
    - 细胞增殖状态类型：周期中细胞、G_0期细胞、终末分化细胞
  - 不同时相主要事件
    - G_1期：合成细胞生长所需的蛋白质、糖类、脂质等；起始点和限制点
    - S期：DNA复制和组蛋白合成
    - G_2期：完成进入M期的必要准备
    - M期：核分裂和胞质分裂
    - 检验点：作用于细胞周期转换时序的调控信号通路
  - 细胞周期长短测定：脉冲标记DNA复制和细胞分裂指数观察测定法；流式细胞仪测定法
  - 细胞周期同步化
    - 人工选择同步化：如振荡分离培养的M期细胞
    - 人工诱导同步化：DNA合成阻断法、分裂中期阻断法
  - 特殊的细胞周期
    - 早期胚胎细胞：G_1期和G_2期非常短
    - 芽殖酵母：以出芽方式进行分裂
    - 裂殖酵母：均等分裂，细胞生长仅长度增加，直径保持不变
    - 植物细胞：不含中心体，但可正常组装纺锤体；形成细胞板
    - 细菌：如何协调快速分裂和保持最基本的DNA复制速度之间的矛盾

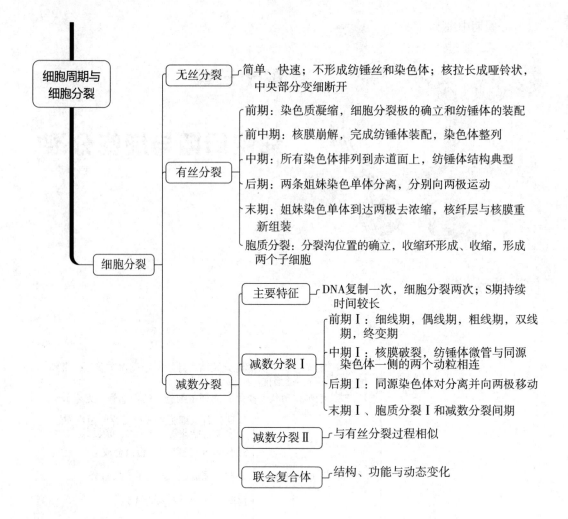

【重点提要】

　　细胞周期和细胞分裂的概念；细胞周期的时相组成及各时相主要事件；有丝分裂各时期的标志性事件及相关分子机制；减数分裂前期Ⅰ各阶段特点。

【基本概念】

　　1. 细胞增殖（cell proliferation）：细胞增殖是细胞生命活动的重要特征之一，是生物繁育和生长发育的基础。细胞增殖最直观的表现是细胞分裂（cell division），即由一个亲代细胞（mother cell）变为两个子代细胞（daughter cell），使细胞的数量不断增加。

　　2. 细胞周期（cell cycle）：又称为细胞分裂周期（cell division cycle）、细胞生活周期（cell life cycle）或细胞繁殖周期（cell reproductive cycle），是指一次细胞分裂结束到下一次分裂完成之间的有序过程。

3. 周期中细胞（cycling cell）：这类细胞（如上皮组织的基底层细胞）的细胞周期持续运转，通过持续不断的分裂增加细胞数量。

4. G_0期细胞（G_0cell）：也称静止期细胞（quiescent cell），这类细胞暂时脱离细胞周期，停止细胞分裂，但仍然活跃地进行代谢活动，执行特定的生物学功能。G_0期细胞只是暂时脱离细胞周期，一旦得到信号指使，会快速返回细胞周期进行分裂增殖。

5. 终末分化细胞（terminally differentiated cell）：在机体内由于分化程度高，则执行特定功能，且终生不再分裂的细胞，如横纹肌细胞、血液多型核白细胞等。

6. 检验点（checkpoint）：是细胞周期的调控点，检验细胞从一个周期时相进入下一个时相的条件是否合适。从分子水平看，检验点是作用于细胞周期转换时序的调控信号通路。

7. 细胞周期同步化（cell cycle synchronization）：让整个细胞群体的细胞都处于同一个时相的过程称为细胞周期同步化，包括天然同步化（natural synchronization）和人工同步化（artificial synchronization）两种方式。人工同步化包括DNA合成阻断法和分裂中期阻断法。

8. 有丝分裂（mitosis）：是指细胞核中已复制的染色体通过纺锤体的牵引准确分配到两个子细胞中，从而使子细胞染色体与母细胞染色体完全相同的细胞分裂过程。

9. 减数分裂（meiosis）：是真核生物形成成熟生殖细胞的分裂方式，染色体复制一次而细胞分裂两次，使染色体数目减半的细胞分裂形式。产生的子细胞只含有母细胞每对同源染色体中的一条是特殊的有丝分裂。

10. 有丝分裂纺锤体（mitotic spindle）：有丝分裂过程中，由微管及其结合蛋白、纺锤体两极组成的有丝分裂装置，在有丝分裂过程中对复制后染色体的排列与运动具有重要作用。

11. 联会（synapsis）：在减数分裂过程中，同源染色体彼此配对的过程。起始于偶线期，完成于粗线期。

12. 同源染色体（homologous chromosome）：二倍体细胞中能够配对的染色体，每条配对的染色体来自不同的亲本。发生联会的同源染色体对共携带4份DNA拷贝，每条同源染色体各含两条染色单体。

13. 细胞板（cell plate）：在分裂的植物细胞中，由膜泡融合形成的扁平的膜囊结构，与完成胞质分裂相关，是新生植物细胞质膜的前体。

14. 重组节（combination nodule）：在减数分裂同源染色体配对的联会复合体部位，由多种蛋白装配形成的结节结构。推测认为，重组节与染色体重组有关。

15. 染色质凝缩（chromatin condensation）：是指由间期细长、弥漫样分布的线性染色质，经过进一步螺旋化、折叠和包装等过程，逐渐变短变粗，形成光镜下可辨的早期染色体结构。

16. 染色体整列（congression）：染色体动粒在两侧动粒微管的作用下，向赤道面运动的过程。

17. 联会复合体（synaptonemal complex，SC）：是减数分裂期间（前期Ⅰ）在两个同源染色体之间形成的一种临时性蛋白质梯状结构，由位于中间的中央组分和位于两侧的侧生组分共同构成，广泛存在于动物和植物减数分裂过程中。主要功能是介导同源染色体之间配对和遗传重组。

18. 星体（aster）：动物细胞有丝分裂时，细胞两极围绕中心体向外辐射排列的微管所组成的星形结构。

19. 中心体（centrosome）：由一对相互垂直的柱状中心粒及周围电子致密的基质组成，是微管组织中心。

20. 中心粒（centriole）：由9组等间距平行排列的三联体微管组成。中心粒几乎总是成对出现，两者呈垂直排列。

21. 凝缩蛋白（condensin）：属于染色体结构维持蛋白，介导染色体 DNA 分子内交联，利用水解 ATP 的能量，促进染色体凝缩。

22. 黏连蛋白（cohesin）：由多个亚基构成的，介导姐妹染色单体黏着的蛋白质。其核心组分具有 ATPase 活性，在染色体高级结构组织、包装和配对等方面起关键作用。

23. 胞质分裂（cytokinesis）：细胞分裂过程中，通过收缩环的收缩，最终导致细胞膜融合形成两个子细胞的过程。

【知识点解析】

（一）细胞周期的时相组成及各自主要事件

1. G_1 期

G_1 期是细胞周期的第一阶段。每次细胞分裂之后产生两个子代细胞，即标志着 G_1 期的开始。子代细胞随即进入细胞生长期，开始合成除了细胞核 DNA 之外的细胞生长所需要的各种蛋白质、糖类、脂质等。在 G_1 期的晚期阶段存在起始点（start，芽殖酵母中）或者限制点（restriction point，R 点，动物细胞中），细胞只有在内、外因素共同作用下才能通过这一阶段，进入 S 期并合成 DNA。任何影响到这一基本事件完成的因素，都将严重影响细胞从 G_1 期向 S 期转换。

2. S 期

S 期即 DNA 合成期。该时期真核细胞和原核生物的 DNA 都严格按照半保留方式进行复制合成。DNA 复制的起始和复制过程受到多种细胞周期调节因子的严密调控。新合成的 DNA 立即与组蛋白结合，共同组成核小体串珠结构。

3. G_2 期

DNA 复制完成以后，细胞即进入 G_2 期。核内 DNA 的含量已经倍增，其他结构物质和相关的亚细胞结构也已完成进入分裂期的必要准备。但细胞能否顺利地进入分裂期，要受到 G_2 期检验点的控制。只有当所有因素满足后，细胞才能实现从 G_2 期向 M 期的转化。

4. M 期

M 期即细胞分裂期。不论有丝分裂还是减数分裂，细胞都经过分裂，将其在 S 期复制的染色体（DNA）准确分配到两个子细胞中。

（二）有丝分裂各期的重要事件及其结构装置

1. 前期（prophase）

有丝分裂的开始阶段，主要发生两个事件：

（1）染色质凝缩　已复制染色体的两个姐妹染色单体间彼此黏着和凝缩；不同水平染色体高级结构的组织依赖于不同的染色体结构维持蛋白，如黏连蛋白和凝缩蛋白。

（2）细胞分裂极的确立和纺锤体的装配　动物细胞分裂极的确立，与中心体的复制、分离和有星纺锤体的装配密切相关。中心体建立两极纺锤体，确保细胞分裂过程的对称性和双极性，这对于染色体的精确分离是必需的。高等植物细胞没有中心体，但有丝分裂时也要装配形成无星纺锤体。

2. 前中期（prometaphase）

其标志性事件有 3 个：

（1）核膜崩解　核膜崩解缘于核纤层的解体。核纤层蛋白的磷酸化与去磷酸化可能是有丝分裂过程中核纤层结构动态变化的调控因素。核纤层蛋白是有丝分裂促进因子（MPF）的直接作用底物。

（2）纺锤体装配完成　动物细胞的有丝分裂器（mitotic apparatus）是由星体微管、染色体动粒微管和极间微管及其结合蛋白构成，是细胞分裂过程中的一种与染色体分离直接相关的结构。植物细胞虽然不含中心体，但仍能形成无星纺锤体介导植物细胞的核分裂。

（3）染色体整列（chromosome alignment）　由纺锤体极体发出的微管捕捉染色体动粒，形成的染色体动粒微管是染色体整列的必要条件，而染色体着丝粒 – 动粒复合体（centromere-kinetochore complex）是染色体整列的必要装置。有数种蛋白质参与染色体整列事件，其中首要的两组蛋白称为 Mad 和 Bub 蛋白，它们可以使动粒敏化，促使微管与动粒接触。一旦所有染色体都被纺锤体微管捕获，Mad2 和 Bub1 很快会从动粒上消失，细胞分裂后期则被启动。

3. 中期（metaphase）

中期的主要标志是染色体整列完成并且所有染色体排列到赤道面上，纺锤体结构呈现典型的纺锤样。当染色体完成在赤道面整列之后，两侧的动粒微管长度相等，作用力均衡。

4. 后期（anaphase）

有丝分裂中姐妹染色单体分离并产生向极运动的时段，由后期 A（anaphase A）及后期 B（anaphase B）组成。后期 A 是有丝分裂中染色体拉向两极的向极运动，后期 B 是纺锤体两极进一步远离。

5. 末期（telophase）

在末期动粒微管消失，极间微管继续加长，较多地分布于两组染色单体之间。到达两极的染色单体开始去浓缩，伴随核纤层蛋白去磷酸化，核纤层与核膜在每个染色体周围重新组装，通过融合分别形成两个子代细胞核。在核膜形成同时核孔复合体在核膜上装配。在末期，核仁也开始重新组装，RNA 合成功能逐渐恢复。

6. 胞质分裂

胞质分裂与核分裂（有丝分裂）是相关的事件。胞质分裂一般开始于细胞分裂后期，完成于细胞分裂末期；而有丝分裂即使在没有胞质分裂的情况下也会发生。胞质分裂开始时，在赤道板周围细胞表面下陷，形成分裂沟（furrow）。随着细胞由后期向末期转化，分裂沟逐渐加深，直至两个子代细胞完全分开。胞质分裂开始时，大量的肌动蛋白和肌球蛋白Ⅱ在赤道板处质膜下组装成反向排列的微丝束，环绕细胞，称为收缩环。收缩环收缩，分裂沟逐渐加深，细胞形状也由原来的圆形逐渐变为椭圆形、哑铃形，直到形成两个子细胞。

（三）减数分裂各阶段及特点

减数分裂是一种特殊的有丝分裂形式，仅发生于有性生殖细胞形成过程中的某个阶段。减数分裂最主要特征是，细胞仅进行一次 DNA 复制，随后两次分裂。两次分裂分别称为减数分裂Ⅰ和减数分裂Ⅱ。在两次分裂之间，还有一个短暂的分裂间期。

减数分裂既可以有效地获得双亲的遗传物质，保持后代的遗传稳定性，又可以增加更多的变异，确保生物的多样性，增强生物适应环境变化的能力，因此减数分裂是生物有性生殖的基础，是生物遗传、进化和生物多样性的重要保证。

与有丝分裂相似，在减数分裂之前的间期阶段，称为减数分裂前间期（premeiotic interphase），也可以人为地划分为 G_1 期、S 期、G_2 期 3 个时相。减数分裂Ⅰ（meiosis Ⅰ）也可以人为地划分为前期Ⅰ、前中期Ⅰ、中期Ⅰ、后期Ⅰ、末期Ⅰ和胞质分裂Ⅰ六个阶段。但减数分裂Ⅰ又有其鲜明的特点，一是分裂前期Ⅰ（prophase Ⅰ）的同源染色体配对和基因重组；二是前期Ⅰ持续时间较长，在高等生物，其时间可持续数周，甚至数十年。此外也合成一定量的 RNA 和蛋白质。根据细胞染色体形态变化，又可以将前期Ⅰ人为地划分为细线期、偶线期、粗线期、双线期和终变期5 个阶段。

（1）细线期（leptotene，leptonema） 前期Ⅰ的开始阶段，又称凝缩期（condensation stage）。因为染色质发生凝缩，染色质纤维逐渐螺旋化、折叠，包装成在显微镜下可以看到的细纤维样染色体结构。在细线期，染色质虽然已经复制，但光镜下仍呈单条细线状，只能在电子显微镜下看到成双的姐妹染色单体。在该时期，DNA 复制尚未全部完成，并且在细纤维样染色体中存在一系列大小不同的颗粒状结构，称为染色粒（chromomere）。细线期还有一个明显的特点，即染色体端粒通过接触斑与核膜相连，使染色体装配成花束状，所以细线期又称花束期。

（2）偶线期（zygotene，zygonema） 主要事件是同源染色体配对（pairing），故偶线期又称为配对期（pairing stage）。该时期同源染色体逐渐靠近，沿其长轴相互紧密结合在一起，这个过程称为联会。染色体结合始于从端粒处开始和一些特殊部位，并不断向其他部位伸延，直到整对同源染色体的侧面紧密联会。在联会的部位形成联会复合体。联会复合体被认为与同源染色体联会和基因重组有关。在偶线期发生的另一个重要事件是合成在 S 期未合成的约0.3% 的 DNA（偶线期 DNA，即 zygDNA）。

（3）粗线期（pachytene，pachynema） 始于同源染色体配对完成之后，是形成联会复合体最典型的阶段。在此过程中，染色体进一步凝缩，变粗变短，并与核膜继续保持接触。同源染色体发生等位基因之间部分 DNA 片段的交换和重组，产生新的等位基因的组合。此阶段还会出现重组节，其中含有催化遗传重组的酶类，因此推测某些重组节与染色体重组有关。在粗线期，也合成一小部分尚未合成的 DNA，称为 P - DNA。粗线期另一个重要的生化活动是合成减数分裂期专有的组蛋白，并将体细胞类型的组蛋白部分或全部地置换下来。在许多动物的卵母细胞发育过程中，粗线期还要发生 rDNA 扩增，即编码 rRNA 的 DNA 片段从染色体上释放出来，形成环形的染色体外 DNA，游离于核质中，并进行大量复制，形成数千个拷贝的 rDNA。这些 rDNA 将参与形成附加的核仁，进行 rRNA 转录。

（4）双线期（diplotene，diplonema） 同源染色体相互分离标志着双线期开始。同源染色体仅留几处交叉，四分体结构变得清晰可见。许多动物在双线期阶段，同源染色体或多或少地要发生去凝集，RNA 转录活跃。许多动物，尤其是鱼类、两栖类、爬行类和鸟类的雌性动物，染色体去凝集形成灯刷染色体（lampbrush chromosome）。在灯刷染色体上有许多侧环结构，进行活跃的 RNA 转录，引起 RNA 积累、蛋白质翻译以及其他物质的合成等，用于双线期卵母细胞体积的增长。在不同的物种中，双线期可持续近一年到数十年不等。

（5）终变期（diakinesis） 染色体重新开始凝集，形成短棒状结构。如果有灯刷染色体存在，其侧环回缩，RNA 转录停止，核仁消失，四分体较均匀地分布在细胞核中。同时，交叉向染色体臂的端部移行称为端化（terminalization）。到达终变期末，同源染色体之间仅在其端部和着丝粒处相互联结。终变期的结束标志着前期 I 的完成。

【知识点自测】

（一）选择题

1. 就高等生物体细胞而言，细胞周期时间长短差别主要与哪个时期相关（   ）。
A. G_1 B. S   C. G_2 D. M

2. 周期中细胞转化为 G_0 期细胞，多发生在哪个时期（   ）。
A. G_1 B. S   C. G_2 D. M

3. 下列关于 G_1 期的描述，哪一个是错误的（   ）。
A. 是细胞周期的起始阶段，子代细胞诞生是其开始的标志
B. 合成细胞生长所需要的各种蛋白质、糖类、脂质和 DNA
C. 存在限制点或者检验点，对细胞状态进行监控
D. 不同细胞的 G_1 期时间长短相差可能很大

4. 关于高等植物细胞的细胞分裂，下列哪个描述是错误的（   ）。
A. 细胞周期也含有 G_1、S、G_2 和 M 四个时相
B. 染色体 DNA 进行半保留复制
C. 没有中心粒，也不组装纺锤体
D. 通过细胞板完成胞质分裂

5. 关于早期胚胎细胞的细胞分裂，下列哪项描述是错误的（   ）。

A. 在卵细胞阶段就基本储备了早期胚胎发育所需的物质

B. 受精卵发育过程中，伴随卵裂，细胞数量和卵裂球体积都急剧增大

C. 与体细胞相比，细胞分裂周期大大缩短

D. 在细胞周期四个时相中，G_1 期和 G_2 期非常短

6. 下列事件中，哪一个不在细胞分裂前期发生（　　　）。

A. 进行中心粒复制 　　　　　　　　B. 确立细胞分裂极

C. 发生染色体凝缩 　　　　　　　　D. 开始装配纺锤体

7. 核纤层的解体发生于有丝分裂的哪个阶段（　　　）。

A. 前中期 　　　　B. 中期 　　　　C. 后期 　　　　D. 末期

8. 关于细胞 G_0 期，下列描述正确的是（　　　）。

A. 是标准细胞周期的起始阶段

B. 介于 M 期和 G_1 之间

C. 是永久静止期，细胞不再分裂

D. 只是暂时脱离细胞周期，一旦得到信号，会重返细胞周期

9. 通过两次加入过量 TdR 阻断 DNA 合成的方法进行细胞周期同步化处理时，细胞群体被阻遏在（　　　）交界处。

A. G_1/S 期 　　　　B. S/G_2 期 　　　　C. G_2/M 期 　　　　D. M/G_1 期

10. 下列哪种试剂不能用于细胞周期同步化处理（　　　）。

A. 羟基脲 　　　　　　　　　　　B. 细胞松弛素 B

C. 秋水仙素 　　　　　　　　　　D. 诺考达唑（nocodazole）

11. 细胞分裂前中期阶段不包含下列哪个事件（　　　）。

A. 核膜崩解 　　　　　　　　　　B. 染色体排列在赤道板上

C. 微管捕捉染色体 　　　　　　　D. 完成纺锤体装配

12. 在动物细胞中，中心体复制发生和完成的阶段为（　　　）。

A. M 期末开始复制，G_1 期完成复制 　　B. G_1 期末开始复制，S 期完成复制

C. S 期末开始复制，G_2 期完成复制 　　D. G_2 期末开始复制，M 期完成复制

13. 在细胞分裂末期不包含下列哪个事件（　　　）。

A. 姐妹染色单体到达细胞的两极

B. 核孔复合物在核膜上装配

C. 核纤层和核膜围绕子细胞的染色体重新组装，形成新核

D. 核纤层蛋白磷酸化

14. 有丝分裂过程中，姐妹染色单体着丝粒的分离发生在（　　　）。

A. 前中期 　　　　B. 中期 　　　　C. 后期 　　　　D. 末期

15. 有丝分裂后期，因为哪种结构的解聚变短而引起染色体移向细胞的两极（　　　）。

A. 星体微管 　　　B. 极间微管 　　　C. 核纤层骨架 　　　D. 动粒微管

16. 减数分裂过程中，同源染色体重组发生于（　　　）。

A. 偶线期 　　　　B. 粗线期 　　　　C. 双线期 　　　　D. 终变期

17. 在雌性鱼类、爬行类和鸟类动物中，灯刷染色体出现在减数分裂的（　　　）。

A. 细线期　　　　　　　B. 偶线期　　　　　　　C. 双线期　　　　　　　D. 粗线期

18. 在很多雌性动物中，卵母细胞减数分裂往往在哪个时期持续数年至数十年（　　）。

A. 偶线期　　　　　　　B. 双线期　　　　　　　C. 细线期　　　　　　　D. 粗变期

19. 在玉米细胞减数分裂过程中，哪个时期的染色体状如花束，故又称花束期（　　）。

A. 细线期　　　　　　　B. 偶线期　　　　　　　C. 双线期　　　　　　　D. 终变期

20. 减数分裂前间期未完全复制的 DNA，最终在减数分裂哪个时期完成复制（　　）。

A. 细线期　　　　　　　B. 偶线期　　　　　　　C. 双线期　　　　　　　D. 粗线期

（二）判断题

1. 高等生物体细胞周期的 4 个时相中，时间长短最为恒定的是 M 期。（　　）

2. 从分子水平看，检验点是细胞周期事件转换的调控信号通路。（　　）

3. DNA 半保留复制所需的新组蛋白，是在 G_1 期合成的。（　　）

4. 细胞分裂与否，最主要的检验点位于 G_1 期。（　　）

5. 灯刷染色体仅存在于动物卵母细胞减数分裂前期 I 双线期。（　　）

6. 减数分裂和有丝分裂 S 期相类似，都复制全部 DNA，但前者时间更长。（　　）

7. 早期胚胎细胞的细胞周期中，G_1 和 G_2 期都非常短，且细胞分裂的调控因子和监控机制也与体细胞完全不同。（　　）

8. 酵母细胞分裂时，核膜不解聚。（　　）

9. 有丝分裂过程中，胞质分裂起始于有丝分裂末期，是 M 期最后一个阶段。（　　）

10. 中心体是以半保留方式进行复制的。（　　）

11. 核膜的崩解和重建分别同核纤层蛋白的去磷酸化和磷酸化相偶联。（　　）

12. 高等植物细胞没有中心粒，能构建无星纺锤体介导细胞核的分裂。（　　）

13. 在有丝分裂后期，动粒微管和极间微管长度减小，染色体向两极运动。（　　）

14. 姐妹染色单体开始分离是有丝分裂末期开始的标志。（　　）

15. 分裂沟下由微管组成的收缩环的收缩导致胞质分裂。（　　）

16. 减数分裂过程中同源染色体联会形成的二价体含有 2 条染色单体。（　　）

17. 同源染色体之间的交换和重组，发生于粗线期。（　　）

18. 和有丝分裂前期不同，减数分裂前期 I 中伴有 DNA 的合成、RNA 的转录和蛋白质的合成。（　　）

19. 重组节的组装位于终变期。（　　）

20. 减数分裂有助于保持生物的遗传稳定性和多样性。（　　）

（三）名词比对

1. 有丝分裂（mitosis）与减数分裂（meiosis）

2. 起始点（start point）与限制点（restriction point，R point）

3. 核分裂（mitosis）与胞质分裂（cytokinesis）

4. 星体微管（astral microtubule）与动粒微管（kinetochore microtubule）

5. 中心体（centrosome）与中心粒（centriole）

6. 偶线期（zygotene，zygonema）与双线期（diplotene，diplonema）

7. 有丝分裂后期 A（anaphase A）与后期 B（anaphase B）

8. 周期中细胞（cycling cell）与 G_0 期细胞（G_0 cell，quiescent cell）

（四）分析与思考

1. 假如一种体外培养的非同步生长细胞，它的细胞周期的 G_1 期是 6 h，S 期是 6 h，G_2 期是 5 h，M 期是 1 h，如果用 ^3H – TdR（氚标记的胸腺嘧啶核苷）标记细胞 15 min 后，立即洗去 ^3H – TdR，然后放置在新鲜培养液中继续培养。请问：

（1）用 ^3H – TdR 标记 15 min，这时被标记的细胞占细胞总数的百分比是多少？

（2）脉冲标记 15 min 后，要跟踪多少小时，才能检测到被标记的 M 期染色体？

（3）用 ^3H – TdR 标记 15 min，洗脱后放置在新鲜培养液中继续培养 18 h，这时被标记的 M 期细胞又占多少比例？

2. 分别用药物 A、药物 B 或药物 C 处理非同步生长的细胞，培养细胞 24 h 后，测定细胞 DNA 含量。结果见下图。

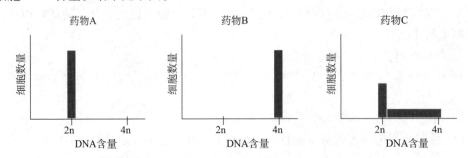

（1）分别说明药物 A、药物 B、药物 C 使细胞停滞于细胞周期中的什么时期？

（2）这些药物都可以用于治疗癌症，请你分析其中的原因。

（3）为什么这些药物在治疗癌症患者的时候，导致了他们的脱发和胃肠问题？

3. 向正极方向和负极方向运动的分子马达间的平衡，决定了纺锤体的长度。请问这些分子马达位于纺锤体的什么部位？是如何运动并决定纺锤体长度的？

4. 请设计实验，证明抗 γ 管蛋白对微管生长的影响。

5. 如何用最简单的方法分离静置培养中细胞群体中的 M 期细胞？其原理是什么？

6. 1953 年，细胞周期概念的提出是基于一个什么样的实验？简述实验的基本步骤。

【参考答案】

（一）选择题

1. A 2. A 3. B 4. C 5. B 6. A 7. A 8. D 9. A 10. B 11. B 12. B
13. D 14. C 15. D 16. B 17. C 18. B 19. A 20. B

（二）判断题

1. ✓

2. ✓

3. ✗ DNA 半保留复制所需的新组蛋白，是在 S 期合成的。

4. ✓

5. ✗ 灯刷染色体也存在于植物界某些物种卵母细胞减数分裂前期Ⅰ双线期。

6. ✗ 减数分裂前间期的仅复制 99.7% ~99.9% 的 DNA。

7. ✗ 调控因子和监控机制与体细胞相同。

8. ✓

9. ✗ 胞质分裂期相对独立，开始于有丝分裂后期，完成于末期。

10. ✓

11. ✗ 核膜的崩解和重建，分别同核纤层蛋白的磷酸化和去磷酸化相偶联。

12. ✓

13. ✗ 在有丝分裂后期，动粒微管缩短，极间微管增长，染色体向两极运动。

14. ✗ 姐妹染色单体开始分离，是有丝分裂后期开始的标志。

15. ✗ 分裂沟下由微丝组成的收缩环的收缩导致胞质分裂。

16. ✗ 二价体又称四分体，含 4 条染色单体。

17. ✓

18. ✓

19. ✗ 重组节的组装位于粗线期。

20. ✓

（三）名词比对

1. 有丝分裂是体细胞的增殖方式，通过纺锤体装置的介导染色体准确分配到两个子细胞，并维持子代细胞的遗传稳定性。减数分裂是生殖细胞发生过程中的特殊细胞分裂方式。染色体 DNA 复制一次而细胞分裂两次，导致染色体数目减半，有利于遗传重组。

2. 细胞周期启动机制主要调控点在 G_1 期的晚期，在芽殖酵母中称之为"起始点"（START），在人类细胞增殖中，称之为"限制点"（restriction point）。细胞只有在内、外增殖信号共同作用下才能通过这一阶段，进入 S 期并合成 DNA。

3. 核分裂即细胞有丝分裂，传统上人们将有丝分裂过程又人为地划分为前期、前中期、中期、后期和末期。胞质分裂相对独立，一般开始于细胞有丝分裂后期，完成于细胞有丝分裂末期。核分裂的执行装置是纺锤体，胞质分裂的执行装置是收缩环（动物细胞）或细胞板（植物细胞）。

4. 纺锤体两极从中心体向四方发出的正端游离的微管，叫星体微管；与染色体两侧的动粒相结合的微管称为动粒微管。

5. 中心体是由一对相互垂直的柱状中心粒及周围电子致密的基质组成，故中心粒是中心体的组分之一。

6. 发生在减数分裂前期 I 的两个阶段。偶线期主要发生同源染色体配对（pairing），又称为配对期，该时期同源染色体逐渐靠近，沿其长轴相互紧密结合在一起，称为联会（synapsis）。在偶线期发生的另一个重要事件是合成在 S 期未合成的约 0.3% 的 DNA（偶线期 DNA，即 zygDNA）。而双线期则染色体重组结束，同源染色体相互分离。同源染色体仅留几处交叉，四分体结构变得清晰可见。

7. 后期 A：动粒微管去装配而牵动染色体分开，向两极运动。后期 B：因极间微管重叠区装配形成推力和星体微管解聚产生拉力，使纺锤体两极进一步分开的过程。

8. 周期中细胞的细胞周期会持续运转，而 G_0 期细胞则会暂时脱离细胞周期，停止细胞分裂，但仍然活跃地进行代谢活动，执行特定的生物学功能。周期中细胞多在 G_1 期转化为 G_0 期细胞，而 G_0 期细胞只是暂时脱离细胞周期，一旦得到信号指使，会快速返回细胞周期，分裂增殖。

（四）分析与思考

1. （1）33.3%，即 $6/(6+6+5+1)$。

（2）5 h，即 G_2 期长度。

（3）0。18 h 是一个完整的细胞周期，标记的细胞又进入 S 期，故被标记的 M 期细胞为 0。

2. （1）药物 A 使细胞停滞于 G_1 期，B 为 G_2 期或 M 期，C 为 S 期。

（2）都可以有效阻止细胞分裂，阻碍肿瘤生长。

（3）在治疗癌症的同时，也存在副作用，影响了人体毛囊和肠道细胞的正常更新。

3. KRPs（驱动蛋白相关蛋白，kinesin-related proteins）等正向运动马达蛋白在纺锤体微管之间搭桥，借助正向运动将纺锤体拉长，而细胞质动力蛋白（dynein）负向运动的马达蛋白在细胞膜和星体微管之间搭桥，借助负向运动，将中心体进一步拉向两极的细胞膜，纺锤体进一步被拉长。

4. 向分裂细胞内注射 γ 管蛋白抗体，观察对微管生长的影响。

5. 每间隔一段时间，轻摇培养瓶，悬浮在培养液中的细胞主要是 M 期细胞。M 期细胞呈球形，与培养基质接触面积小，易脱落。

6. 放射自显影实验；用 ^{32}P 标记蚕豆根尖细胞→制备放射自显影样品→显微镜下观察。

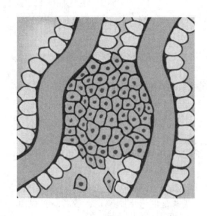

第十四章

细胞增殖调控与癌细胞

【学习导航】

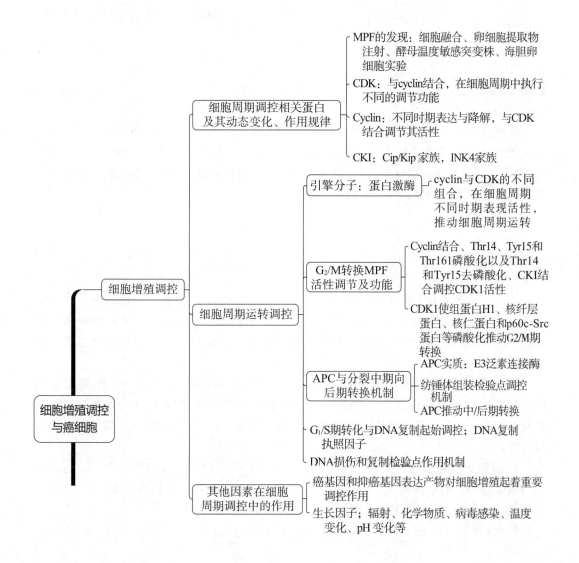

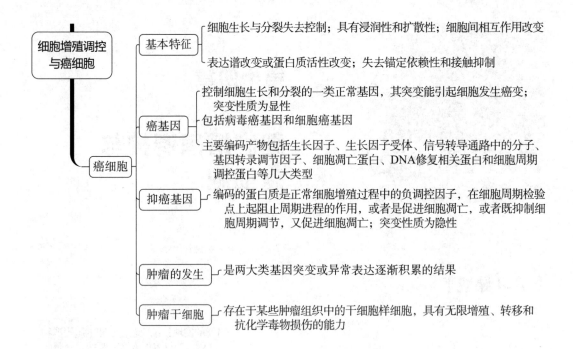

细胞增殖调控
与癌细胞 ─── 癌细胞

基本特征 ── 细胞生长与分裂失去控制；具有浸润性和扩散性；细胞间相互作用改变
　　　　　　表达谱改变或蛋白质活性改变；失去锚定依赖性和接触抑制

癌基因 ── 控制细胞生长和分裂的一类正常基因，其突变能引起细胞发生癌变；
　　　　　突变性质为显性
　　　　　包括病毒癌基因和细胞癌基因
　　　　　主要编码产物包括生长因子、生长因子受体、信号转导通路中的分子、
　　　　　基因转录调节因子、细胞凋亡蛋白、DNA 修复相关蛋白和细胞周期
　　　　　调控蛋白等几大类型

抑癌基因 ── 编码的蛋白质是正常细胞增殖过程中的负调控因子，在细胞周期检验
　　　　　　点上起阻止周期进程的作用，或者是促进细胞凋亡，或者既抑制细
　　　　　　胞周期调节，又促进细胞凋亡；突变性质为隐性

肿瘤的发生 ── 是两大类基因突变或异常表达逐渐积累的结果

肿瘤干细胞 ── 存在于某些肿瘤组织中的干细胞样细胞，具有无限增殖、转移和
　　　　　　　抗化学毒物损伤的能力

【重点提要】

细胞周期蛋白和周期蛋白依赖性蛋白激酶的结构；CDK1 对 G_2/M 期转化的调控；M 期周期蛋白对 M 期中期向后期转换的调节；G_1/S 期转化及其调节；$S/G_2/M$ 期转换与 DNA 复制检验点；癌细胞的基本特征；癌基因、抑癌基因的概念和功能；肿瘤发生是基因突变积累的结果；肿瘤干细胞。

【基本概念】

1. MPF：成熟促进因子（maturation-promoting factor），或有丝分裂促进因子（mitosis-promoting factor），也称 M 期促进因子（M-phase-promoting factor），是催化亚基 cdc2 蛋白和调节亚基周期蛋白共同组成的蛋白质复合物，具有蛋白激酶活性，促进细胞从 G_2 期进入 M 期。

2. 早熟凝缩染色体（premature condensation chromosome，PCC）：将 M 期细胞与 G_1、S 和 G_2 期细胞融合，并继续培养一定时间后，融合细胞的染色体提前凝缩，形态各异，称之为早熟凝缩染色体。其中 G_1、S 和 G_2 期的 PCC 分别为细单线状、粉末状和双线状。

3. 后期促进复合物（anaphase-promoting complex，APC）：具有泛素连接酶活性的蛋白质复合物。APC 在间期表达，但只在 M 期被激活，通过泛素依赖性蛋白降解途径，降解参与姐妹染色单体分离的蛋白质，使细胞从中期向后期转换。

4. Rb 蛋白（retinoblastoma protein，Rb protein）：目前已知 Rb 蛋白是 cyclin D –

CDK 的底物，是 E2F 的抑制因子，在 G_1/S 期起到转化的负调控因子的作用，在 G_1 期的晚期阶段通过磷酸化而失活。*Rb* 基因突变失活则会导致视网膜母细胞瘤（retinoblastoma）。*Rb* 基因同 *p53* 等基因被称为抑癌基因（肿瘤抑制基因或抗癌基因）。

5. 温度敏感型突变株（temperature-sensitive mutants, *ts*）：某些酵母突变株，在允许温度条件（20～23 ℃）下，可以正常分裂繁殖，而在限定温度条件（35～37 ℃）下，则不能正常分裂繁殖。这种在限定温度下失去正常分裂繁殖能力的现象，是由于某个基因发生突变而引起的。不同温度敏感型突变株可用于研究细胞周期调控基因。

6. *cdc2* 基因：*cdc2* 基因是第一个被分离出来细胞周期调控基因，该基因突变会导致细胞停留在 G_2/M 期交界处。它的表达产物为一种相对分子质量为 3.4×10^4 的蛋白质，被称为 p34^{cdc2}，具有蛋白激酶活性，可以使多种蛋白底物磷酸化，因而又被称为 p34^{cdc2} 激酶。

7. 良性肿瘤（benign tumor）：肿瘤细胞不受正常生长调控，但不浸润附近的正常组织，也不向较远的位点转移。

8. 癌细胞（cancer cell）：脱离了细胞社会制约，表现出细胞增殖失控，并且有侵袭和转移等特征。

9. RNA 肿瘤病毒（RNA tumor virus）：感染脊椎动物细胞并将细胞转化成癌细胞的 RNA 病毒。

10. 癌基因（oncogene）：控制细胞生长和分裂的一类正常基因，其突变能引起正常细胞发生癌变。癌基因可以分成两大类：一类是病毒癌基因，指反转录病毒的基因组里带有可使受病毒感染的宿主细胞发生癌变的基因，简写成 *v-onc*（v 是 virus 的缩写）；另一类癌基因是细胞癌基因，简写成 *c-onc*（c 是 cell 的缩写），又称原癌基因（protooncogene）。

11. 抑癌基因或肿瘤抑制基因（tumor-suppressor gene）：又称抗癌基因（antioncogene），所编码的蛋白质是正常细胞增殖过程中的负调控因子，在细胞周期的检验点上起阻止周期进程的作用，或者是促进细胞凋亡，或者既抑制细胞周期运转，又促进细胞凋亡。如果抑癌基因突变，丧失其细胞增殖的负调控作用，则导致细胞周期失控而过度增殖，如 *p53* 基因。

12. *p53*：肿瘤抑制基因，编码一种基因调控蛋白，当 DNA 受到损伤后被活化，阻止细胞周期运转或者介导细胞凋亡。

13. 肿瘤干细胞（cancer stem cell）：某些肿瘤组织中存在的类似于成体干细胞的干细胞样细胞，具有无限增殖、转移和抗化学毒物损伤的能力。与一般肿瘤细胞相比，肿瘤干细胞具有高致瘤性。

14. 恶性转化细胞（malignant transformed cell）：应用人工诱导技术可培养出恶性转化的细胞及恶性程度不同的转化细胞。恶性转化细胞同癌细胞一样具有无限增殖的潜能，在体外培养时贴壁性下降，可不依附在培养器皿壁上生长，有些还可进行悬浮式培养；失去运动和分裂的接触抑制，在琼脂培养基中可形成细胞克隆。当将恶性转化细胞注入易感染动物体内时，往往会形成肿瘤。对体外培养的恶性转化细胞及癌细胞的比较研究有助于了解癌细胞的特征及发生机制。

【知识点解析】

（一）细胞周期蛋白的功能和结构

已从生物体和人体中克隆分离了数十种周期蛋白（cyclin），它们在细胞周期内表达的时相有所不同，所执行的功能也多种多样。有的只在 G_1 期表达并只在 G_1 期和 S 期转换过程中执行调节功能，常被称为 G_1 期周期蛋白，如 cyclin C、cyclin D、cyclin E、Cln1、Cln2、Cln3 等；有的虽然在间期表达和积累，但到 M 期时才表现出调节功能，所以常被称为 M 期周期蛋白，如 cyclin A、B 等。

各种周期蛋白之间有着共同的分子结构特点，但也各有特性。首先，它们均含有一段相当保守的周期蛋白框。周期蛋白框介导周期蛋白与 CDK 结合。不同的周期蛋白框识别不同的 CDK，组成不同的 cyclin – CDK 复合体，表现出不同的 CDK 活性。

M 期周期蛋白的分子结构还有另一个特点，在这些蛋白质分子的近 N 端含有一段破坏框。破坏框主要参与泛素依赖性的 cyclin A 和 B 的降解。G_1 期周期蛋白分子中不含破坏框，但其 C 端含有一段特殊的 PEST 序列。据认为，PEST 序列与 G_1 期周期蛋白的更新有关。

不同的周期蛋白在细胞周期中表达的时期不同，并与不同的 CDK 结合，调节不同的 CDK 活性。

（二）周期蛋白依赖性蛋白激酶的结构和调控因子

当酵母 *cdc2* 和 *cdc28* 基因被分离出来后，研究者又从人、非洲爪蟾和果蝇的 cDNA 文库成功分离到了十多个 *cdc2* 相关基因，被统称为周期蛋白依赖性蛋白激酶（cyclin-depeudeut kiuase，CDK）。它们含有两个共同的特点：一个是它们含有一段类似的氨基酸序列，另一个是它们都有一小段序列相当保守，即 PSTAIRE 序列，此序列与周期蛋白结合有关，并以周期蛋白作为调节亚单位，进而表现出蛋白激酶活性。不同的 CDK 所结合的周期蛋白不同，在细胞周期中执行的调节功能也不相同。此外，在 CDK 分子中也发现一些重要位点。对这些位点进行磷酸化修饰，将对 CDK 活性起重要调节作用。

细胞内存在多种因子，对 CDK 分子结构进行修饰，参与 CDK 活性的调节。除周期蛋白和上述修饰性调控因子对 CDK 活性进行调控之外，细胞内还存在一些对 CDK 活性起负调控的蛋白质，称为 CDK 抑制因子（CDK inhibitor，CKI）。

（三）细胞周期运转的调控

1. CDK1 对 G_2/M 期转换的调控作用

MPF 由 $p34^{cdc2}$ 蛋白（CDK1）和 cyclin B 结合而成。$p34^{cdc2}$ 蛋白在细胞周期中的含量相对稳定，而 cyclin B 的含量则呈现周期性变化。$p34^{cdc2}$ 蛋白只有与 cyclin B 结合后才有可能表现出激酶活性。因而，CDK1 活性首先依赖于 cyclin B 含量的积累。cyclin B

一般在 G_1 期的晚期开始合成，通过 S 期，其含量不断增加，到达 G_2 期，其含量达到最大值。随 cyclin B 含量积累并结合 CDK1，以及 CAK 和 Wee1 两种激酶对 CDK1 第 14 位、15 位和 161 位氨基酸残基磷酸化，随后被 cdc25 去掉第 14 位和 15 位氨基酸残基上的磷酸基团，CDK1 活性才开始出现。到 G_2 期晚期阶段，CDK1 活性达到最大值并一直维持到 M 期的中期阶段。cyclin A 也可以与 CDK1 结合成复合体，表现出 CDK1 活性。

CDK1 通过使某些底物蛋白磷酸化，改变其下游的某些靶蛋白的结构和功能，实现其调控细胞周期的作用。CDK1 催化底物磷酸化有一定的位点特异性，即选择底物中某个特定序列中的某个丝氨酸或苏氨酸残基。CDK1 可以使多种底物蛋白磷酸化，其中包括组蛋白 H1，核纤层蛋白 A、B、C，核仁蛋白（nucleolin），No38，$p60^{c-Src}$，C-abl 等。组蛋白 H1 磷酸化，促进染色质凝缩；核纤层蛋白磷酸化，促使核纤层解聚；核仁蛋白磷酸化，促使核仁解体；$p60^{c-Src}$ 蛋白磷酸化，促使细胞骨架重排；C-abl 蛋白磷酸化，促使细胞形态调整等，由此调控细胞从 G_2 期向 M 期转换。

2. M 期周期蛋白与细胞分裂中期向后期转换

细胞周期运转到分裂中期后，M 期 cyclin A 和 B 将迅速降解，CDK1 活性丧失，上述被 CDK1 磷酸化的靶蛋白去磷酸化，细胞周期便从 M 期中期向后期转换。目前已经知道，cyclin A 和 B 的降解是通过泛素化依赖途径实现的。

有丝分裂中期过后，周期蛋白与 CDK 分离，在 APC 的作用下，M 期 cyclin A 和 B 通过其分子中的破坏框结构，结合泛素链，经泛素化依赖途径被蛋白酶体降解。APC 活性受到多种因素的综合调节。目前已知，细胞中存在正、负两类 APC 活性调节因子。体外实验显示 APC 可以被 M 期 CDK 磷酸化而激活。此外，APC 活性亦受到纺锤体组装检验点（spindle assembly checkpoint）的调控。纺锤体组装不完全，或所有动粒不能被微管全部捕捉，位于动粒上的 Mad2（mitosis arrest deficient 2）蛋白则不能解离下来。作为一种"等待"信号，Mad2 与 cdc20 结合并有效地抑制其活性。cdc20 是 APC 的有效正调控因子。因此，纺锤体组装不完全，APC 始终处于失活状态。当纺锤体组装完成以后，动粒全部被微管捕捉，Mad2 从动粒上消失，从而解除对 cdc20 的抑制作用，促使 APC 活化，导致 M 期周期蛋白降解，M-CDK 活性丧失；在酵母细胞中，促使 Cut2/Pds1p 降解，解除其对姐妹染色单体分离的抑制，细胞则由中期向后期转化。

3. G_1/S 期转化与 G_1 期周期蛋白依赖性激酶

细胞由 G_1 期向 S 期转化是细胞增殖过程中的关键事件之一。细胞能否成功地实现由 G_1 期向 S 期转化，标志着该细胞能否完成其 DNA 复制和其他相关生物大分子的合成，进而完成细胞分裂。目前一般认为，细胞由 G_1 期向 S 期转化主要受 G_1 期 CDK 所控制。在哺乳动物细胞中，G_1 期周期蛋白主要包括 cyclin D、E 等。与 G_1 期周期蛋白结合的 CDK 主要包括 CDK2、CDK4 和 CDK6 等。目前已知 Rb 蛋白是 cyclinD-CDK 的底物，而 Rb 是 E2F 的抑制因子。因此，Rb 蛋白是 G_1/S 期转换的负调控因子。Rb 基因的突变往往导致儿童视网膜母细胞瘤。

4. DNA 复制执照因子学说（DNA replication-licensing factor theory）

为何细胞在一个细胞周期中 DNA 只能复制一次？为此，研究者提出在细胞的胞质内存在一种执照因子，对细胞核染色质 DNA 复制发行"执照"（licensing）。在 M 期，细胞核膜破裂，胞质中的执照因子与染色质接触并与之结合，使后者获得 DNA 复制所必需的"执照"。细胞通过 G₁ 期后进入 S 期，DNA 开始复制。随 DNA 复制过程的进行，"执照"信号不断减弱直到消失。到达 G₂ 期，细胞核不再含有"执照"信号，DNA 复制结束并不再起始。只有等到下一个 M 期，染色质再次与胞质中的执照因子接触，重新获得"执照"，细胞核才能开始新一轮的 DNA 复制。研究结果证实，执照因子主要包括 Mcm 蛋白（minichromosome maintenance protein）等成分。

5. S/G₂/M 期转换与 DNA 复制检验点

DNA 复制结束，细胞周期由 S 期自动转换到 G₂ 期，并准备进行细胞分裂。然而，为什么在 DNA 复制尚未完成之前，细胞不能开始 S/G₂/M 期转换呢？原来，细胞中存在一系列检查 DNA 复制进程的监控机制。DNA 复制还未完成或者 DNA 复制出现问题，细胞周期便不能向下一个阶段转换。DNA 复制检验点主要包括两种：S 期内部检验点（intra-S phase checkpoint）以及 DNA 复制检验点（replication checkpoint）。

细胞周期调控小结：

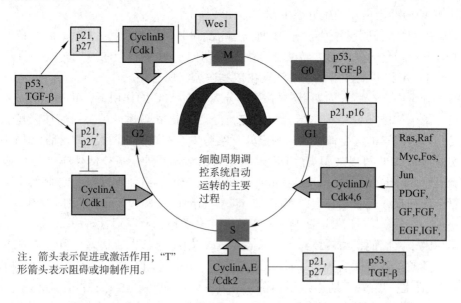

注：箭头表示促进或激活作用；"T"形箭头表示阻碍或抑制作用。

（四）癌细胞的基本特征

1. 细胞生长与分裂失去控制

癌细胞失去控制，成为"不死"的永生细胞，核质比例增大，分裂速度加快，结果破坏了正常组织的结构与功能。

2. 具有浸润性和扩散性

恶性肿瘤细胞（癌细胞）间黏着性下降，具有浸润性和扩散性，易于浸润周围健康组织，或通过血液循环或淋巴途径转移并在其他部位黏着和增殖。此外，癌细胞在分化程度上低于正常细胞和良性肿瘤细胞，失去了原组织细胞的某些结构和功能。

3. 细胞间相互作用改变

癌细胞冲破了细胞识别作用的束缚，在转移过程中，除了会产生水解酶类（如用于水解基底膜成分的酶类），而且要异常表达某些膜蛋白，以便与别处细胞黏着和继续增殖。并借此逃避免疫系统的监视，防止天然杀伤细胞等的识别和攻击。

4. 表达谱改变或蛋白质活性改变

癌细胞的蛋白质表达谱系中，往往出现一些在胚胎细胞中所表达的蛋白质，如在肝癌细胞中表达胚肝细胞中的多种蛋白质。多数癌细胞中具有较高的端粒酶活性。癌细胞还异常表达与其恶性增殖、扩散等过程相关的蛋白质组分，如纤连蛋白减少，某些蛋白如蛋白激酶 Src、转录因子 Myc 等过量表达。此外，由于癌细胞基因突变位点不同，同一种癌甚至同一癌灶中的不同癌细胞之间也可能具有不同的表型，而且其表型不稳定，特别是具有高转移潜能的癌细胞其表型更不稳定，这就决定了癌细胞异质性的特征。

【知识点自测】

（一）选择题

1. M 期细胞与间期细胞融合可以导致早熟凝缩染色体（PCC），下列哪个时期的 PCC 呈粉末状（　　）。

A. G_0 　　　　　　　B. G_1 　　　　　　　C. S 　　　　　　　D. G_2

2. 将 G_2 期细胞与 M 期细胞融合形成的早熟凝缩染色体呈现何种形态（　　）。

A. 细单线状 　　　　B. 粉末状 　　　　C. 双线状 　　　　D. 弥散状

3. 关于细胞周期蛋白，描述错误的是（　　）。

A. 周期蛋白在细胞周期内表达的时相有所不同，所执行的功能也多种多样

B. 含有一段相当保守的周期蛋白框，其功能是介导与 CDK 结合

C. M 期周期蛋白的分子含有破坏框结构

D. G_2 期周期蛋白分子中不含破坏框，但其 C 端含有一段特殊的 PEST 序列

4. 关于 M 期周期蛋白，错误的描述是（　　）。

A. 在 M 期才表现出调节功能 　　　　　B. 只在 M 期细胞中存在

C. 与 CDK 结合形成复合体 　　　　　　D. 分子中存在周期蛋白框和破坏框结构

5. 关于周期蛋白依赖性蛋白激酶，下列描述错误的是（　　）。

A. 在细胞周期中含量稳定

B. 不同的 CDK 结合的周期蛋白不同，所执行的功能也各不相同

C. 都可以同周期蛋白结合，周期蛋白是其活性的唯一调控因子

D. 其激酶活性受周期蛋白等多种因素的调节

6. 在 CDK1 催化下，细胞产生哪些变化（　　）。

A. 组蛋白 H1 磷酸化，染色质凝缩

B. 核纤层蛋白磷酸化，核膜重建

C. 核仁蛋白磷酸化，核仁凝集

D. C-abl 蛋白磷酸化，促使细胞骨架重排

7. 细胞 DNA 复制的执照因子存在于细胞的什么部位（　　）。

A. 细胞质 　　　　B. 细胞核 　　　　C. 纺锤体 　　　　D. 染色体

8. 研究发现 Mcm 蛋白是细胞 DNA 复制的执照因子，该蛋白是在细胞什么部位合成的（   ）。

    A. 内质网   B. 细胞质基质   C. 高尔基体   D. 细胞核

9. 离子辐射导致细胞分裂受阻，其主要原因是（   ）。

    A. 蛋白质变性   B. 能量失衡

    C. 质膜流动性改变   D. DNA 损伤

10. 癌细胞的基本特征中不包括（   ）。

    A. 体外培养时存在接触抑制

    B. 细胞生长和分裂失去控制

    C. 基因表达谱系和蛋白活性改变

    D. 具有浸润性和扩散性

11. 下列关于癌基因和抑癌基因的描述，正确的是（   ）。

    A. 抑癌基因突变，变成癌基因

    B. 癌基因的突变是显性的，抑癌基因的突变是隐性的

    C. 病毒癌基因起源于癌基因和抑癌基因

    D. 二者的功能是相互颉颃的

12. 后期促进因子复合物（APC）具有何种特性（   ）。

    A. 具有破坏框结构，导致周期蛋白降解

    B. 具有周期蛋白依赖性激酶活性

    C. 具有泛素连接酶活性

    D. 属于 M 期周期蛋白，促进细胞有丝分裂进入后期

13. 调节细胞 G_2 期向 M 期转换关键的细胞周期蛋白依赖性激酶主要是（   ）。

    A. CDK1   B. CDK2   C. CDK3   D. CDK4

14. 在细胞的 M 期，通过降解促使细胞从中期向后期转换的周期蛋白是（   ）。

    A. cyclin A 和 B   B. cyclin B 和 E   C. cyclin D 和 E   D. cyclin A 和 C

15. 在哺乳动物细胞中，cyclin A 在哪个时期含量达到最大值（   ）。

    A. G_1/S B. S/G_2 C. G_2/M D. M

16. 细胞周期引擎分子是指（   ）。

    A. ATP   B. APC   C. cyclin   D. CDK

17. 后期促进因子复合物（APC）的活性来自于（   ）。

    A. 周期蛋白激活   B. M 期 CDK 激活   C. APC 自激活   D. Mad2 的激活

18. CDK 被激活的过程为（   ）。

    A. 周期蛋白结合—去磷酸化—磷酸化   B. 磷酸化—周期蛋白结合—去磷酸化

    C. 磷酸化—去磷酸化—周期蛋白结合   D. 周期蛋白结合—磷酸化—去磷酸化

19. 非洲爪蟾卵细胞中 p32 与裂殖酵母中哪种蛋白同源（   ）。

    A. $p32^{cdc25}$ B. $p34^{cdc28}$ C. $p56^{cdc13}$ D. $p34^{cdc2}$

20. *p53* 基因是（   ）。

    A. 癌基因   B. 原癌基因   C. 抑癌基因   D. 假基因

（二）判断题

1. 肿瘤的发生是单一基因突变的结果。（　　）
2. 细胞增殖是通过细胞周期实现的，是受严格控制的生命活动过程。（　　）
3. 所有的周期蛋白都具有周期蛋白框和破坏框结构。（　　）
4. 周期蛋白的结合是 CDK 激活的必要条件。（　　）
5. CDK 分子中都有一段保守的 PSTAIRE 序列，构成其激酶功能结构域。（　　）
6. 癌细胞在分化程度上低于正常细胞。（　　）
7. 癌细胞往往核质比例增大，分裂速度加快。（　　）
8. 肿瘤是细胞分裂调节失控引起的，都是恶性的。（　　）
9. 病毒感染不会影响细胞周期进程。（　　）
10. 每种 CDK 只能使一种底物的特定丝氨酸或苏氨酸残基发生磷酸化。（　　）
11. 在哺乳动物细胞中，cyclin B 在 G_1 晚期开始表达和积累，在 M 期的前期达到最大值。（　　）
12. MPF 于 G_2 期晚期活性达到最大值并维持到 M 期中期。（　　）
13. 细胞中泛素化的周期蛋白被直接送往溶酶体进行降解。（　　）
14. 哺乳动物细胞核 DNA 发生损伤，其细胞周期会发生停滞，当尝试修复失败后，细胞周期将忽略损伤，继续运转。（　　）
15. 人类细胞 DNA 损伤修复过程中，*p53* 基因表达水平大大降低。（　　）
16. 表观遗传改变也可以引起癌症的发生。（　　）
17. 良性肿瘤同恶性肿瘤相比，不具有浸润性和扩散性。（　　）
18. 抑癌基因的产物往往是细胞细胞增殖的负调控因子。（　　）
19. 癌细胞往往有很高的端粒酶活性。（　　）
20. 细胞癌基因可能来源于反转录病毒特殊的增殖方式，从病毒癌基因转变而来的。（　　）

（三）名词比对

1. 周期蛋白框（cyclin box）与破坏框（destruction box）
2. 胚胎干细胞（embryonic stem cell，ESC）与肿瘤干细胞（cancer stem cell）
3. 癌基因（oncogene）与抑癌基因（tumor-suppressor gene）
4. 黏连蛋白（cohesin）与凝缩蛋白（condensin）
5. CDK（cyclin-dependent kinase，CDK）与 CKI（cyclin-dependent kinase inhibitor，CKI）
6. 癌细胞（cancer cell）与分化细胞（differentiated cell）

（四）分析与思考

1. 如下图所示，同其他许多癌症一样，结肠癌发病率伴随年龄增长而增高。既然一生中基因突变率是稳定的，请解释为何癌症发病率随着年龄增加有如此戏剧性的增高？与结肠癌相反，白血病的发病率却不像结肠癌那样呈现明显的伴随年龄增长而出现高发的趋势，只在儿童中呈现较高的发病率。请分析原因。

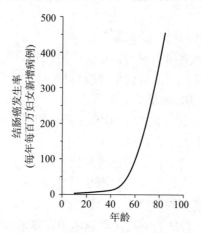

2. *Rb* 基因是人类抗细胞恶性增殖的一类基因中的一种。通常情况下当两个拷贝都缺失后产生肿瘤。请问如果在所有人体细胞中，该类肿瘤抑制基因都非正常高水平表达，是否就能够就此消除癌症的产生？对人体会有什么影响？

3. 小鼠乳腺肿瘤病毒（MMTV）是一种致癌反转录病毒，当其反转录产生的 DNA 整合到小鼠基因组中后，则会引发乳腺癌。为了了解乳腺癌究竟是该病毒本身携带的癌基因，还是因为病毒插入宿主细胞基因组中而引起的，现将 26 只小鼠感染该病毒，结果均产生乳腺肿瘤。分别分离这些肿瘤并分析该病毒在基因组中整合的位点，发现在其中 18 只个体的肿瘤中病毒均插在小鼠基因组中一个约 20 kb 大小的区间内，而且在这 18 个肿瘤中，在病毒插入部位附近的基因组区域有 RNA 表达，而在健康的乳腺细胞中则无此表达。请问上述实验结果表明 MMTV 究竟是携带癌基因还是整合导致癌基因？为什么？

4. 在肿瘤治疗中，如果肿瘤细胞也发生 *p53* 基因突变，则放疗效果往往不好，请问原因是什么？

5. 分裂的蛤蜊卵中，cyclin B 浓度在分裂间期呈现非常明显的缓慢增长，但是 M - CDK 活性在有丝分裂期才突然增长，如下图所示。请分析浓度持续缓慢增长的细胞 cyclin B 是如何调节 M - CDK 活性急剧变化的？

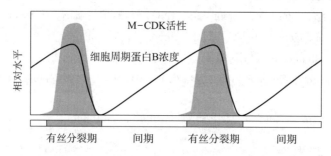

6. 一位教授在实验室分离得到两株突变酵母，*cdc25⁻* 和 *wee1⁻*，但忘了标记这两株酵母分别是什么突变。根据细胞周期调控的相关知识，你能否只需用一台光学显微镜观察野生型、突变型酵母的增殖形态，便可帮助这位教授解决这个难题。

野生型 突变株1 突变株2

（1）突变株 1 和突变株 2 分别是什么突变？为什么？

（2）两株突变酵母的哪一周期时相发生了改变？这一时相是变长还是变短？

【参考答案】

（一）选择题

1. C　2. C　3. D　4. B　5. C　6. A　7. A　8. B　9. D　10. A　11. B　12. C
13. A　14. A　15. A　16. D　17. B　18. D　19. D　20. C

（二）判断题

1. ×　肿瘤的发生是一系列基因突变逐渐积累的结果。

2. √

3. ×　G_1 的周期蛋白不具有破坏框结构。

4. √

5. ×　CDK 分子结构中都有一段保守的 PSTAIRE 序列，与周期蛋白的结合有关。

6. √

7. √

8. ×　肿瘤是细胞分裂调节失控引起的，具有浸润性和扩散性的才是恶性的。

9. ×　病毒感染对细胞周期有重要影响。

10. ×　每种 CDK 可以使一系列对应的底物的特定丝氨酸或苏氨酸残基发生磷酸化。

11. ×　在哺乳动物细胞中，cyclin B 在 G_1 晚期开始表达和积累，在 G_2 期达到最大值。

12. √

13. ×　细胞中泛素化的周期蛋白被直接送往蛋白酶体进行降解。

14. ×　当尝试修复失败后，细胞将进入凋亡程序。

15. ×　*p53* 基因表达水平大大升高。

16. √

17. √

18. √

19. √

20. ×　病毒癌基因可能来源于其反转录病毒特殊的增殖方式，从细胞癌基因转变而来的。

（三）名词比对

1. 周期蛋白框约含 100 个氨基酸残基，其功能是介导周期蛋白与 CDK 结合。而 M 期周期蛋白的破坏框主要参与泛素依赖性的 cyclin A 和 B 的降解。

2. 胚胎干细胞是从早期胚胎分离出来的一类细胞，它具有体外培养无限增殖、自我更新和多向分化的特性，其增殖受到严格的调控，具有迁移到特定组织分化成多种功能细胞的潜能，以构建正常的组织器官。肿瘤干细胞是一群存在于某些肿瘤组织中的干细胞样细胞，其细胞增殖失控，失去正常分化的能力，转移到多种组织后形成异质性的肿瘤，破坏正常组织与器官的功能，具有高致瘤性，耐药性强。

3. 癌基因是控制细胞生长和分裂的一类正常基因，其突变能引起正常细胞发生癌变。抑癌基因又称抗癌基因，是正常细胞增殖过程中的负调控因子。二者突变后，都导致细胞增殖能力增强，促进细胞癌变。

4. 真核细胞不同水平染色体高级结构的组织是依赖于不同的 Smc（structural maintenance of chromosome）蛋白复合物来维持的。其中黏连蛋白介导姐妹染色单体的黏着，凝缩蛋白介导染色体凝缩。它们的核心组分为具有 ATPase 活性的 Smc 家族成员。在其他非 Smc 蛋白亚基参与下，黏连蛋白通过臂端类 ABC 结构域与 DNA 结合，将两条姐妹染色单体黏着在一起（分子间交联）。直至有丝分裂中 - 后期转换时染色单体彻底分离，而凝缩蛋白介导染色体 DNA 分子内交联，利用水解 ATP 释放的能量，促进染色体凝缩。

5. 周期蛋白依赖性蛋白激酶是与周期蛋白结合并活化，使靶蛋白磷酸化、调控细胞周期进程的激酶。而 CKI 是细胞内存在的一些对 CDK 活性起负调控的蛋白质。

6. 癌细胞生长分裂失控，具有浸润和转移特征；分化细胞是一类正常的执行特定功能的细胞，具有相同的基因组；而癌细胞基因组却发生不同形式的改变。少数癌细胞其基因组 DNA 序列并未改变，但由于其 DNA 或组蛋白的修饰发生了变化，即表观遗传（epigenetic change），导致基因表达模式的改变，从而引起癌症的发生。

（四）分析与思考

1. 肿瘤的发生，往往是多个突变积累的结果。细胞基因组中产生与肿瘤发生相关的某一原癌基因的突变，并非马上形成癌，而是继续生长并伴随细胞群体中新的偶发突变的产生和积累，直到突破组织的限制转移或扩散，故恶性肿瘤（癌）全部过程往往需要 10 年或更长时间，但是白血病肿瘤细胞一旦产生，由于细胞可在血液中直接扩散，使得它的发病更早。

2. 不行。会抑制人体正常的细胞分裂。

3. 携带。所有感染病毒的小鼠中，有 8 只即使无 RNA 表达的，也产生了肿瘤，故癌基因应该是病毒携带的。

4. 正常的 p53 基因是抑癌基因，对于放化疗产生 DNA 损伤的肿瘤细胞能够引起细胞凋亡。如果 p53 基因突变，则肿瘤细胞能够耐受放化疗而不再凋亡，故疗效变差。

5. CDK 的激活，要受到 DNA 复制情况的检测以及酶的修饰限制，在 DNA 复制完整，并且经过 wee1/mik1 激酶和 CDK 活化激酶（CDK1-activiting kinase，CAK）进行磷酸化，再经过蛋白磷酸水解酶 cdc25C 的去磷酸化，才能表现出激酶活性。

6.（1）突变株 1 是 *cdc25⁻*，突变株 2 是 *wee1⁻*。*cdc25* 表达不足，细胞长而不分裂，*wee1* 表达不足，细胞很小就开始分裂。（2）*cdc25⁻* 突变株延长了 G_2 期，而 *wee1⁻* 则是缩短了 G_2 期。

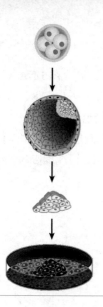

第十五章

细胞分化与胚胎发育

【学习导航】

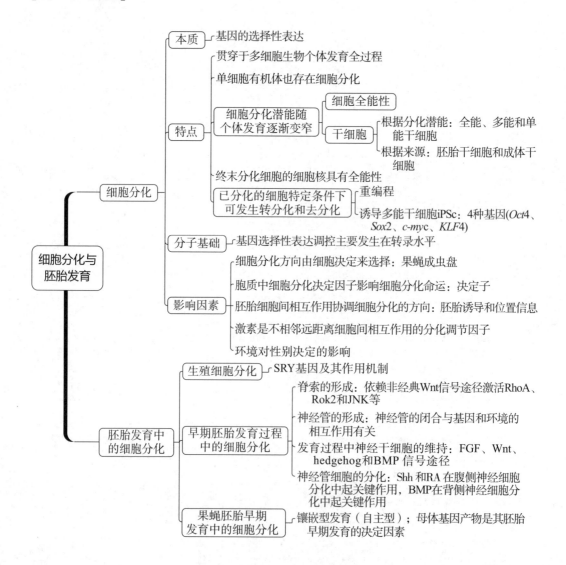

- 细胞分化与胚胎发育
  - 细胞分化
    - 本质 — 基因的选择性表达
    - 特点
      - 贯穿于多细胞生物个体发育全过程
      - 单细胞有机体也存在细胞分化
      - 细胞分化潜能随个体发育逐渐变窄
        - 细胞全能性
        - 干细胞
          - 根据分化潜能：全能、多能和单能干细胞
          - 根据来源：胚胎干细胞和成体干细胞
      - 终末分化细胞的细胞核具有全能性
      - 已分化的细胞特定条件下可发生转分化和去分化
        - 重编程
        - 诱导多能干细胞iPSc：4种基因(*Oct*4、*Sox*2、*c-myc*、*KLF*4)
    - 分子基础 — 基因选择性表达调控主要发生在转录水平
    - 影响因素
      - 细胞分化方向由细胞决定来选择：果蝇成虫盘
      - 胞质中细胞分化决定因子影响细胞分化命运：决定子
      - 胚胎细胞间相互作用协调细胞分化的方向：胚胎诱导和位置信息
      - 激素是不相邻远距离细胞间相互作用的分化调节因子
      - 环境对性别决定的影响
  - 胚胎发育中的细胞分化
    - 生殖细胞分化 — SRY基因及其作用机制
    - 早期胚胎发育过程中的细胞分化
      - 脊索的形成：依赖非经典Wnt信号途径激活RhoA、Rok2和JNK等
      - 神经管的形成：神经管的闭合与基因和环境的相互作用有关
      - 发育过程中神经干细胞的维持：FGF、Wnt、hedgehog和BMP信号途径
      - 神经管细胞的分化：Shh和RA在腹侧神经细胞分化中起关键作用，BMP在背侧神经细胞分化中起关键作用
    - 果蝇胚胎早期发育中的细胞分化 — 镶嵌型发育（自主型）；母体基因产物是其胚胎早期发育的决定因素

【重点提要】

细胞分化的概念、本质及其影响因素；细胞分化潜能及干细胞；性别决定基因及相关基因作用机制；受精过程及机制；早期发育各阶段的主要特征；参与细胞分化和个体发育的主要信号转导路径。

【基本概念】

1. 细胞分化（cell differentiation）：是指在个体发育中，由一种相同的细胞类型经细胞分裂后逐渐在形态、结构和功能上形成稳定性差异、产生不同的细胞类群的过程。

2. 管家基因（house-keeping gene）：是指所有细胞中均表达的一类基因，其产物是维持细胞基本生命活动所必需的。

3. 组织特异性基因（tissue-specific gene）：又称细胞类型特异性基因（cell type-specific gene），亦称奢侈基因（luxury gene），是指不同类型细胞进行特异性表达的基因，其产物赋予各种类型细胞特异的形态结构特征与特异的生理功能。一般在细胞周期的早期复制。细胞分化的实质是组织特异性基因在时空上的差异表达。

4. 组合调控（combinational control）：是指有限的少量调控蛋白启动了为数众多的特异细胞类型的分化程序，即每种类型的细胞分化是由多种调控蛋白共同参与完成的。

5. 主导基因（master gene）：是指编码在启动细胞分化的各类调节蛋白中的一两种起决定作用的调控蛋白的基因。主导基因的表达可能启动整个细胞的分化过程。

6. 终末分化（terminal differentiation）：指由干细胞最终形成特化细胞类型的过程。

7. 转分化（transdifferentiation）：是指一种类型的分化细胞转变成另一种类型的分化细胞的现象，往往经历去分化和再分化的过程。

8. 重编程（reprogramming）：是指已分化的细胞或细胞核在特定条件下完成去分化程序，最终形成了原始的胚性细胞的过程。

9. 再生现象（regeneration）：一般是指生物体部分缺损后重建的过程，广义的再生可包括细胞水平、组织与器官水平及个体水平的再生。

10. 胚胎干细胞（embryonic stem cell，ES cell）：是从早期囊胚的内细胞团（ICM）或生殖嵴中原始生殖细胞（PGC）分离出来的具有发育全能性的一种未分化的细胞，它具有与胚胎细胞相似的形态特征及分化潜能。

11. 细胞全能性（totipotency）：是指细胞经分裂和分化后仍具有形成完整有机体的潜能或特性。动物的受精卵、卵裂早期的胚胎细胞及植物细胞等都具有全能性。

12. 微环境（niche）：是指细胞间质及其周边的细胞和体液成分。微环境的稳定是保持细胞正常增殖、分化、代谢和功能活动的重要条件。

13. 囊胚（blastula）：是指受精卵经过卵裂后形成的由多细胞组成的中空球形体。此时细胞已明显分化，外表为滋养层细胞，将发育成胎盘等胚外组织，中心为囊胚腔，腔内一侧的细胞称内细胞团，将发育成胚体等。

14. 原肠胚（gastrula）：是指囊胚形成后，胚胎细胞经历了剧烈有序的运动过程，细胞间的相对位置发生显著改变，最终形成 3 个胚层（germ layer），这个阶段因原肠形成故称为原肠胚。

15. 胚胎诱导（embryonic induction）：也称近端组织相互作用（promixate tissue interaction），是指早期胚胎发育过程中，一部分细胞会影响周围细胞使其向一定方向分化的现象。主要通过细胞旁分泌产生的信号分子来实现的。

16. 原生殖细胞（primordial germ cell，PGC）：原肠胚时期含有生殖质的细胞称为原生殖细胞。此以前的生殖细胞称为预定原生殖细胞。原生殖细胞是生殖细胞的祖先细胞。

17. 顶体反应（acrosomal reaction）：精子释放顶体酶，溶蚀卵子放射冠和透明带的过程。

18. 旁侧抑制（lateral inhibition）：是指在很多具有相同的分化潜能的细胞中，当一个细胞分化，就会抑制附近的细胞形成相同的分化细胞，从而保证充足的空间和营养物质，最后产生间隔模式。

【知识点解析】

（一）细胞分化的基本概念

1. 细胞分化是基因选择性表达的结果

细胞分化是由于细胞选择性地表达各自特有的专一性蛋白质而导致细胞形态、结构与功能的差异。不同类型的细胞各自表达一套特异的基因，其产物不仅决定细胞的形态结构，而且执行特定的生理功能。

2. 组合调控引发组织特异性基因的表达

细胞分化的机制为组合调控，每种类型的细胞分化由多种调控蛋白共同参与完成。如果调控蛋白的数目是 n，则其调控的组合在理论上可以启动分化的细胞类型为 2^n。

3. 单细胞有机体的分化

单细胞生物甚至原核生物也存在细胞分化，然而与多细胞有机体细胞分化的不同之处是：前者多为适应外界环境的改变，而后者则通过细胞分化构建执行不同功能的组织与器官。因此，多细胞有机体在其分化程序与调节机制方面显得更为复杂。

（二）细胞的分化潜能与干细胞

1. 干细胞的分类

干细胞是机体中能进行自我更新（产生与自身相同的子代细胞）和多向分化潜能（分化形成不同细胞类型）并具有形成克隆能力的一类细胞。

根据的分化潜能不同，干细胞可以分为全能干细胞、多能干细胞和单能干细胞。全能干细胞可以分化为机体内的任何一种细胞，甚至形成一个复杂的有机体。多能干细胞可以分化为多种类型的细胞。单能干细胞只能分化为一种类型的细胞。

根据来源不同，干细胞又可分为胚胎干细胞和成体干细胞。

2. 诱导性多能干细胞

诱导性多能干细胞（induced pluripotent stem cell，iPS cell）：通过基因转染技术将某些转录因子导入动物或人的体细胞，使体细胞经过重编程形成胚胎干细胞样的多能细胞。诱导多能干细胞最初是日本科学家山中申弥（Shinya Yamanaka）于 2006 年利用病毒载体将 4 个转录因子（Oct4，Sox2，Klf4 和 c – Myc）转入分化的体细胞中而实现。

（三）影响细胞分化的因素

1. 受精卵细胞质的不均一性对细胞分化的影响

决定子是一种与蛋白质结合处于非活性状态的 mRNA（隐蔽 mRNA），能影响卵裂细胞向不同方向分化的细胞质成分，这种不均匀性在一定程度上决定了胚胎发育早期细胞的分化。

2. 胞外信号分子对细胞分化的影响

近端组织的相互作用主要通过细胞旁分泌产生的信号分子来实现，另一种远距离细胞间相互作用对细胞分化的影响主要是通过激素来调节的。

3. 细胞间的相互作用与位置效应。

4. 细胞记忆与决定

决定（determination）是指一个细胞接受了某种指令，在发育中这一细胞及其子代细胞将区别于其他细胞而分化成某种特定的细胞类型，或者说在形态、结构与功能等分化特征尚未显现之前就已确定了细胞的分化命运。细胞的决定与细胞的记忆有关，而细胞记忆可能通过两种方式实现：一是正反馈途径（positive feedback loop），二是染色体结构变化（DNA 与蛋白质相互作用及其修饰）的信息传到子代细胞。

5. 环境对性别决定的影响

主要表现在温度对卵生动物孵化时性别的影响，例如某些蜥蜴在 24 ℃下全部发育为雌性，在 32 ℃下则全部发育为雄性。

6. 染色质变化与基因重排对细胞分化的影响

纤毛虫类（如草履虫、四膜虫）的细胞内存在 2 个细胞核，小核称为生殖核，包含完整的二倍体基因组，但基因基本不表达；大核称为营养核，丢失 10% ~ 90% 的 DNA，剩余的 DNA 经重排与扩增后形成多倍体，其基因活跃地转录并决定其一切表型特征。B 淋巴细胞在分化为浆细胞过程中，其编码抗体的基因可发生重排。

（四）胚胎发育中的细胞分化

1. 生殖细胞的分化

（1）哺乳动物的性别分化

① SRY 的发现　性别分化本质是性腺细胞的分化。性腺分化有两个方向——睾丸或卵巢，哺乳动物的 Y 染色体决定分化方向。Y 染色体上携带决定男性性别的关键基因，称之为睾丸决定因子（testis-determining factor，TDF）。SRY（sex-determining region of Y）基因编码一个与 DNA 特异序列相结合的转录因子，决定睾丸的发育。

② SRY 与性腺细胞的分化　表达 SRY 的性腺细胞，最终分化为睾丸中最主要的细

胞类型——支持细胞，这是生殖嵴体细胞中最早产生性别分化的细胞。支持细胞诱导性腺中其他体细胞分化为其他类型的睾丸组成细胞，引导性别分化朝向雄性的方向。在 XX 个体中，分化为睾丸支持细胞的这部分细胞将分化为卵巢中的滤泡细胞。

③ *SRY* 的作用机制 *SRY* 编码一个转录因子，通过调节下游基因的表达，引起前体细胞向睾丸支持细胞分化。*Sox9*（SRY-related high mobility group box 9）与 *SRY* 同属于 HMG 类 DNA 结合蛋白家族，是最关键的一个 *SRY* 下游基因，在性别决定中起更为直接和普遍的作用。

（2）生殖细胞的形成与成熟 生殖细胞是最早决定分化方向的细胞之一。原生殖细胞向精子或卵细胞分化，经过减数分裂等一系列复杂的过程，最终成为精子或卵子。

哺乳动物生殖细胞的分化主要依赖于邻近的细胞提供信号来诱导。哺乳动物最初的几次卵裂所产生的细胞是全能性的。随着胚胎发育某些细胞在邻近细胞的诱导之下向 PGC 方向分化。PGC 形成后便分裂和迁移，到达生殖嵴。性别特异性基因的甲基化（基因印记）是由 PGC 本身的核型所决定的，而 PGC 迁移进入生殖嵴后的细胞分裂方式取决于生殖嵴的体细胞。

2. 早期胚胎发育过程中的细胞分化

（1）动物早期发育 有性生殖的生物，其生命一般起始于受精（fertilization），包括两个连续发生的反应——顶体反应和皮层反应（cortical reaction）。受精作用形成合子（zygote），使染色体恢复到二倍体状态，受精卵（$2n$）开始进行一段时间的快速细胞分裂，称为卵裂。随着卵裂的进行，卵裂球之间存在的空隙逐渐融合在一起，形成内部的腔，这时的胚胎称为囊胚。囊胚形成后，胚胎细胞经历了剧烈有序的运动过程，细胞间的相对位置发生显著改变，最终形成 3 个胚层（germ layer），这个阶段称为原肠胚。

（2）神经胚形成 脊椎动物原肠胚背部的中胚层和覆盖在其表面的外胚层间的相互作用，是脊椎动物后续发育的决定因素，是各种特异性组织和器官产生的基础。

脊索的形成：非经典 Wnt 信号途径在背部的中胚层组织形成脊索过程中起重要作用。

神经管的形成：脊索诱导其上方的外胚层形成神经管，将来发育为中枢神经的脑和脊髓。其主要过程为：神经板（neural plate）—神经沟（neural groove）—神经褶（neural fold）—神经管（neural tube）。在神经管行将闭合以及闭合后，头部和脊髓的神经嵴（neural crest）细胞开始迁移，最终形成外周神经系统、色素细胞甚至具有中胚层性质的头骨和头部真皮，以及心血管系统的部分结构。神经管开始形成的阶段是脊椎动物发育历程中的重要时期，称之为神经胚（neurula）期。

（3）神经管初期发育进程中神经干细胞的维持

① FGF 信号维持神经上皮的干细胞特性 是通过抑制促分化基因 *Pax6*，从而诱导 *cyclin D2* 的表达。cyclin D2 与 CDK4/6 形成复合物，促进早 G_1 期的进程。

② Delta – Notch 信号途径与神经元分化 转录因子 neurogenin 是决定神经前体细胞是否分化的关键因素，是 Delta – Notch 信号途径的下游靶分子。关闭了邻近细胞 *neurogenin* 的表达，使之继续维持干细胞状态。同时，强的 Delta 信号抑制了邻近细胞 Delta 的合成，这样就解除了邻近细胞对自身的抑制，于是 neurogenin 开始在这些高表达 Delta 信号的前体细胞中合成，激活了转录因子 *neuro D* 的表达，前体细胞开始向神经元分化。

③ Wnt $-\beta-$ catenin 经典途径　维持神经管腹侧前体细胞的分裂,维持神经前体细胞库。

④ Hedgehog 途径对早期中枢神经系统生长的调控　此信号通路激活可通过 N-myc 和 cyclin D1 促进细胞增殖。Shh(Sonic hedgehog)对神经管的背腹分化起关键作用。

⑤ BMP(bone morphogenetic protein)信号通过其不同受体调控背侧脊髓细胞的增殖与分化　BMP 受体 Ia,会诱导 *Wnt1* 和 *Wnt3a* 等 *Wnt* 基因的表达,促进细胞的增殖;而表达持续活化的 BMP 受体 Ib,则引起细胞分化。

(4)神经管细胞的分化　神经管的背腹分化取决于其周围的中胚层组织。脊索抑制其邻近的神经管细胞增殖,形成了相对较薄的底板;侧面的前体节中胚层组织则诱导与之相邻的神经管细胞增殖,形成两侧较厚的神经管壁。诱导神经管出现背腹分化的主要是 4 种信号分子:FGF、RA、Shh 和 BMP。

① Shh 和 RA 在腹侧神经细胞分化中起关键作用　Shh 信号以浓度依赖的方式对神经管发挥作用,神经管旁的体节中胚层在视黄醛脱氢酶 2(retino-aldehyde dehydrogenase 2,RALDH2)的催化下,合成并分泌的另外一种信号分子 RA 也形成了一个浓度梯度,与 Shh 梯度相颉颃:距离腹侧近的神经细胞分化几乎全部由 Shh 决定;而距离稍远的神经细胞分化,则由 Shh 和 RA 共同决定。Shh 和 RA 的效应分子都是带有同源结构域的转录因子。

② BMP 促进背侧神经细胞分化　BMP 诱导的细胞分化同样有浓度梯度依赖性,它的效应蛋白也是具有同源结构域的转录因子。

③ 神经元亚类的特化　FGF、RA、Shh 和 BMP 信号所诱导的转录因子体系,通过对其他方向分化潜能的抑制最终决定了细胞的分化命运。

3. 果蝇胚胎早期发育中的细胞分化

调整型发育(regulative development):也称为依赖型发育,脊椎动物胚胎发育过程中,细胞附近的组织对细胞分化发挥了巨大作用,细胞的分化命运大部分由其所处环境决定。

镶嵌型发育(mosaic development):也叫自主型发育,大部分无脊椎动物的发育过程中,细胞分化命运大体是由细胞本身所决定的,对细胞所处环境依赖较小。果蝇的发育就是典型的镶嵌型发育。

【知识点自测】

(一)选择题

1. 关于管家基因表达的描述,最正确的是哪种(　　)。

A. 在个体的所有细胞中表达

B. 在个体的部分细胞中持续表达

C. 在特定环境下才能表达的基因

D. 在特定环境下部分细胞中持续表达的基因

2. 下列哪种蛋白属管家基因的表达产物（　　）。

A. 微管蛋白　　　　　B. 卵清蛋白　　　　　C. 角蛋白　　　　　D. 珠蛋白

3. 人体内不同类型的分化细胞能合成组织特异性蛋白，是由哪种机制引起的（　　）。

A. 各种细胞基因不同

B. 各种细胞基因组相同，而表达基因不同

C. 各种细胞蛋白激酶活性不同

D. 各种细胞的转录酶活性不同

4. 检测细胞中特定的 DNA 序列，通常采用哪种方法（　　）。

A. Western blotting　　　　　　　　B. Northern blotting

C. Southern blotting　　　　　　　　D. Dot blotting

5. 下列哪种细胞属于终末分化细胞（　　）。

A. 神经元　　　　　B. 造血干细胞　　　　　C. 成纤维细胞　　　　　D. 视网膜母细胞

6. 动物受精卵能发育成一个完整的个体，受精卵的这种特性称之为（　　）。

A. 单能性　　　　　B. 多能性　　　　　C. 全能性　　　　　D. 发育性

7. 克隆羊"多莉"的成功说明下列哪种描述是正确的（　　）。

A. 完全分化的细胞具有全能性

B. 完全分化的细胞其核具备全能性

C. 哺乳动物体细胞可以直接发育成一个完整的新个体

D. 在动物细胞发育过程中，细胞核的全能性会逐步丧失

8. 随着分化程度的提高，细胞分裂能力和对分化诱导因子的反应能力发生的变化是（　　）。

A. 细胞分裂能力和对分化诱导因子的反应能力都逐渐下降

B. 细胞分裂能力逐渐上升，对分化诱导因子的反应能力逐渐下降

C. 细胞分裂能力逐渐下降，对分化诱导因子的反应能力逐渐上升

D. 细胞分裂能力和对分化诱导因子的反应能力都逐渐上升

9. 在胚胎发育过程中，一部分细胞影响相邻细胞分化方向的作用称为（　　）。

A. 旁侧抑制　　　　　B. 胚胎诱导　　　　　C. 细胞数量效应　　　　　D. 细胞决定

10. 细胞去分化通常发生在下列哪种生命活动中（　　）。

A. 细胞凋亡　　　　　B. 细胞转分化　　　　　C. 细胞衰老　　　　　D. 细胞增殖

11. 精子和卵细胞的结合过程中，下列哪种酶的激活可引起皮层反应（　　）。

A. 卵母细胞质中的磷脂酶 C　　　　　　　B. 卵母细胞质膜中的腺苷酸环化酶

C. 蛋白激酶 A　　　　　　　　　　　　　D. 蛋白激酶 C

12. 在哺乳动物胚胎发育中，下列哪种结构由中胚层发育而来（　　）。

A. 脊索　　　　　B. 神经管　　　　　C. 脊髓　　　　　D. 神经板

13. 在两栖动物胚胎发育过程中，神经管来自下列哪种胚层或组织（　　）。

A. 外胚层　　　　　B. 内胚层　　　　　C. 中胚层　　　　　D. 脊索

14. 同源异型蛋白通常含有下列哪种结构（　　）。

A. 螺旋－转角－螺旋   B. 亮氨酸拉链式结构

C. 锌指结构   D. HMG 框

15. 会导致最严重的发育障碍的是哪类基因家族发生突变（   ）。

A. 母体基因   B. 缺口基因   C. 匹配基因   D. 同源异型基因

16. 同源异型基因的定义是依据下列哪种特征（   ）。

A. 基因序列高度同源   B. 高度保守的结构域

C. 蛋白质构象不同   D. 基因型不同

（二）判断题

1. 借助于组合调控，一种关键的基因调控蛋白可以将一种类型的细胞转换成另一种类型的细胞，但是不可能诱发整个器官的形成。（   ）

2. 单细胞生物的细胞分化多为适应生活环境，而多细胞有机体通过细胞分化构建执行不同功能的组织器官。（   ）

3. 对于细胞核而言，始终保持其分化的全能性。（   ）

4. 细胞分化是多细胞生物体发育的基础，也是单细胞生物体应对环境变化的基础。（   ）

5. 胚胎发育中细胞决定的关键是出现相应组织中的特异蛋白。（   ）

6. 原核生物是单细胞类型，所以没有细胞分化的发生。（   ）

7. 细胞质的分化在卵子形成时就已经发生了。（   ）

8. 任何一种细胞的细胞质中都有分化决定子。（   ）

9. 不同的有机体再生能力有明显的差异，一般来说，植物比动物再生能力强，高等生物比低等生物再生能力强。（   ）

10. 受精后胚胎细胞分裂速度很快，DNA、RNA 和蛋白质都以较快的速度合成。（   ）

11. 哺乳动物受精卵在发生卵裂到 16 细胞前，所有细胞都具有全能性。（   ）

12. 在体内，细胞分化一般是稳定的、不可逆的。（   ）

（三）名词比对

1. 胚胎诱导（embryonic induction）与位置效应（position effect）

2. 调整型发育（regulative development）与镶嵌型发育（mosaic development）

3. 胚胎干细胞（embryonic stem cell）与诱导性多能干细胞（induced pluripotent stem cell）

4. 生殖质（germplasm）与原生殖细胞（primordial germ cell）

5. *Hox* 基因（homeobox gene）与 *Sox* 基因（SRY-related high mobility group box）

（四）分析与思考

1. 在肌肉特异性基因转录调控中，MyoD 作用于许多基因的启动子区或增强子区，从而促进转录，如脊髓性肌肉萎缩症（spinal muscularatrophy，SMA）基因 $\alpha - SMA$ 的上调，在已分化的肌成纤维细胞中组装成应力纤维。TGF$-\beta$ 是诱导成纤维细胞转分化为肌成纤维细胞的信号分子，试问：

（1）TGF-β、MyoD、α-SMA 三者之间呈现怎样的上下游关系？

（2）如抑制肌细胞中 MyoD 的表达，肌细胞能否回到肌成纤维细胞状态？

2. 2006 年山中申弥教授实验室向小鼠成纤维细胞中转入 4 种基因（Oct4，Sox2，c-myc 和 KLF4）诱导产生了多能干细胞（iPSC）。由于转进去的 c-myc 和 KLF4 都是癌基因，所用转基因的载体又都插到了染色体中，因此，制备的 iPSC 可能具有致瘤性。请问科学家采用哪些方法可以解决这个问题？（答出一种可行的方法即可）

3. 接上题，如果将转入的 4 种基因从诱导性多能干细胞（iPSC）中剔除，iPSC 是否会再分化成小鼠成纤维细胞？为什么？

4. 人胚胎干细胞在体外分化成人体各种细胞类型的研究，是目前干细胞最具应用前景的研究热点之一。然而，大量研究工作表明：在体外通过有序加入各种细胞因子诱导产生的终末分化细胞，如胰腺 B 细胞、肝细胞等，其生物学活性远远低于体内相应细胞。其原因可能是什么？体外诱导分化如何获得高生物活性的终末分化细胞？

5. 已有报道称，可以利用基因剔除和骨髓移植技术治愈艾滋病。你觉得可行吗？请设计一个具体的治疗方案。（提示：HIV 感染细胞表面具有 CD4 受体的淋巴细胞，同时还需要一种辅助受体 CCR5。已发现在少数不感染 HIV 的正常人体中，其 CD4 淋巴细胞表面缺少 CCR5 蛋白。）

6. 试述干细胞、正常分化细胞与癌细胞的区别。

【参考答案】

（一）选择题

1. A 2. A 3. B 4. C 5. A 6. C 7. B 8. C 9. B 10. B 11. A 12. A 13. A 14. A 15. A 16. B

（二）判断题

1. × 分化基因组合调控可以诱导器官的形成。

2. ✓

3. ✓

4. ✓

5. × 主导基因。

6. × 受环境影响产生不同类型的细胞，有基因表达差异。

7. ✓

8. × 卵细胞。

9. × 高等生物一般比低等生物再生能力弱。

10. × 主要是遗传物质的合成。

11. ✓

12. √

（三） 名词比对

1. 胚胎诱导主要指一部分细胞会影响周围细胞使其向一定方向分化。位置效应主要强调改变细胞所处的位置可导致细胞分化方向的改变。

2. 调整型发育是指在脊椎动物胚胎发育的过程中，细胞的分化命运大部分由其所处环境决定。而镶嵌型发育则强调细胞分化命运大体是由细胞本身所决定的。

3. 胚胎干细胞则是指是从早期胚胎的内细胞团（ICM）或原始生殖细胞（PGC）分离出来的具有发育全能性的一种未分化的细胞。而诱导性多能干细胞是通过基因转染等技术将某些转录因子导入动物或人的体细胞，使体细胞经过重编程形成胚胎干细胞样的多潜能细胞。

4. 生殖质是指是卵母细胞中决定胚胎细胞分化成生殖细胞的细胞质成分。原肠胚时含有生殖质的细胞称为原生殖细胞。

5. *Hox* 基因是指调控受精卵发育为新个体的一系列基因，它们在发育过程中，按照时间、空间顺序启动和关闭，互相协调，对胚胎细胞的生长和分化进行调节。而 *Sox* 基因是编码一系列 SOX（SRY-related HMG-box）家族的转录因子，其产物都具有一个 *HMG* 基序保守区。

（四） 分析与思考

1. （1）TGF-β 可诱导 MyoD 基因表达。MyoD 是肌细胞分化主导基因，并促进靶基因 α-SMA 的上调，促进肌成纤维细胞分化。

（2）不能，已产生稳定的分化。

2. 用质粒或其他病毒为载体，代替反转录病毒载体；直接转染相应的 mRNA；用活化相关信号通路的化学小分子替代相关的基因。

3. 细胞的定向分化是受一系列特定基因调控的，因此不能再分化成成纤维细胞。

4. 可以从体内细胞分化和胚胎发育的途径及其调控机理与体外细胞定向分化的诱导过程相对比，分析可能的原因。

体内细胞分化与体外细胞定向诱导分化最显著的区别是：前者是在一个特定的三维空间的微环境中进行的，细胞不仅受到各种细胞因子的调控，而且细胞与细胞之间的相互作用也起着至关重要的作用。此外，细胞因子在时间、空间以及浓度上的调控作用也是在体外很难做到的。至于细胞凋亡在细胞分化中的作用细节虽然还不十分清楚，但这也可能是从另一个侧面保证终末分化细胞质量的途径。

解决办法主要是尽量模拟体内的细胞分化条件。如考虑细胞分化的微环境，细胞之间的相互作用，在一个三维空间中诱导分化等。也有人将体外诱导分化的细胞移植到体内，获得高质量的终末分化细胞。

5. 从题目的提示中得知，CCR5 蛋白的表达与否并不影响人体正常的生理机能，但对 HIV 的感染是必需的。如果艾滋病患者的淋巴细胞中不表达 CCR5 蛋白，则病毒就不能感染这样的细胞，艾滋病也就治愈了。

所以，治疗方案就是：①分离患者的造血干细胞；②在体外通过基因剔除的技术，

使造血干细胞中的 *CCR5* 基因失活；③用处理过的患者自体的造血干细胞，对患者进行骨髓移植治疗。

6. （1）干细胞是一类具有自我更新（self-renewal）和分化（differentiation）潜能的细胞，具有完整基因组，在机体的数目和位置相对恒定；通过对称分裂增加干细胞的数量，通过非对称分裂分化成不同的细胞类型；端粒酶活性高，随着增殖与分化，端粒酶活性下降。

（2）癌细胞脱离了细胞社会赖以构建和维持的规则的制约，表现出细胞增殖失控和侵袭并转移这两个基本特征。

（3）癌细胞与正常分化细胞明显不同的是，分化细胞的细胞类型各异，但都具有相同的基因组，端粒酶活性下降；而癌细胞的细胞类型相近，但基因组却发生不同形式的改变，端粒酶活性一般高。

第十六章

细胞死亡与细胞衰老

【学习导航】

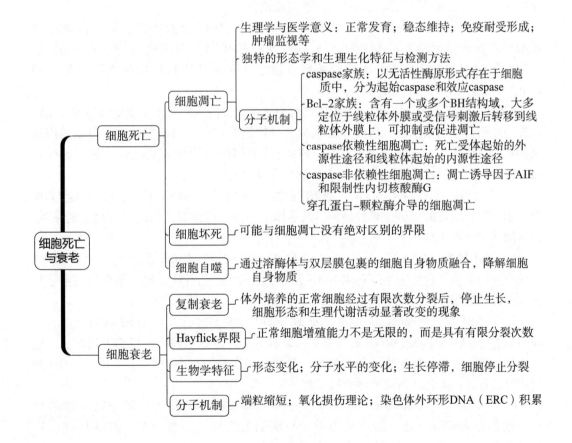

【重点提要】

细胞死亡3种方式的主要区别；细胞凋亡的特征、检测方法及其分子机制；引发caspase 依赖性细胞凋亡的两条主要途径；细胞内非依赖于 caspase 的凋亡途径；细胞衰老的概念、特征；Hayflick 界限；复制衰老分子机制的端粒假说。

【基本概念】

1. 程序性细胞死亡（programmed cell death，PCD）：是由遗传机制决定的、受到严格的基因调控的细胞"主动"死亡方式。对生物体的正常发育、自稳态平衡及多种病理过程具有重要的意义。

2. 细胞凋亡（apoptosis）：由 Kerr 等三位科学家于 1972 年提出。是细胞接受某些特定信号刺激后，主动的由基因决定的细胞死亡方式。该过程具有典型的形态学和生化特征，凋亡细胞最后以凋亡小体形式被吞噬消化。

3. 细胞坏死（necrosis）：细胞受到意外损伤，如极端的物理、化学因素或严重的病理性刺激而发生的细胞死亡形式。细胞坏死时，细胞内含物释放到胞外，引起周围组织的炎症反应。有研究表明，细胞坏死也是"程序性死亡"的另一种形式。

4. 细胞自噬（autophagy）：细胞通过溶酶体与来自内质网或细胞质中膜泡的双层膜包裹的细胞自身物质融合，从而降解细胞自身物质的过程。细胞中双层膜包裹的泡状结构称为自噬体（autophagosome），自噬体与溶酶体融合后形成自噬溶酶体（autophagolysosome）。细胞自噬是促使细胞存活的自我保护机制。

5. 凋亡小体（apoptotic body）：细胞凋亡过程中断裂的 DNA 或染色质与细胞其他内含物一起被反折的细胞质膜包裹，形成的球形小体。将被邻近细胞或吞噬细胞吞噬，在溶酶体内被消化分解。

6. DNA 梯带（DNA ladder）：凋亡细胞内特异性核酸内切酶活化后，染色质 DNA 在核小体间被特异性切割，降解成 180～200 bp 或其整数倍片段，经琼脂糖凝胶电泳呈现出的梯状条带。

7. TUNEL 法（terminal deoxynucleotidyl transferase（TdT）-mediated dUTP nick end labeling）：转移酶介导的 dUTP 缺口末端标记测定法，是细胞凋亡的检测方法之一。通过借助一种可观测的标记物，如荧光素，对单个凋亡细胞核内 DNA 分子中 3′–OH 断裂缺口进行原位染色，用荧光显微镜观察。

8. caspase（cysteine aspartic acid specific protease）：又称天冬氨酸特异性的半胱氨酸蛋白水解酶，是一组结构类似、与细胞凋亡有关的蛋白酶，其活性位点均包含半胱氨酸残基，能特异地裂解靶蛋白天冬氨酸残基后的肽键，负责选择性地切割某些蛋白质，使靶蛋白失活或活化。根据其在细胞凋亡过程中发挥的功能不同，可分为起始 caspase 和效应 caspase，通常均以无活性的酶原形式存在于细胞质基质中。

9. caspase 激活的 DNA 酶（caspase activated DNase，CAD）：一般与其抑制因子 ICAD 结合在一起，处于失活状态。细胞凋亡程序启动后，活化的 caspase – 3 降解 ICAD，使 CAD 释放出来并在核小体间切割 DNA，形成间隔 200 bp 或其倍数的 DNA 片段。

10. caspase 募集结构域（caspase recruitment domain，CARD）：存在于凋亡起始 caspase – 2 和 9，以及凋亡相关接头蛋白分子中，通过结构域之间的聚合，caspase 能够彼此结合或与接头蛋白结合，被招募到上游信号复合物中活化。

11. Apaf – 1（apoptosis protease activating factor）：即凋亡蛋白酶活化因子 1，是线虫凋亡分子 Ced – 4 在哺乳动物细胞中的同源蛋白，N 端含有 caspase 募集结构域。它与细胞色素 c 结合后发生自身聚合，形成凋亡复合体（apoptosome），通过 CARD 结构域招募 caspase – 9 的酶原并使之活化，引发细胞凋亡。

12. Bcl – 2（B-cell lymphoma gene 2）：是 *Bcl – 2* 基因编码产物，也是线虫抗凋亡蛋白 Ced9 在哺乳动物细胞中的同源物，大多定位在线粒体膜上，或受信号刺激后转移到线粒体膜上，调控线粒体外膜通透性，促进或抑制细胞凋亡。该家族成员含有一个或者多个 BH（Bcl – 2 homology）结构域。

13. 凋亡诱导因子（apoptosis inducing factor，AIF）：位于线粒体外膜，是一种能够诱导 caspase 非依赖性细胞凋亡的蛋白。凋亡过程中，AIF 从线粒体释放到细胞质基质中，然后进入细胞核，引起核内 DNA 凝集并断裂形成约 5×10^4 大小的片段，而非 caspase 依赖性细胞凋亡典型的间隔 200 bp 的 DNA 片段。

14. 限制性内切核酸酶 G（endonuclease G）：属于 Mg^{2+} 依赖性核酸酶家族，位于线粒体中。主要功能是负责线粒体 DNA 的修复和复制。但在细胞受到凋亡信号刺激后，它从线粒体中释放出来进入细胞核，对核 DNA 进行切割，产生典型的以核小体为单位的 DNA 片段，引发 caspase 非依赖性的细胞凋亡。

15. 凋亡抑制因子（inhibitor of apoptosis）：细胞中存在的 caspase 抑制因子家族。家族成员具有由 70 个氨基酸组成的 BIR（baculoviral IAP repeat）结构域，能够直接与 caspase 活性分子结合，阻抑其对底物的切割作用。

16. 细胞衰老（cell ageing，cell senescence）：一般是复制衰老（replicative senescence），即体外培养的正常细胞经过有限次数的分裂增殖后，停止生长，细胞形态和生理代谢活动发生显著改变的现象。细胞衰老的假说主要包括端粒缩短理论和氧化损伤理论等。

17. Hayflick 界限（Hayflick limit）：正常的体外培养的细胞寿命不是无限的，而只能进行有限次数的分裂增殖。由美国生物学家 Leonard Hayflick 提出。

18. 衰老相关的 β – 半乳糖苷酶（senescence associated β-galactosidase，SA β-gal）：衰老细胞中存在的 pH 6.0 条件下即表现活性的 β – 半乳糖苷酶。正常细胞中 β – 半乳糖苷酶是溶酶体内的水解酶，通常在 pH 4.0 的条件下表现活性。细胞固定后，用 pH 6.0 的 β – 半乳糖苷酶底物溶液进行染色，就能明显区分年轻和年老的培养细胞。

【知识点解析】

（一）细胞凋亡

1. 细胞凋亡的特征

典型动物细胞凋亡过程，在形态学上可分为 3 个阶段：

（1）凋亡的起始　细胞表面的特化结构消失，细胞间接触消失，细胞膜依然完整，仍具有选择通透性；细胞质中，线粒体大体完整，但核糖体逐渐与内质网脱离，内质网囊腔膨胀，并逐渐与质膜融合；细胞核内染色质固缩，形成新月形帽状结构，沿着核膜分布。

（2）凋亡小体的形成　核染色质断裂为大小不等的片段，与某些细胞器如线粒体等聚集在一起，被反折的细胞质膜包裹，形成球形的凋亡小体。

（3）吞噬　凋亡小体逐渐被邻近细胞或吞噬细胞吞噬，在溶酶体内被消化分解。细胞凋亡最重要的特征，是整个过程中细胞膜始终保持完整，细胞内含物不泄漏到细胞外，因此不引发机体的炎症反应。

2. 细胞凋亡的检测方法

（1）形态学观测　台酚蓝染色死细胞，活细胞排斥；DAPI 染色观察细胞核的变化；Giemsa 染色观察染色质固缩、趋边、凋亡小体的形成；电镜观察凋亡细胞超微结构的变化，如染色质固缩、凋亡小体及细胞发泡等。

（2）DNA 电泳　DNA 片段呈现出梯状条带。

（3）DNA 断裂的原位末端标记法（TUNEL）。

（4）彗星电泳法（comet assay）　凋亡细胞中 DNA 降解成片段，使细胞核呈现出彗星式的图案，而正常细胞无 DNA 断裂，泳动中细胞核保持圆球形。

（5）流式细胞分析　凋亡细胞 DNA 断裂和丢失，呈亚二倍体。

（6）检测细胞膜成分变化　细胞膜内侧的磷脂酰丝氨酸翻转至细胞膜外侧，用针对磷脂酰丝氨酸的荧光标记探针进行检测。

此外，还可借助其他生理生化方法检测细胞凋亡，如检测 caspases 的活性、Cyt c 的释放、线粒体膜电位的变化等。

3. 细胞凋亡的生理学与医学意义

对于多细胞动物个体，细胞凋亡在正常发育、自稳态的维持、免疫耐受的形成、肿瘤监控等过程中均发挥重要作用。动物发育过程中，细胞凋亡是塑造个体及器官形态的机制之一，还参与了免疫耐受的形成。细胞凋亡还是一种生理性保护机制，能够清除体内多余、受损或危险的细胞而不对周围的细胞或组织产生损害。人体细胞凋亡的失调，包括不恰当的凋亡激活或抑制会引发多种疾病。研究发现，细胞凋亡不足会引发肿瘤和自身免疫病。另一方面，细胞的过度凋亡将会导致免疫功能的丧失或引发炎症。

4. 细胞凋亡的分子机制

（1）线虫细胞凋亡的主要分子机制　*ced3*、*ced4* 为正调控基因；*ced9* 为负调控基因；当 ced9 激活时 ced3 和 ced4 被抑制，细胞存活；当 ced9 基因被抑制时，ced3 和 ced4 激活，细胞的程序性死亡。

（2）哺乳动物胞凋亡的分子机制　哺乳动物胞凋亡可分为接收凋亡信号、凋亡相关分子的活化、凋亡的执行以及凋亡细胞的清除 4 个阶段。凋亡途径有 caspase 依赖性的细胞凋亡和不依赖于 caspase 的细胞凋亡。当细胞受到凋亡信号的刺激时，这两条途径一般能同时被激活。

caspase 前体经切割产生大、小两种活性亚基，组装成激活的异二聚体蛋白酶。caspase 分为起始 caspase（caspase – 2，– 8，– 9，– 10，– 11）和效应 caspase（caspase – 3，– 6，– 7），起始 caspase – 8 和 – 10 含有死亡效应结构域（DED），而 caspase – 2 和 – 9 则含有募集结构与（CARD）。起始 caspase 活化属于同性活化，即同一种酶原分子彼此结合或与接头蛋白结合形成复合物，在复合物中构象改变被活化，进而彼此切割产生有活性的异二聚体。效应 caspase 的活化属于异性活化，即已活化的起始 caspase 招募效应 caspase 酶原分子后，对其进行切割，产生活性的效应 caspase。效应 caspase 负责切割细胞中的结构蛋白和调节蛋白，使其失活或活化，此时细胞进入凋亡的执行阶段。

① caspase 依赖性细胞凋亡途径

● 死亡受体起始的外源凋亡途径

细胞外凋亡信号分子（FasL、TNF 等）与细胞表面的受体（死亡受体）结合启动外源凋亡途径，受体的胞质部分均含有死亡结构域（death domain，DD），负责招募凋亡信号通路中的信号分子。Fas 是死亡受体家族中的代表成员。配体与之结合后引起 Fas 的聚合，聚合的 Fas 通过胞质区的死亡结构域招募接头蛋白 FADD 和 caspase – 8 酶原，形成死亡诱导信号复合物（death inducing signaling complex，DISC）。起始 caspase – 8 通过同性活化，进一步异性活化 caspase – 3，导致细胞凋亡。如裂解核纤层蛋白，导致细胞核形成凋亡小体；裂解与 CAD（caspase – activated DNase）结合的抑制因子 ICAD/DFF – 45 蛋白，释放激活 CAD，使它进入胞核降解 DNA，形成 DNA 梯带；裂解参与细胞连接或附着的骨架和其他蛋白，使凋亡细胞皱缩、脱落，便于细胞吞噬，导致膜脂 PS 重排，便于吞噬细胞识别并吞噬，导致细胞凋亡。

● 线粒体起始的内源凋亡途径

当细胞受到内部凋亡信号或外部的凋亡信号刺激时，胞内线粒体的外膜通透性发生改变，向细胞质中释放出凋亡相关因子，引发细胞凋亡。其中，Cyt c 的释放是关键。释放到胞质中的 Cyt c 与 Apaf – 1、caspase – 9 酶原形成凋亡复合体（apoptosome），召集并激活 caspase – 3，导致细胞凋亡。

Bcl – 2 蛋白家族大多数定位于线粒体外膜上或受信号刺激后转移到线粒体外膜上，影响细胞色素 C 的释放。

② caspase 非依赖性的细胞凋亡：线粒体除了释放 Cyt c 外，还能够向细胞质内释放多个凋亡相关因子，如：凋亡诱导因子（AIF）、限制性内切核酸酶 G 等，诱发 caspase 非依赖的细胞凋亡。

③ 穿孔蛋白 – 颗粒酶介导的细胞凋亡：细胞毒性 T 淋巴细胞（cytotoxic T lympho-cyte）和自然杀伤细胞（natural killer cell）能够通过多种途径诱导被病毒感染或癌变的靶细胞发生凋亡。途径之一是分泌死亡配体 Fas 与靶细胞表面受体结合启动 caspase 依

赖性的细胞凋亡外源途径；另一种主要方式是通过分泌穿孔蛋白－颗粒酶介导靶细胞凋亡。

④ 内质网应激（ER stress，ERS）凋亡途径（参见教材第七章）：内质网应激引起内质网功能紊乱，包括内质网内未折叠蛋白或错误折叠蛋白的堆积等，其中由蛋白质堆积所引起的一系列后续反应称为未折叠蛋白反应（unfolded proteinresponse，UPR）。UPR 一方面保护由 ERS 所引起的细胞损伤，恢复细胞功能；另一方面但是如果损伤太过严重，内环境稳定不能及时恢复，ERS 则特异激活 caspase－12 启动细胞凋亡，以去除受损伤的细胞。

⑤ 细胞凋亡的调控：动物细胞的存活依赖于外界信号，如果丧失存活信号，就会启动内部的凋亡程序，引发细胞凋亡。细胞存活因子包括多种有丝分裂原和生长因子。它们与细胞表面的受体结合后，启动细胞内信号途径，抑制凋亡的发生。caspase 本身的活性以及与 caspase 酶原活化相关的信号分子的活性在细胞中均受到严格调控，以保证在必需的情况下凋亡程序才能启动。p53 是细胞内的一种转录因子，也是重要的肿瘤抑制基因和促凋亡因子。p53 不仅可通过激活凋亡正调节因子的转录来促进凋亡，还能够抑制抗凋亡因子的转录。

（二）细胞坏死

细胞坏死，是有别于细胞凋亡的另一种典型细胞死亡方式。当细胞受到意外损伤，如极端的物理、化学因素或严重的病理性刺激的情况下发生。细胞坏死是细胞"程序性死亡"的另一种形式。细胞凋亡与坏死的区别如下所示：

细胞凋亡	细胞坏死
细胞膜发泡、膜仍完整	细胞质膜受损、不完整
细胞膜内陷将细胞分割成凋亡小体	细胞肿胀、溶解
不发生炎症反应	发生严重炎症反应
被邻近正常细胞或吞噬细胞所吞噬	被巨噬细胞所吞噬
溶酶体完整	溶酶体裂解
染色质均一凝集	染色质凝集成块、不均一
染色质非随机降解为 DNA 梯带	染色质 DNA 被随机降解

（三）自噬性细胞死亡

细胞自噬是细胞通过溶酶体与双层膜包裹的细胞自身物质融合，从而降解细胞自身物质的过程。正常的动物细胞为了维持细胞内环境的动态平衡，需要不断降解功能失常或不需要的细胞结构，如各种蛋白质、细胞器以及各种胞质组分。通常，寿命较短的蛋白质如调控蛋白等通过泛素－蛋白酶体系统进行降解；而寿命较长的蛋白质及细胞结构则通过细胞自噬途径，由溶酶体进行降解。细胞自噬是促使细胞存活的自我保护机制。一方面，细胞面临代谢压力如营养或生长因子匮乏，或处于低氧环境中时，细胞通过降解自身蛋白大分子或细胞器，为细胞生存提供原材料或 ATP；另一方面，细胞自噬具有自我"清理"功能，它不仅能够降解错误折叠的蛋白质多聚物，还能够降解功能失常的整个线粒体、过氧化物酶体、高尔基体等细胞器；甚至可以清除细胞内的病原体。

（四）细胞衰老

1. 细胞衰老的概念及特征

细胞衰老（cell ageing，cell senescence）：一般指复制衰老。迄今为止，除了干细胞和大多数肿瘤细胞，来自不同生物、不同年龄供体的原代培养细胞均存在复制衰老现象。

Hayflick 界限（Hayflick limit）：美国生物学家 Leonard Hayflick 注意到了正常细胞具有有限分裂次数，而癌细胞（如 HeLa 细胞）能够在体外无限增殖。

体外培养细胞衰老的两个生物学特征：一是生长不可逆的停滞，细胞停止分裂，即使添加生长因子也无济于事；二是衰老相关的 β – 半乳糖苷酶的活化。

2. 细胞衰老的分子机制

（1）复制衰老的机制　端粒的缩短能导致细胞衰老。对体内和体外培养的成纤维细胞的研究表明，端粒随着细胞分裂次数的增加而逐渐变短，达到一定的阈值时，细胞进入衰老。在生殖细胞中，存在端粒酶活性，因此端粒的长度基本保持不变。抑制端粒酶的活性，能够引发癌细胞的衰老。

端粒的缩短通过 p53 信号通路引发细胞衰老的可能机制：端粒缩短或 DNA 损伤→p53 活化→p21 表达—抑制 CDK 活化→阻止 Rb 蛋白磷酸化→Rb 不能与 E2F 分离→E2F 处于失活状态→G_1/S 转换所需的若干基因不能转录→细胞停滞在 G_1/S 期→细胞衰老。

（2）压力诱导的早熟性衰老　许多刺激因素，如过量氧、乙醇、离子辐射和丝裂霉素 C 等能缩短细胞的复制寿命，促进细胞衰老这一类型的细胞衰老称为胁迫诱导的早熟性衰老（stress-induced premature senescence，SIPS）。

氧化损伤理论是衰老机制的主要理论之一。该理论认为，衰老现象是由生命活动中代谢产生的活性氧成分造成的损伤积累引起的。

【知识点自测】

（一）选择题

1. 关于细胞凋亡，下列说法中不正确的是（　　）。
A. 细胞凋亡是一种正常的生理过程　　B. 细胞凋亡受多种因素影响
C. 细胞凋亡过程受基因的调控　　D. 凋亡过程中细胞结构全面崩解
2. 下列哪项内容属于细胞凋亡的特征（　　）。
A. 胞质内容物释放导致炎症反应
B. 细胞水肿，线粒体膨胀破裂

C. 溶酶体及细胞膜不破裂，没有细胞内容物外泄

D. DNA 被核酸内切酶无规则切断，电泳呈弥散状

3. 细胞凋亡的一个重要特点是（　　　　）。

A. 线粒体 DNA 随机断裂　　　　　　　　B. 细胞核 DNA 发生核小体间的断裂

C. 70 S 核糖体的 rRNA 断裂　　　　　　　D. 80 S 核糖体中的 rRNA 断裂

4. 下列哪种不是细胞凋亡的特征（　　　　）。

A. 核染色质断裂为大小不等的核小体片段

B. 细胞表面特化结构和细胞间接触消失

C. 细胞表面产生许多泡状或芽状突起

D. 细胞破裂，释放出内容物

5. 下列选项中，关于凋亡小体说法正确的是（　　　　）。

A. 凋亡小体只有在电子显微镜下才能观察到

B. 凋亡小体完全由固缩的核染色质组成

C. 凋亡小体完全由胞浆组成

D. 凋亡小体最终被邻近细胞或吞噬细胞所吞噬

6. 下列不属于细胞凋亡检测方法的是（　　　　）。

A. DNA 断裂的原位末端标记法

B. 流式细胞仪检测凋亡的亚二倍体细胞

C. 凝胶延滞实验（gel retardation assay）

D. Annexin V 识别暴露在细胞膜外侧的磷脂酰丝氨酸

7. 下列不属于细胞凋亡的生理学意义的是（　　　　）。

A. 使细胞后代在形态、结构和功能上形成稳定性差异

B. 参与机体对自身抗原免疫耐受的形成

C. 清除体内多余、受损或危险细胞的一种生理性保护机制

D. 动物发育过程中塑造个体及器官形态的机制之一

8. 线虫凋亡分子 Ced9 在哺乳动物细胞中的同源物是（　　　　）。

A. Apaf－1　　　　　B. Bcl－2　　　　　C. caspase－3　　　　D. caspase－9

9. 关于 caspase 的描述不正确的是（　　　　）。

A. 为天冬氨酸特异性的半胱氨酸蛋白水解酶

B. 通过切割靶蛋白使之活化或失活

C. 线粒体外膜的通透性主要受 caspase 蛋白家族的调控

D. 通常以无活性酶原形式存在于细胞质中

10. 下列蛋白中，能促进细胞凋亡的是（　　　　）。

A. p53　　　　　　B. Bcl－2　　　　　C. Ced9　　　　　D. Mcl－1

11. 下列哪一项不是 p53 蛋白的正常功能（　　　　）。

A. 激活 CDK 抑制因子的转录，阻断细胞周期

B. 在 DNA 损伤修复过程中发挥作用

C. 引发 DNA 损伤细胞的凋亡

D. 在小鼠胚胎发育中起基本作用

12. 细胞中合成的 caspase 以无活性的酶原形式存在，它们活化的方式是（   ）。

A. 将 N 端的肽段切除

B. 从两个亚基链接区的天冬氨酸位点切割

C. 将 C 端的肽段切除

D. 从两个亚基连接区的赖氨酸位点切割

13. 在 caspase 蛋白家族中，属于效应 caspase 的是（   ）。

A. caspase – 1，– 4，– 11　　　　　　B. caspase – 2，– 8，– 9

C. caspase – 3，– 6，– 7　　　　　　D. caspase – 3，– 5，– 10

14. 在细胞发生凋亡时，外翻到细胞质膜胞外半膜的磷脂分子是（   ）。

A. 磷脂酰丝氨酸　　B. 磷脂酰乙醇胺　　C. 磷脂酰胆碱　　D. 磷脂酰肌醇

15. 下列选项不属于细胞凋亡与坏死的区别是（   ）。

A. 前者是衰老细胞所特有的；后者是细胞受意外损伤导致的

B. 前者细胞膜相对完整；后者细胞质膜破损，细胞内容物释放，引起周围组织炎症反应

C. 前者溶酶体相对完整；后者溶酶体膜损伤，各种水解酶释放到细胞质基质中

D. 前者 DNA 电泳呈现梯状条带；后者 DNA 被随机降解，电泳呈弥散性分布

16. 下列哪项不属于细胞衰老的特征（   ）。

A. 核膜内折，染色质固缩　　　　　　B. 内质网蛋白质合成量减少

C. 细胞间连接减少　　　　　　　　　D. 细胞内脂褐质减少

17. 就目前的研究而言，下列选项中有关细胞衰老的分子机制叙述错误的是（   ）。

A. 抑制端粒酶的活性能够引发癌细胞的衰老

B. 端粒的缩短可引发细胞的复制衰老

C. 在芽殖酵母，染色体外环形 rDNA（ERC）的积累可导致细胞衰老

D. 氧化损伤理论提示代谢过程中产生的活性氧成分可延缓衰老

（二）判断题

1. 细胞凋亡时，核小体间 DNA 断裂是由物理、化学因素或病理性刺激直接引起的。（   ）

2. 物理和化学损伤可导致细胞质膜破损、胞质内容物释放等现象，细胞随后死亡，这种现象称为细胞凋亡。（   ）

3. caspase 家族的蛋白水解酶能特异地切割天冬氨酸残基后的肽键。（   ）

4. caspase 在介导细胞凋亡的过程中，负责选择性切割某些蛋白质，但非完全降解。（   ）

5. 起始 caspase 的活化属于异性活化，即已活化的效应 caspase 对其进行切割。（   ）

6. 蛙发育过程中尾巴的退化是通过细胞坏死来实现的。（   ）

7. FasL 是引起细胞凋亡的死亡受体之一。（   ）

8. 凋亡诱导因子和限制性核酸内切酶 G 是 caspase 非依赖性细胞凋亡的主要作用因

子。（　　）

9. 在很多动物细胞中，使用 caspase 抑制剂或将 caspase 敲除后，细胞仍然可以发生凋亡。（　　）

10. 细胞毒性 T 淋巴细胞可释放穿孔蛋白和颗粒酶诱导被病毒感染的靶细胞发生凋亡。（　　）

11. 接受凋亡刺激信号后，线粒体除释放 Cyt c 外，还至少释放了 Smac 和丝氨酸蛋白酶 Htra2/Omi 两种蛋白。（　　）

12. 细胞坏死和细胞凋亡都会引起炎症，只不过程度不同。（　　）

13. 通常细胞内寿命较短的蛋白质通过泛素 - 蛋白酶体系统降解，而寿命较长的蛋白质则通过细胞自噬途径由溶酶体降解。（　　）

14. 酵母作为单细胞生物不发生程序性细胞死亡。（　　）

15. Hayflick 界限就是细胞分化的极限。（　　）

16. 正常的体外培养的二倍体成纤维细胞只能进行有限次数分裂，并且其分裂次数与供体年龄有关。（　　）

17. 随着传代次数增加，体外培养细胞群体中表达衰老相关 β - 葡萄糖苷酶的细胞逐渐增多。据此就能区分年轻和年老的细胞。（　　）

18. 在细胞衰老过程中，端粒和染色体编码蛋白的基因长度都在逐渐变短。（　　）

19. 端粒的缩短会使细胞中的 p53 含量明显增加。（　　）

20. 细胞衰老是自由基随机损伤积累的结果，与细胞自身基因完全无关。（　　）

（三）名词比对

1. 细胞凋亡（apoptosis）与细胞坏死（necrosis）
2. 凋亡小体（apoptotic body）与凋亡复合体（apoptosome）
3. 起始 caspase 与效应 caspase
4. caspase 依赖性细胞凋亡途径与 caspase 非依赖性细胞凋亡途径

（四）分析与思考

1. 一瓶培养的细胞死亡了，如何通过实验来证明它们是否发生了细胞凋亡？（可用哪些方法检测细胞凋亡，并简要说明实验依据。）Sindbis 病毒感染可诱导宿主细胞发生凋亡。向宿主细胞中转入并表达 Bcl - 2 蛋白后，凋亡细胞的数量明显减少。请设计一个实验来检测这一结果。

2. 在线虫个体发育过程中，用 RNAi 技术抑制体内 *ced3* 基因或 *ced9* 基因的表达分别会导致什么后果？

3. 诱导肿瘤细胞凋亡是治疗肿瘤的有效手段之一。临床医生考虑应用肿瘤坏死因子（TNF）来治疗一位白血病病人，然而，进一步检查发现，该病人的白血病细胞中 caspase - 8 存在失活突变，根据所学知识，分析 TNF 治疗对这位病人会有效吗？

4. 有人从一株有毒植物中分离到一种多肽，这种多肽被胞吞进入哺乳动物细胞后，能够在线粒体外膜上聚合形成跨膜通道，导致线粒体膜间隙中的蛋白释放到细胞质基质中。如果用这种多肽处理培养的哺乳动物细胞会产生何种后果？

5. 细胞毒性 T 淋巴细胞通过分泌 FasL 诱导靶细胞发生凋亡是人体清除癌变细胞的重要途径之一。通过对 35 位原发肺癌和结肠癌患者的检查发现，有一半患者体内过量表达了一种能与 FasL 结合的分泌蛋白。那么这种过量表达的分泌蛋白是如何保护癌细胞逃脱细胞凋亡的命运？

6. Apaf－1（Apaf－1$^{-/-}$）或 caspase－9（Casp－9$^{-/-}$）基因缺陷型的小鼠出生后不久就会死亡，并且表现出一系列形态异常。两种缺陷型小鼠有些形态异常是一致的，如脑组织过度发育、颅骨突出等，请推测什么原因导致 Apaf－1（Apaf－1$^{-/-}$）或 caspase－9（Casp－9$^{-/-}$）基因缺陷型小鼠出现这些异常。

【参考答案】

（一）选择题

1. D 2. C 3. B 4. D 5. D 6. C 7. A 8. B 9. C 10. A 11. D 12. B 13. C 14. A 15. A 16. D 17. D

（二）判断题

1. × caspase 激活的核酸酶 CAD 在核小体间切割 DNA。

2. × 称为细胞坏死。

3. ✓

4. ✓

5. × 起始 caspase 的活化属于同性活化，即同一种酶原分子彼此结合或与接头蛋白结合形成复合物被活化，进而彼此切割产生有活性的异二聚体。

6. × 蛙发育过程中尾巴的退化是通过细胞自噬和凋亡共同作用来实现的。

7. × Fas 是引起细胞凋亡的死亡受体之一。

8. ✓

9. ✓

10. ✓

11. ✓

12. × 细胞凋亡没有细胞内容物的释放，不会引起炎症反应。

13. ✓

14. × 酵母作为单细胞生物也具有程序性细胞死亡。

15. × Hayflick 界限就是细胞增殖（分裂）的极限。

16. ✓

17. × β－半乳糖苷酶。

18. × 编码蛋白的基因长度没有变短。

19. √

20. ×　除氧化损伤诱导的细胞早熟性衰老外，还存在端粒缩短诱发的复制衰老等。

（三）名词比对

1. 凋亡是基因控制的细胞生理性自杀过程；染色质断裂，电泳形成 DNA 梯带；质膜不发生破裂，形成凋亡小体而被巨噬细胞吞噬；坏死是细胞病理性死亡，DNA 降解，不产生 DNA 梯带；发生质膜破裂，内容物流出，产生炎症反应。

2. 凋亡小体是细胞凋亡过程中断裂的 DNA 或染色质与细胞其他内含物一起被反折的细胞质膜包裹，形成的球形小体。凋亡复合体是 Apaf-1 N 端的 caspases 募集结构域与细胞色素 c 结合后发生自身聚合形成。

3. 起始 caspase 的活化属于同性活化，包括 caspase-2，-8，-9，-10，-11，负责对效应 caspase 的前体进行切割。效应者的活化属于异性活化，包括 caspase-3，-6，-7，负责切割细胞核内、细胞质中的结构蛋白和调节蛋白，使其失活或活化，保证凋亡程序的正常进行。

4. caspase 依赖性细胞凋亡途径，是指在凋亡诱导因子的刺激下，起始 caspase 和效应 caspase 组成细胞内凋亡信号的级联分子网络，启动凋亡"程序"，并迅速放大传递到整个细胞，产生凋亡效应。不依赖于 caspase 的细胞凋亡途径，机制还不完全清楚，目前已知线粒体能够向细胞质内释放多个凋亡相关因子，如凋亡诱导因子 AIF、限制性内切核酸酶 G 等，诱发 caspase 非依赖的细胞凋亡。

（四）分析与思考

1. 细胞凋亡的检测是基于凋亡细胞所形成的形态学和生物化学特征，具体原理见教材。可选择的方法有：

（1）形态学观察：如 DAPI 染色，观察细胞核的形态变化。

（2）DNA 电泳：观察是否出现 DNA 梯带。

（3）彗星电泳法：观察细胞核呈现出一种彗星式的图案。

（4）流式细胞仪分析：看是否有亚二倍体细胞（详见知识点解析）。

2. ced3 是半胱氨酸蛋白酶，在线虫发育过程中启动细胞凋亡，ced3 表达被抑制后，原先应该凋亡的 131 个细胞会存活下来；与之相反，ced9 表达被抑制后，会导致所有细胞在胚胎期死亡，无法得到成虫。

3. caspase-8 是 TNF 死亡受体介导的细胞凋亡途径中的起始 caspase，caspase-8 的失活会导致该信号途径阻断，因此，用 TNF 治疗对该病人不会有效。

4. 会导致线粒体膜间隙中促凋亡蛋白 Cyt c，Smac/Diablo，和 Omi/Htr2 的释放，诱导被处理细胞的凋亡。

5. 过量表达的这种分泌蛋白与 FasL 结合后，可阻止细胞毒性 T 淋巴细胞分泌的 FasL 与肿瘤细胞表面的 Fas 结合，从而阻止了 Fas 受体介导的细胞凋亡信号途径。

6. 细胞凋亡在脊椎动物神经系统正常发育过程中发挥重要作用，只有与靶细胞建立连接的神经元才能存活，而没有建立连接的神经元则发生凋亡。Apaf-1（Apaf-1$^{-/-}$）或 caspase-9（Casp-9$^{-/-}$）基因缺陷型小鼠神经元未能正常凋亡，从而导致脑组织过度发育，颅骨突出。

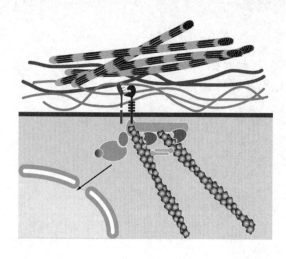

第十七章

细胞的社会联系

【学习导航】

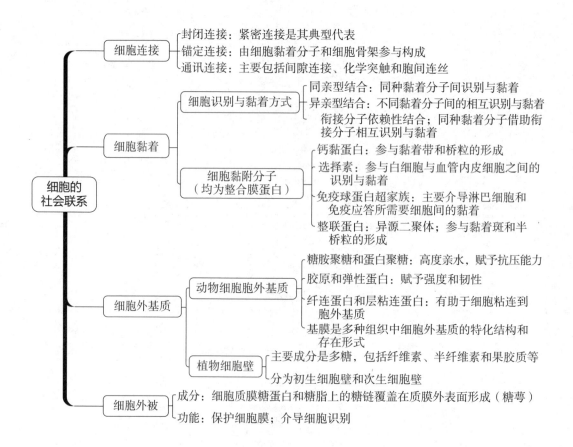

【重点提要】

细胞社会性联系的含义；细胞连接的类型、结构、生物学功能及其调节；细胞黏着及黏着分子类型与生物学功能；细胞外基质的组成与功能。

【基本概念】

1. 细胞的社会性（cell sociability）：多细胞生物体中细胞与细胞之间建立的相互制约、相互协调的社会性联系。细胞的社会性主要通过细胞通讯、细胞黏着、细胞连接以及细胞与胞外基质的相互作用来实现。

2. 细胞连接（cell junction）：在细胞质膜的特化区域，通过膜蛋白、细胞骨架蛋白或者胞外基质形成的细胞与细胞之间，或者细胞与胞外基质间的连接结构。

3. 封闭连接（occluding junction）：将相邻上皮细胞的质膜紧密地连接在一起，阻止溶液中的小分子沿细胞间隙从细胞一侧渗透到另一侧。紧密连接是这种连接的典型代表。

4. 锚定连接（anchoring junction）：通过细胞质膜蛋白及细胞骨架系统将相邻细胞，或细胞与胞外基质间锚定在一起的结构。

5. 通讯连接（communication junction）：介导相邻细胞间的物质转运、化学或电信号的传递，主要包括动物细胞间的间隙连接、神经元之间或神经元与效应细胞之间的化学突触（chemical synapse）和植物细胞间的胞间连丝（plasmodesma）。

6. 紧密连接（tight junction）：上皮细胞之间的一种特殊的封闭连接，阻止可溶性物质从上皮细胞层一侧扩散到另一侧，形成渗透屏障，起重要的封闭作用，也形成了上皮细胞质膜蛋白与膜脂分子侧向扩散的屏障，维持了上皮细胞的极性。

7. 桥粒（desmosome）：细胞与细胞间的一种锚定连接方式，在质膜内表面有明显的致密胞质斑，一侧与细胞内的中间丝相连，另一侧与跨膜黏附性的钙黏蛋白（cadherin）相连。

8. 半桥粒（hemidesmosome）：细胞与胞外基质间的一种锚定连接方式，参与的细胞骨架是中间丝，跨膜黏附性蛋白是整联蛋白。通过半桥粒，上皮细胞可以黏着在基膜上。

9. 黏着带（adhesion belt）：由钙黏蛋白以及微丝参与的细胞锚定连接方式，位于上皮细胞紧密连接的下方，在动物胚胎发育形态建成过程中有助于促使上皮细胞层弯曲形成神经管等结构。

10. 黏着斑（focal adhesion）：细胞与胞外基质之间的锚定连接方式，参与的细胞骨架组分是微丝，跨膜黏附性蛋白是整联蛋白，有助于维持细胞在运动过程中的张力以及细胞生长的信号传递。

11. 间隙连接（gap junction）：动物细胞间的通讯连接方式。相邻细胞质膜上的两个连接子对接形成中空、完整的间隙连接结构，以利于小分子通过，从而实现代谢偶联等细胞通讯作用。

12. 胞间连丝（plasmodesma）：植物细胞间的通讯连接方式。胞间连丝形成了物质从一个细胞进入另一个细胞的通路，在植物细胞的物质运输和信号传递中起作用。

13. 细胞黏着（cell adhesion）：通过细胞表面的细胞黏着分子（cell adhesion molecule），介导细胞与细胞间的黏着或细胞与细胞外基质间的黏着。细胞黏着有助于胚胎发育及形态建成。

14. 钙黏蛋白（cadherin）：一种同亲型结合、Ca^{2+} 依赖的、介导细胞黏着的跨膜糖蛋白，对胚胎发育中的细胞识别、迁移和组织分化以及成体组织器官构成具有重要作用。

15. 整联蛋白（integrin）：一类跨膜蛋白超家族，通过与细胞内骨架蛋白的相互作用介导细胞与胞外基质的黏着。整联蛋白介导的细胞与胞外基质黏着的典型结构有黏着斑和半桥粒。

16. 黏着斑激酶（focal adhesion kinase）：细胞内的酪氨酸激酶，被募集到黏着斑部位活化后调节细胞增殖、生长、生存、凋亡等重要生命活动。

17. 胞外基质（extracellular matrix，ECM）：分布于细胞外空间、由细胞分泌的蛋白质和多糖所构成的网络结构，不仅为组织的构建提供了支撑框架，还对与其接触的细胞的存活、发育、迁移、增殖、形态以及其他功能产生重要的调控作用。

18. 胶原（collagen）：胞外基质中含量丰富的一类糖蛋白分子，赋予胞外基质较强的抗张力作用。

19. 弹性蛋白（elastin）：胞外基质中高度疏水的非糖基化蛋白，赋予胞外基质弹性。

20. 蛋白聚糖（proteoglycan）：位于结缔组织和细胞外基质及许多细胞表面，由糖氨聚糖与核心蛋白的丝氨酸残基共价连接形成的大分子，赋予组织抗变形能力，在信号转导以及信号分子活性与分布的调节等方面也发挥重要作用。

21. 基膜（basal lamina，basement membrane）：是一种特化的胞外基质结构，通常位于上皮层的基底面，不仅对组织起结构支撑作用，还对细胞细胞代谢、存活、增殖、分化等有影响作用。

22. 细胞外被（cell coat）：又称糖萼（glycocalyx），指细胞质膜外表面覆盖的一层黏多糖物质，是细胞质膜的正常结构组分，不仅对细胞膜起保护作用，而且在细胞识别中起重要作用。

【知识点解析】

（一）细胞连接

细胞连接是细胞社会性的结构基础，是多细胞有机体中相邻细胞之间协同作用的重要组织方式，主要存在于上皮细胞间。

根据行使功能的不同，细胞连接可分为 3 大类：

1. 封闭连接

典型代表是紧密连接。紧密连接有两个主要功能：一是形成渗透屏障，阻止可溶性物质从上皮细胞层一侧通过细胞间间隙扩散到另一侧，起封闭作用。紧密连接不但在上皮细胞间存在，也存在于血管内皮细胞间，特别是在大脑的血管内皮细胞间更为明显，以阻止离子或水分子等通过血管内皮组织进入大脑，从而保证大脑内环境的稳定性。

紧密连接形成的渗透屏障是相对的。某些小分子可以通过相邻细胞间的紧密连接，以细胞旁路途径从上皮细胞层一侧转运或"渗漏"到另一侧，如小肠上皮和肾小管组织中存在细胞旁路转运方式。这种转运方式的调节与构成紧密连接的 claudin 蛋白组成有关，也与 G 蛋白 – cAMP 信号通路的调节有关。

紧密连接的第二个功能是形成上皮细胞膜蛋白与膜脂分子侧向扩散的屏障，从而维持上皮细胞的极性。小肠上皮细胞是极性细胞，有面向肠腔的顶面（apical face）或游离面，以及基底面（basolateral face）。正是由于紧密连接限制了膜蛋白和膜脂分子的流动性，使得上皮细胞游离面与基底面的膜蛋白以及膜脂分子只能够在各自的膜区域流动，以行使各自不同的功能。因此，紧密连接不仅仅是细胞间的一个机械连接装置，而且还能维持上皮细胞极性，保证细胞正常功能。

2. 锚定连接

单纯的细胞质膜承受机械力的强度很低，但当细胞形成组织后，由于细胞间或者细胞与胞外基质间通过锚定连接分散作用力，从而增强细胞承受机械力的能力。锚定连接在那些需要承受机械力的组织内尤其丰富，通过细胞膜蛋白及细胞骨架系统将相邻细胞，或细胞与胞外基质间黏着起来。

根据直接参与细胞连接的细胞骨架纤维类型的不同，锚定连接又分为与中间丝相关的锚定连接和与肌动蛋白纤维相关的锚定连接。前者包括桥粒和半桥粒；后者主要有黏着带和黏着斑。

（1）与中间丝相连的锚定连接　桥粒与半桥粒。

桥粒是连接相邻细胞间的锚定连接方式，最明显的形态特征是细胞内锚蛋白形成独特的盘状胞质致密斑，一侧与细胞内的中间丝相连，另一侧与跨膜的粘连蛋白相连，在两个细胞之间形成纽扣样结构，将相邻细胞铆接在一起。胞内锚蛋白包括桥粒斑珠蛋白（plakoglobin）和桥粒斑蛋白（desmoplakin）。跨膜粘连蛋白属于钙黏蛋白家族（cadherin family），包括桥粒芯蛋白（desmoglein）和桥粒芯胶黏蛋白（desmocollin）等。一个细胞内的中间丝与相邻细胞内的中间丝通过桥粒相互作用，从而将相邻细胞连成一体，增强了细胞抵抗外界压力与张力的机械强度。

半桥粒在形态上与桥粒类似，但功能和化学组成不同。半桥粒是细胞与胞外基质间的连接形式，参与的细胞骨架仍然是中间丝，但其细胞膜上的跨膜粘连蛋白是整联蛋白，与整联蛋白相连的胞外基质是层粘连蛋白。通过半桥粒，上皮细胞可以黏着在基膜上。

（2）与肌动蛋白纤维相连的锚定连接　黏着带与黏着斑。

黏着带位于上皮细胞紧密连接的下方，相邻细胞间形成一个连续的带状结构，由 Ca^{2+} 依赖的跨膜粘连蛋白（钙黏蛋白）形成胞间横桥相连接，与黏着带相连的骨架纤维是肌动蛋白纤维。

黏着斑在胞外基质主要是胶原和纤连蛋白，胞内锚蛋白有踝蛋白（talin）、α - 辅肌动蛋白、filamin 和纽蛋白等。

3. 通讯连接

（1）间隙连接　间隙连接的基本结构单位是连接子（connexon）。每个连接子由 6 个相同或相似的跨膜连接蛋白（connexin）呈环状排列而成，中央形成一个直径约 1.5 nm 的亲水性通道。相邻细胞质膜上的两个连接子对接便形成完整的间隙连接结构。许多间隙连接单位往往集结在一起形成大小不一的片状结构。

间隙连接在代谢偶联中的作用：间隙连接允许通过小分子代谢物和信号分子，以实现细胞间代谢偶联或细胞通讯。如将不能利用胸苷合成 DNA 的突变细胞与正常细胞共培养后形成间隙连接，发现正常细胞利用胸苷合成三磷酸胸苷（TTP）后作为 DNA 合成的前体物，通过间隙连接进入突变细胞中参与 DNA 合成。

间隙连接在神经冲动信息传递中的作用：神经元之间或神经元与效应细胞（如肌细胞）之间通过突触完成神经冲动的传导。突触可分为电突触（electronic synapse）和化学突触两种基本类型。电突触是一种间隙连接。与化学突触相比，电突触由于不涉及到电信号——化学信号之间的转变，动作电位信号从一个细胞直接通过间隙连接通道迅速传递到另一个细胞。因此，信号传递速度很快。

间隙连接在胚胎早期发育中的作用：间隙连接出现在动物胚胎发育的早期，当细胞开始分化后，不同细胞群之间电偶联逐渐消失，说明间隙连接存在于发育与分化的特定阶段的细胞之间。

间隙连接通透性的调节：首先，间隙连接对小分子物质的通透能力具有底物选择性；其次，间隙连接通透性受细胞质 Ca^{2+} 浓度和 pH 调节。降低胞质中的 pH 和提高胞质中自由 Ca^{2+} 的浓度都可以使间隙连接通透性降低。

（2）胞间连丝　由于植物细胞具有坚韧的细胞壁，因此相邻细胞的质膜无法形成像动物细胞间的紧密连接和间隙连接，也不需要形成锚定连接，但植物细胞间仍然需要通讯。除极少数特化的细胞外，高等植物细胞之间通过胞间连丝相互连接，完成细胞间的通讯联络。胞间连丝形成了物质从一个细胞进入另一个细胞的通路，在植物细胞的物质运输和信号传递中起着非常重要的作用。

（二）细胞黏着及其分子基础

同类细胞能够相互识别与黏着。在发育过程中，细胞间的识别、黏着、分离以及迁移对胚胎发育及形态建成具有重要作用；在器官形成过程中，同样通过细胞识别与黏着使具有相同表面特性的细胞聚集在一起形成组织和器官。

细胞识别与黏着的分子基础是细胞表面的细胞黏着分子（cell adhesion molecule，CAM）。细胞黏着分子都是整合膜蛋白，介导细胞与细胞间的黏着或细胞与细胞外基质间的黏着。这些分子通过 3 种方式介导细胞识别与黏着：同亲型结合、异亲型结合和衔接分子依赖性结合。细胞黏着分子分为 4 大类：

1. 钙黏蛋白

钙黏蛋白包括典型钙黏蛋白和非典型钙黏蛋白两类。E - 钙黏蛋白、N - 钙黏蛋白、

P－钙黏蛋白等为典型钙黏蛋白。而非典型钙黏蛋白在序列组成上差异较大，包括分布于大脑的原钙黏蛋白（protocadherin）以及形成桥粒连接的桥粒芯蛋白和桥粒芯胶黏蛋白。

当 Ca^{2+} 结合在钙黏蛋白重复结构域之间的铰链区域后，赋予了整个钙黏蛋白胞外部分的刚性，使得两个细胞钙黏蛋白彼此"嵌合"在一起，从而实现 Ca^{2+} 依赖性的细胞黏着。钙黏蛋白胞内结构域为微丝或中间丝提供了锚定位点。

钙黏蛋白介导高度选择性的细胞识别与黏着。通过调控钙黏蛋白的种类与数量能影响细胞间的黏着与迁移，从而影响组织分化。在上皮细胞转型为间质细胞或间质细胞转型为上皮细胞的过程中，涉及 E－钙黏蛋白的表达与否。表达 E－钙黏蛋白后，分散的间质细胞会聚集在一起形成上皮组织；不表达 E－钙黏蛋白的上皮细胞则改变其命运，从上皮组织迁移出来形成游离的间质细胞。癌细胞演进与EMT 有关。

2. 选择素（selectin）

选择素是一类异亲型结合、Ca^{2+} 依赖的细胞黏着分子，能与特异糖基识别并结合。除了 L－选择素外，还有位于血小板和内皮细胞上的 P－选择素以及位于内皮细胞上的E－选择素。选择素胞外部分具有高度保守并能识别其他细胞表面特异性寡糖链的凝集素（lectin）结构域，主要参与白细胞与血管内皮细胞之间的识别与黏着，帮助白细胞经血流进入炎症部位。

3. 免疫球蛋白超家族（IgSF）

IgSF 指分子结构中具有与免疫球蛋白类似结构域的细胞黏着分子超家族。其中有的介导同亲型细胞黏着，有的介导异亲型细胞黏着，但免疫球蛋白超家族成员介导的黏着都不依赖于 Ca^{2+}。大多数 IgSF 细胞黏着分子介导淋巴细胞和免疫应答所需要的细胞（如巨噬细胞、淋巴细胞和靶细胞）之间的黏着。

4. 整联蛋白

整联蛋白普遍存在于脊椎动物细胞表面，属于异亲型结合、Ca^{2+} 或 Mg^{2+} 依赖性的细胞黏着分子，主要介导细胞与胞外基质间的黏着。

（1）介导细胞与胞外基质的黏着　大多数整联蛋白 β 亚基的胞内部分通过踝蛋白等相互作用，而胞外部分则通过自身结构域与纤连蛋白、层粘连蛋白等含有 Arg－Gly－Asp（RGD）三肽序列的胞外基质成分结合，介导细胞与胞外基质的黏着，典型结构有黏合斑和半桥粒。如果细胞在含有 RGD 序列的合成肽的培养基中培养，因合成肽的 RGD 序列与纤连蛋白中的 RGD 序列竞争性地结合在细胞表面的整联蛋白上，导致细胞不能贴壁、生长。利用这一原理，开发了防止血栓形成的药物。

（2）介导信号传递　整联蛋白参与的信号传递方向有"由内向外"（inside out）及"由外向内"（outside in）两种形式。由细胞内部信号传递的启动而调节细胞表面整联蛋白活性，称为"由内向外"的信号转导。例如，血液凝固过程中，血小板结合于受损血管或被其他可溶性信号分子作用后引起细胞内信号的传递，诱导血小板膜上的 $\alpha_{IIb}\beta_3$ 整联蛋白构象发生改变而被激活。活化的整联蛋白与血液凝固蛋白——纤维蛋白原结合后导致血小板彼此粘连在一起形成血凝块。

整联蛋白作为受体介导信号从细胞外环境到细胞内的转导，这种方式称为"由外向内"的信号转导。整联蛋白介导的"由外向内"的典型信号转导通路依赖细胞内酪氨酸激酶——黏合斑激酶（focal adhesion kinase，FAK）。与配体结合后整联蛋白与肌动蛋白产生联系，并聚集在一起形成黏着斑。此时，FAK借助踝蛋白等结构蛋白被募集到黏着斑部位，并使彼此特异的酪氨酸带上磷酸基团，为细胞内酪氨酸激酶Src家族成员提供停泊位点，最终将信号向胞内传递引起细胞级联反应。

（三）细胞外基质

多细胞生物体的组成除细胞之外，还包括由细胞分泌的蛋白质和多糖所构成的细胞外基质（ECM）。细胞外基质在结缔组织中含量最为丰富，主要由成纤维细胞（fibroblast）所分泌形成复杂的网络结构，占据结缔组织的大部分胞外空间。胞外基质变化多样，有的异常坚硬，如骨；有的却透明而柔软，如角膜中的胞外基质。

根据其组成成分的功能进行划分，动物细胞的胞外基质成分主要有3种类型：①结构蛋白，包括胶原和弹性蛋白，分别赋予胞外基质强度和韧性；②蛋白聚糖，由蛋白和多糖共价形成，具有高度亲水性，从而赋予胞外基质抗压的能力；③粘连糖蛋白，包括纤连蛋白和层粘连蛋白，有助于细胞粘连到胞外基质上。

1. 胶原

（1）结构与类型　胶原是胞外基质最基本的成分之一，也是动物体内含量最丰富的蛋白，约占人体蛋白质总量的25%以上。典型的胶原分子呈纤维状，基本结构单位是原胶原（tropocollagen）。原胶原由3条α链多肽盘绕而成三股螺旋结构。因α链的一级结构具有 Gly – X – Y 三肽重复序列，因此α链易于形成三股螺旋胶原分子，也有助于胶原纤维高级结构的形成。

（2）合成与装配　与大多数分泌蛋白的合成、修饰类似，胶原的合成与组装始于内质网，并在高尔基体中进行修饰，最后在细胞外组装成胶原纤维。

前α链在 rER 膜结合的核糖体上合成，含有内质网信号肽，N 端及 C 端含有前肽；前α链进入 rER 腔后信号肽被切除。然后，带有前肽的3条前α链在 ER 腔内装配形成三股螺旋的前胶原分子（procollagen），并通过高尔基体分泌到细胞外，在两种 Zn^{2+} 依赖性的前胶原 N – 蛋白酶和前胶原 C – 蛋白酶作用下，分别切去 N 端前肽及 C 端前肽，成为胶原分子（collagen molecule）。胶原分子以 1/4 交替平行排列的方式自我装配形成胶原原纤维（collagen fibril），胶原原纤维进一步聚合成胶原纤维。

在胶原合成装配过程中，脯氨酸和赖氨酸残基的羟基化有助于羟基间形成氢键，以稳定胶原三股螺旋结构。缺少抗坏血酸（维生素C）时，脯氨酸的羟基化受到影响，从而引起坏血病，原因就在于未羟基化的前α链不能形成稳定的三股螺旋结构而很快在细胞中被降解，结果导致胞外基质中胶原的不断丢失而引起血管脆性增加。若缺乏切除前肽的酶，将导致胶原不能正常组装为高度有序的纤维而出现皮肤和血管脆弱，皮肤弹性过强等症状。

（3）功能　胶原在胞外基质中含量最高，刚性及抗张力强度最大，构成细胞外基质的骨架结构。细胞外基质中的其他组分通过与胶原结合形成结构与功能的复合体。若 I 型胶原发生突变后，常导致成骨缺陷病，患者很容易发生骨折。

2. 弹性蛋白

弹性蛋白主要存在于脉管壁及肺组织，也少量存在于皮肤、肌腱及疏松结缔组织中。弹性纤维与胶原纤维共同存在，分别赋予组织弹性及抗张性。弹性蛋白之所以富有弹性，与其组成有关。在组成上，弹性蛋白主要由两种不同类型的区域交替排列而成：疏水区域，赋予分子弹性；富含丙氨酸和赖氨酸的 α 螺旋区域，有助于相邻分子形成交联。因此，弹性蛋白构象呈无规则卷曲状态且通过 Lys 残基相互交连成网状结构。

3. 糖氨聚糖和蛋白聚糖

（1）糖氨聚糖（glycosaminoglycan，GAG） 由重复的二糖单位构成的不分支的长链多糖。由于其糖基通常带有硫酸基团或羧基，因此糖氨聚糖带有大量负电荷，能够吸引大量的阳离子。这些阳离子再结合大量水分子，结果，糖氨聚糖就像海绵一样吸水产生膨胀压，赋予胞外基质抗压的能力。

（2）蛋白聚糖 蛋白聚糖位于结缔组织和细胞外基质及许多细胞表面，由糖氨聚糖（除透明质酸外）与核心蛋白的丝氨酸残基共价连接形成的大分子。在软骨中，大量蛋白聚糖借助连接蛋白以非共价键的形式与透明质酸结合形成很大的复合体。这些蛋白聚糖赋予软骨凝胶样特性和抗变形能力。

4. 纤连蛋白和层粘连蛋白

这两种蛋白质提供了胞外基质中其他大分子和细胞表面受体结合的特异性位点，从而帮助细胞粘连在胞外基质上，犹如"分子桥"一样，衔接了胞外基质大分子和细胞表面受体的结合。

（1）纤连蛋白（fibronectin） 纤连蛋白与细胞表面受体结合的结构域中含有 RGD 三肽序列，因此纤连蛋白具有介导细胞黏着的功能。纤连蛋白还促进细胞迁移，还有助于血液凝固和创伤修复。

（2）层粘连蛋白（laminin） 主要分布于各种动物胚胎及成体组织的基膜，分子外形似"十"字形状，可通过自身的 RGD 三肽序列与细胞质膜上的整联蛋白结合，从而有助于细胞锚定在基膜上。

【知识点自测】

（一）选择题

1. 只能通过胞间连丝，而不能通过间隙连接，从一个细胞扩散到另一个细胞的物质是（ ）。

A. Ca^{2+} 　　　　　　B. 质膜磷脂分子　　　C. cAMP　　　　　　D. 纤维素

2. 胶原纤维最终完成装配的部位是在（ ）。

A. 内质网　　　　　　B. 高尔基体　　　　　C. 细胞质　　　　　　D. 细胞外

3. 将两种不同器官来源的细胞混合在一起培养，经过一段时间后，同一器官来源的细胞细胞相互识别、黏着，最后从混合团块中自行分选出来。在这一过程中，起重要作用的分子是（　　　）。

  A. 钙黏蛋白   B. 选择素

  C. 整联蛋白   D. 免疫球蛋白超家族

4. 参与形成血脑屏障的结构是（　　　）。

  A. 间隙连接 B. 黏合带   C. 半桥粒   D. 紧密连接

5. 整联蛋白介导的细胞与胞外基质间的连接有（　　　）。

  A. 间隙连接 B. 桥粒   C. 半桥粒   D. 黏着带

6. 细胞实现其社会性联系的方式包括（　　　）。

  A. 细胞通讯   B. 细胞连接

  C. 细胞与胞外基质间的相互作用 D. 以上都对

7. 小肠上皮细胞是极性细胞，其极性的维持与哪种细胞连接有关（　　　）。

  A. 紧密连接 B. 间隙连接 C. 桥粒   D. 黏着斑

8. 植物细胞具有下面哪种细胞连接（　　　）。

  A. 间隙连接 B. 紧密连接 C. 胞间连丝 D. 桥粒

9. 上皮细胞转型为间质细胞或间质细胞转型为上皮细胞叫做上皮–间质转型，与多种癌细胞演进有关。其分子机制涉及以下哪种细胞黏着分子（　　　）。

  A. E–钙黏蛋白   B. 选择素

  C. 整联蛋白   D. 免疫球蛋白超家族

10. 整联蛋白普遍存在于脊椎动物细胞表面，有关其描述错误的是（　　　）。

  A. 整联蛋白属于异亲型结合细胞黏着分子

  B. 整联蛋白介导细胞与细胞间的黏着

  C. 整联蛋白通过与胞内骨架蛋白的相互作用介导细胞与胞外基质的黏着

  D. 含 RGD 序列的合成肽能与纤连蛋白竞争性地结合整联蛋白上

11. 胞外基质变化多样。以下哪种不属于胞外基质（　　　）。

  A. 骨   B. 真皮   C. 基膜   D. 头发

12. 分别赋予胞外基质强度和韧性的成分是（　　　）。

  A. 胶原和弹性蛋白   B. 蛋白聚糖和糖氨聚糖

  C. 纤连蛋白和层粘连蛋白   D. 以上都错

13. 胶原是胞外基质最基本的成分之一，也是动物体内含量最丰富的蛋白，其 α 链的一级结构富含的三肽重复序列是（　　　）。

  A. RGD   B. KDEL

  C. Asn – X – Ser/Thr   D. Gly – X – Y

14. 弹性蛋白主要存在于脉管壁及肺组织，也少量存在于皮肤、肌腱及疏松结缔组织中。有关弹性蛋白的描述错误的是（　　　）。

  A. 弹性蛋白赋予组织弹性   B. 在个体中的含量随着年龄增长而加大

  C. 构象呈无规则卷曲状态   D. 通过 Lys 残基相互交连成网状结构

15. 能够发挥分子桥的作用，帮助细胞黏着在胞外基质上的分子有（　　　）。

  A. 纤连蛋白与层粘连蛋白   B. 层粘连蛋白与钙黏蛋白

  C. 纤连蛋白与钙黏蛋白   D. 钙黏蛋白与整联蛋白

16. 对基膜描述错误的是（　　）。

A. 是一种胞外基质结构

B. 对组织起结构支撑作用

C. 基膜又叫细胞外被，在细胞识别中起重要作用

D. 具有调节分子通透性的作用

17. 对植物细胞壁描述错误的是（　　）。

A. 由植物细胞分泌的成分组成

B. 赋予植物细胞强度

C. 有初生细胞壁和次生细胞壁之分

D. 在有丝分裂过程细胞壁内陷将细胞一分为二

18. 对动物细胞进行传代时，用阳离子螯合剂 EDTA 处理贴壁的细胞，其目的是（　　）。

A. 破坏 Ca^{2+} 或 Mg^{2+} 依赖性的细胞黏着

B. 破坏间隙连接

C. 有助于细胞更加牢固贴壁

D. 破坏整联蛋白与纤连蛋白的结合

19. 细胞在发生癌变过程中，其社会性（　　）。

A. 逐渐增强　　　　B. 逐渐降低　　　　C. 没有变化　　　　D. 以上都错

20. 对紧密连接描述错误的是（　　）。

A. 能形成渗透屏障

B. 维持上皮细胞的极性

C. 小分子都不能通过相邻细胞间的紧密连接

D. 很有可能与 HCV 入侵细胞的过程相关

（二）判断题

1. Ca^{2+} 是细胞内重要的信号分子，参与细胞内多种生理活动。不仅如此，若细胞内 Ca^{2+} 浓度变化还将影响 Ca^{2+} 依赖的细胞连接。（　　）

2. 紧密连接存在于上皮组织，而胞外基质存在于结缔组织。因此，与结缔组织中的成纤维细胞不一样，上皮细胞不具有分泌功能。（　　）

3. 间隙连接是细胞间的一种通讯连接形式，它与离子通道蛋白形成的通道不一样，间隙连接形成的通道始终处于开启状态。（　　）

4. 生物膜（包括膜蛋白和膜脂）具有流动性。因此，小肠上皮细胞游离面和基底面的膜转运蛋白没有差异。（　　）

5. 若患者自身抗体结合桥粒跨膜黏附性蛋白，将破坏上皮细胞间桥粒结构，导致皮肤出现严重的水疱。（　　）

6. 贴壁生长的细胞往往与胞外基质形成黏着斑，这种细胞连接将会通过黏着斑激酶向胞内传递信号调节细胞增殖、生长等生命活动。（　　）

7. 胶原在胞外基质中发挥了重要的作用，维生素 C 的缺乏只影响弹性蛋白的合成而不影响胶原的合成与装配。（　　）

8. 相邻细胞形成间隙连接后，可以共享一些基本的代谢物，如无机盐、蛋白质等。（　　）

9. 植物细胞壁尽管与动物细胞胞外基质的来源一样，都是由细胞分泌的，但动物细胞胞外基质含有大量蛋白质，而植物细胞壁却全由多糖组成。（　　）

10. 整联蛋白能够将机械信号转变成分子信号。（　　）

11. 细胞外被是细胞质膜外表面覆盖的一层黏多糖物质，是一种特殊的胞外基质存在形式。（　　）

12. 纤连蛋白的细胞表面受体是整联蛋白家族成员，纯化的纤连蛋白可增强细胞与胞外基质的黏着。（　　）

13. 因为细胞外并不存在"泛素－蛋白酶体"降解途径，因此胞外基质一旦形成后就不再降解和更新。（　　）

14. 前胶原分子之所以通过高尔基体分泌到细胞外后才被切除其 N 端及 C 端前肽成为胶原分子，原因主要是切除前肽的胶原分子具有自我装配能力，若在细胞内切除前肽，很可能导致胶原分子的提前装配而不能分泌到细胞外。（　　）

15. 凝血对于哺乳动物的存活至关重要。血液凝固过程中，血小板膜上的钙黏蛋白活化后与血液凝固蛋白——纤维蛋白原结合，导致血小板彼此粘连在一起形成血凝块。（　　）

（三）名词比对

1. 桥粒（desmosome）与半桥粒（hemidesmosome）
2. 钙黏蛋白（cadherin）与整联蛋白（integrin）
3. 糖胺聚糖（glycosaminoglycan）与蛋白聚糖（proteoglycan）
4. 纤连蛋白（fibronectin）与层粘连蛋白（laminin）
5. 基膜（basal lamina）与细胞外被（cell coat）

（四）分析与思考

1. 如何理解"在多细胞生物体内，没有哪个细胞是'孤立'的"这一句话？

2. 维生素 C 具有抗坏血病的作用，因此又叫抗坏血酸。坏血病的主要症状有牙龈肿胀、出血、骨关节肌肉疼痛等。请根据所学细胞外基质的相关知识，分析维生素 C 抗坏血病的作用机理。

3. 相邻细胞形成间隙连接后可以实现代谢偶联。若将胸苷激酶突变（TK$^-$）的细胞和野生型细胞共培养在含有 ^{32}P 标记胸苷的培养基中，放射自显影实验发现 TK$^-$ 突变细胞核中没有放射自显影颗粒信号，而野生型细胞核中有放射自显影信号。但当 TK$^-$ 突变细胞与野生型细胞形成间隙连接后，这两种细胞核中都有放射自显影信号。

（1）与正常细胞形成间隙连接的 TK$^-$ 突变细胞核中出现放射自显影信号，有人认为很可能是野生型细胞中的 TK 通过间隙连接进入突变细胞，导致突变细胞也能利用 ^{32}P 标记的胸苷进行 DNA 合成，也有人认为是其他原因，比如野生型细胞中合成的带有放射性标记的 DNA 通过间隙连接进入突变细胞。请你分析其真正的原因是什么？

（2）有一位学者研究发现，将放射性标记的蛋白质（相对分子质量比间隙连接允许通过的相对分子质量大得多）显微注射到野生型细胞中，结果在与之形成间隙连接的突变细胞中出现了放射自显影信号。该学者认为这一结果具有划时代的意义，得出了间隙连接也能通过蛋白质等生物大分子的结论。事实上，这一结论是错误的，请你解释为何突变细胞内有放射自显影信号。

（3）如果由你来设计实验，验证蛋白质能否够通过间隙连接从一个细胞进入另一个细胞，你将如何设计。

4. 在体外培养时，心肌细胞搏动微弱，但加入肾上腺素后，激活了腺苷酸环化酶，使心肌细胞呈现有节律的搏动。卵泡刺激素（follicle-stimulating hormone，FSH）能激活卵泡细胞的腺苷酸环化酶，从而合成并分泌对排卵有重要作用的纤溶酶原激活物。有研究者做了如下的实验：将心肌细胞和卵泡细胞进行体外培养（如下图所示），当在培养基中加入肾上腺素，心肌细胞1和2都呈现快速有节律的搏动，卵泡细胞1分泌纤溶酶原激活物，而卵泡细胞2没有分泌纤溶酶原激活物；当加入卵泡刺激素，卵泡细胞1和2都能分泌纤溶酶原激活物，心肌细胞1能呈现快速有节律的搏动，但心肌细胞2则不能。

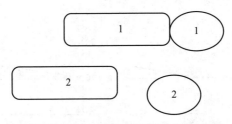

注：长圆形代表心肌细胞，椭圆形代表卵泡细胞。

（1）请分析出现以上实验结果的原因。

（2）请设计实验以证实你分析出的原因。

5. 研究者分离到 E-钙黏蛋白的两种突变体 A 和 B，这两种突变体的功能不同于野生型 E-钙黏蛋白。分别利用突变体 A、B 的 E-钙黏蛋白基因以及野生型 E-钙黏蛋白基因转染 E-钙黏蛋白缺陷型的乳腺癌细胞并检测转染后的细胞的聚集能力。在检测之前，细胞用胰蛋白酶处理，分离成单个细胞。检测结果如下图。为了表明观察到的细胞聚集是由 E-钙黏蛋白引起的，用于检测的乳腺癌细胞分别用非特异性抗体（见下页图 A 和 B 中的左图）和抗 E-钙黏蛋白的抗体处理（图 A 和 B 中的右图）。

（1）为什么转染野生型 E-钙黏蛋白基因的乳腺癌细胞比对照（未转染的）乳腺癌细胞有更强的聚集能力？

（2）根据检测结果，E-钙黏蛋白突变体 A 和 B 对细胞黏着各有什么作用？

（3）为什么是抗 E-钙黏蛋白的单克隆抗体能阻止细胞聚集，而不是非特异性抗体？

（4）如果检测是在低浓度 Ca^{2+} 条件下进行，那么对于转染野生型 E-钙黏蛋白基因的乳腺癌细胞的聚集能力有什么影响？

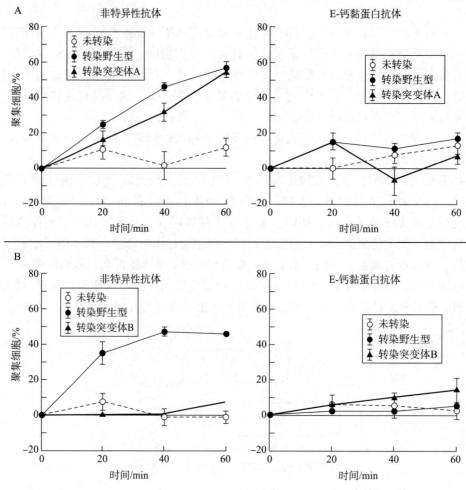

注：乳腺癌细胞聚集能力检测。

【参考答案】

（一）选择题

1. B 2. D 3. A 4. D 5. C 6. D 7. A 8. C 9. A 10. B 11. D 12. A
13. D 14. B 15. A 16. C 17. D 18. A 19. B 20. C

（二）判断题

1. × Ca^{2+} 依赖的细胞连接与胞外 Ca^{2+} 浓度变化有关，而与胞内 Ca^{2+} 浓度变化无关。

2. × 上皮细胞仍然具有分泌功能。

3. × 间隙连接形成通道的开启受调节。

4. × 因为有紧密连接的存在，小肠上皮细胞游离面和基底面的膜转运蛋白不会因膜的流动性而越过紧密连接，因此游离面和基底面分布的膜转运蛋白有差异。

5. √

6. √

7. × 维生素 C 的缺乏不影响弹性蛋白而影响胶原的合成与装配。

8. × 间隙连接不能通过蛋白质等大分子物质。

9. × 植物细胞壁也含有蛋白质，如伸展蛋白。

10. √

11. × 细胞外被不是胞外基质，而是细胞质膜的正常结构成分。

12. √

13. × 虽胞外不存在"泛素－蛋白酶体"降解途径，但胞外基质仍处于动态更新过程中。

14. √

15. × 血液凝固过程中，是血小板膜上的整联蛋白活化。

（三）名词比对

1. 二者都是锚定连接。桥粒是细胞与细胞间的一种锚定连接方式，参与的细胞骨架是中间丝，跨膜黏附性蛋白是钙黏蛋白。而半桥粒是细胞与胞外基质间的一种锚定连接方式，参与的细胞骨架是中间丝，跨膜黏附性蛋白是整联蛋白。

2. 钙黏蛋白介导 Ca^{2+} 依赖性的细胞与细胞间黏着。而整联蛋白介导细胞与胞外基质黏着。

3. 糖氨聚糖是由重复的二糖单位构成的不分支的长链多糖，吸水产生膨胀压，赋予胞外基质抗压的能力。蛋白聚糖由糖氨聚糖（除透明质酸外）与核心蛋白的丝氨酸残基共价连接形成，赋予软骨凝胶样特性和抗变形能力。

4. 这两种蛋白质都提供了胞外基质中其他大分子和细胞表面受体结合的特异性位点，能帮助细胞粘连在胞外基质上。纤连蛋白由两个亚基通过 C 末端形成的二硫键交联形成，分子呈 V 形，含有 RGD 三肽序列，能介导细胞黏着。层粘连蛋白分子外形似"十"字形状，可通过自身的 RGD 三肽序列与细胞质膜上的整联蛋白结合，从而有助于细胞锚定在基膜上。

5. 基膜是一种特化的胞外基质结构，主要成分为 IV 型胶原、层粘连蛋白、巢蛋白（nidogen）以及基膜蛋白聚糖等。细胞外被又称糖萼，是指细胞质膜外表面覆盖的一层粘多糖物质，是细胞质膜的正常结构组分。

（四）分析与思考

1. 从细胞通讯、细胞黏着、细胞连接以及细胞与胞外基质的相互作用等方面给予阐述。

2. 维生素 C 有助于胶原的合成与装配及结构的稳定。

3. （1）应该是野生型细胞利用放射性标记的胸苷合成 TTP，然后带有放射性标记的 TTP 通过间隙连接进入突变细胞。

（2）很可能是带有放射性标记的蛋白质在野生型细胞中通过泛素－蛋白酶体降解途径被降解后通过间隙连接进入另外一个细胞。

（3）设计实验的方法有很多，如：

A. GFP 标记

B. 抗体检测

C. 检测蛋白表达与功能

D. 抑制水解酶（蛋白酶体功能），看标记性蛋白能否出现在另外一个细胞

E. 放射性标记蛋白，然后通过电泳放射自显影检测

总之，检测手段一定是在蛋白质水平，而不是在氨基酸水平。

4.（1）心肌细胞 1 与卵泡细胞 1 之间形成间隙连接，产生的 cAMP 能在它们之间传递。

（2）通过信号转导和间隙连接功能设计实验。

5.（1）E–钙黏蛋白的功能是介导细胞聚集。

（2）E–钙黏蛋白的突变体 A 仍然能介导细胞聚集；E–钙黏蛋白的突变体 B 失去了介导细胞聚集的能力。

（3）E–钙黏蛋白的单克隆抗体能特异性与 E–钙黏蛋白结合，抑制 E–钙黏蛋白之间的相互作用，所以使细胞不能聚集；非特异性抗体则对 E–钙黏蛋白的影响较弱，通过 E–钙黏蛋白的作用，细胞仍能聚集。

（4）使细胞的聚集能力降低。

读者意见反馈

为收集对教材的意见建议,进一步完善教材编写并做好服务工作,读者可将对本教材的意见建议通过如下渠道反馈至我社。

咨询电话   400-810-0598

反馈邮箱   gjdzfwb@pub.hep.cn

通信地址   北京市朝阳区惠新东街4号富盛大厦1座

    高等教育出版社总编辑办公室

邮政编码   100029